U0258700

ETYMOΛOΓIKON FÜR PHYSICA LEARNERS CHINOISES

物理学咬文嚼字

卷二

增补版

曹则贤　著

中国科学技术大学出版社

图书在版编目(CIP)数据

物理学咬文嚼字. 卷二/曹则贤著. —增补版. —合肥:中国科学技术大学出版社,2018. 4(2021. 3 重印)

ISBN 978-7-312-04343-7

Ⅰ. 物… Ⅱ. 曹… Ⅲ. 物理学—名词术语—研究 Ⅳ. O4

中国版本图书馆 CIP 数据核字(2017)第 300706 号

出版 中国科学技术大学出版社
安徽省合肥市金寨路 96 号,230026
http://press. ustc. edu. cn
https://zgkxjsdxcbs. tmall. com

印刷 安徽国文彩印有限公司

发行 中国科学技术大学出版社

经销 全国新华书店

开本 710 mm × 1000 mm 1/16

印张 17

字数 296 千

版次 2018 年 4 月第 1 版

印次 2021 年 3 月第 3 次印刷

定价 78.00 元

献给我的亲人们

他们一直默默地分担我求学和生活的艰辛

Sieh, so ist die Natur lebendig
Unverstanden, doch nicht unverständlich.
——Immanuel Kant（1724～1804）

看啊，那鲜活的自然
尚未被理解，所幸不是不可理解。
——伊曼努尔·康德

增补版序

鸿渐，你没读过曹先生的大作罢？

——钱钟书《围城》

承蒙《物理》杂志不弃和读者朋友们看顾，拙作《物理学咬文嚼字》系列至今得以发表83篇。已发表部分，001—030篇结集于卷一，031—054篇结集于卷二，已由新加坡World Scientific出版社分别于2010年和2013年出版；055—075篇结集于卷三，已由中国科学技术大学出版社于2016年出版。此外，中国科学技术大学出版社还于2015年出版了卷一的增补版。此番出版卷二的增补版，初版中的几处错误借机得以修订，更于各章后面添加了不少补缀内容。这些年来在继续撰写新篇章的同时，鄙人也时时会注意到一些同已发表主题相关的内容，有与读者朋友分享的必要。就数学和物理而言，任何一个概念都有太多我不知道的内容。不断地学习充实自己，不断地修订已发表内容以弥补因为无知而造成的缺憾，也是无奈之举。

时常会有朋友对物理学咬文嚼字系列及其作者表示殷勤的关切。物理学咬文嚼字系列是作者的读书笔记，记载的是作者自己的迷惘与无奈。如前所言，many a textbook presents physics simply in an established appearance, without casting any doubt on the contents, or providing any alternative or competing views that do have ever existed. Neither have they shown us how the currently accepted physics has been worked out. Many newcomers even suffered from the delusion that physics was borne from the very beginning in a beautiful, convincing form. This is, however, very harmful to the education of future scientists, and to the culture of physics itself. 大多可见的物理学表述,让我们看得见出发点和终点,却看不见中间的过程。物理学是一项探究存在与存在起源的伟大事业,其间一定掺杂一些神话、诗意、猜想、梦呓、胡说、自圆其说的勉强、承认错误时的忸怩和迷惘挫折时的叹息之类的色彩,而知道这些或许是有益于物理学家成长的事情。对国人来说,物理学还有一重语言上的隔阂。若能克服这语言上的障碍,自然会拉近我们同物理学之间的距离。我是这样理解的,也就这样去做了,当然是为我自己。若也有读者朋友读懂并因此受益了,那首先是因为他们是有心人的缘故。如果有些读者朋友一时没弄懂,那不是你的错,也不是我的错。让我们习惯物理学,和让物理学习惯有我们这样的学习者,双方都需要耐心。关于作者其人及其工作状况,我能说的是I wander in the field of physics, no purpose, no aim, no preference, no specialty, no association with any school or cliqué, yet I'm very happy, enjoying myself in simply looking around and doing something rightly at hand. 一箪食,一瓢饮,在陋巷,人不堪吾忧,贤也不改其乐也。如果有能力、有机缘的话,我也盼着我能写出更好的关于物理学的文字来。

中国科学技术大学出版社的编辑们为本书顺利出版所付出的心血,让作者心怀感激。期望不久的将来卷四面世时,读者朋友能看到一套风格齐整的四卷本《物理学咬文嚼字》。

曹则贤
2017 年春于北京

作者自序

匪唯摭华，乃寻厥根。

——蔡伯喈《郭有道碑》

自拙作《物理学咬文嚼字》系列前 30 篇承蒙 World Scientific 出版社于 2010 年结集出版，转瞬又是三年过去了。在过去的三年里，笔者冥思苦想、东拼西凑，虽不免时时被催稿的狼狈，好歹总算把这个专栏维持了下来。到 2013 年 3 月，这个系列已发表到了第 54 篇。近期的 24 篇，篇幅略长，总量约与前 30 篇相当。承蒙 World Scientific 出版社抬爱，仍愿意给予出版的荣耀，当此时也，备感荣幸。

咬文嚼字的营生，乃做学问之下乘。Karl Popper 自传中有句云：决不要让你自己被驱使去认真考虑词及其意义的问题。必须认真考虑的是事实的问题和关于事实的断言：理论和假说——它们解决的问题以及它们提出的问题。笔者每读此句，辄觉冷汗淋淋。为了咬文嚼字而放弃真正的问题，无疑是走向理智毁灭之路。然而，每当想起中文物理学文献中充斥着对物理学概念的错译与误解，笔者又不免对不得不用中文修习物理的同仁，眼前的和未来的，悠然而生同病相怜之意。倘能凭着个人些微之力，减免一点诸多学者歧路上的生命浪费，庶几可对自己有所交代。如果有一天能将这琐碎之事做到“虽非博雅之派，要亦小道可观”，笔者就太心满意足了。

咬文嚼字于做研究固非正途，但对学习却是大有裨益。我们的科学免不掉日常语言的使用。若能审慎地对待科学的世俗语言成分，借助科学自身的图像与抽象语言，免遭误解与讹错的困扰，达成“表里俱澄澈”的境界，该是何等的令人心旷神怡！只是有一条，不管科学的传播者是否做到了“悠然心会”，这物理学“妙处难与君说”（[宋]张孝祥《念奴娇·过洞庭》）却是不争的事实。因此，我恳请尊敬的读者不要对本书有过高的期望。因为过多关注字面的问题，内容上它粗鄙，思想上它浅薄，而且行文跳跃以至于读起来有颠簸感。笔者希望这些缺点不会妨碍读者从中汲取有用的信息。所有的食物都只不过是原料，把原料弄成养料才见生命的奇迹。

本卷收录的《物理学咬文嚼字》系列文章，原文发表在《物理》杂志39卷第9期(2010)到42卷第3期(2013)上。另外两篇为这期间发表在《物理》杂志上的类似作品，因为别的缘故未能形式上编入这个系列，此次一并收录。文章发表后，笔者时常发现许多新的应该注意的内容，现在借结集出版的机会以补缀的形式添加到了相应篇章的后面。坦白地说，这部分内容还真不算少。

如前卷所述，一个专栏的维持和最终结集出版，没有编辑的热心参与和细致雕琢是不可想象的。感谢刘寄星教授一如既往地仔细审阅每一篇，并给出有益的批评和修改建议。确切点说，是老先生的博学与严谨支撑着本系列的成色与品位，并滋养着笔者的信心。感谢《物理》编辑部的几位编辑，几年来，如同在更以前的几年里，她们一直不停地鼓励作者。更让人感动的是，她们变得更加耐心了，哪怕杂志快付印的时候我还没有交稿，她们的催促也不失态度的优雅。衷心感谢 World Scientific 出版社的编辑们，他们的专业水准让这个系列的第一卷看起来真是一本书。

最后，我谨向我的家人致以诚挚的谢意。在我趴在书桌上搜肠刮肚的时候，他们给了我宝贵的谅解和照料。

2012 年底于北京家中

目录

之三十一 核-心

Who carved the nucleus, before it fell, into six horns of ice?①

——Johannes Kepler in ***de Nive** Sexangula*

摘要　核心(芯)是个日常用词;相应地,西文 nucleus (nux), kernel (Kern, corn), core (coeur) 也都是些日常用词,大体上发音也相似。作为专业词汇,nucleus 及其各种衍生词汇,如 nucleon, nuclein, nucleation,等等,具有极强的类比意味。

毛泽东无疑是一位伟大的理论家、战略家。在指导中国国内革命战争时,他一针见血地指出“中国革命的首要问题是农民问题,而农民的首要问题是土地问题。”在指导抗日战争时,他明白并让中国军民都明白了中日战争是一场我们一定会胜利的持久战。倘若时势造人让他学习物理的话,我想他也一定会是一位具有深刻洞见的伟大的理论物理学家,因为他看问题总是能明了问题的核心所在,并从基础的层面加以考察。

---

① 开普勒在《论六角雪花》一书中的句子:“是谁在雪花飘落之前,在其核上雕刻了六只犄角?”——笔者注

中文的核，形声词，从木，亥声，指的是果实（所以从木）里的硬芯（pit，stone）。有意思的是，中文的核有两种发音：核（hé）与核（hú）。作为名词出现在桃核、梨核、枣核、苹果核、煤核中的是核（hú）；作为动词出现在核查、核准、审核中的是核（hé）。当然，出现在桃核、梨核中的核也可以念核（hé），一篇描述用桃核（hú）刻成小船的文章就一直被念成《核（hé）舟记》。不过也要注意，把煤核（hú）念成煤核（hé）怕是不妥，枣核也是更多地被念成枣核（hú）的。学中文的老外一定奇怪我们中国人为什么在发音上要区别苹果核（hú）与核（hé）桃，万幸的是，核（hé）桃也罢，煤核（hú）也罢，核字的意思却始终是一致的。

果核是果实的具有实质性内涵的部分（图 1），所以“核”就被推广代指一些事物的中心部分、关键部分或者坚硬的部分。不仅有可视的煤核，还有抽象的戏核（hú）。戏核，顾名思义，就是一部戏曲（推广至一切影视作品）中最关键的部分，用于表现整部戏的核心思想，突出最主要人物性格。一部戏中，戏核自然也是最好看的部分，比如京剧《沙家浜》中的“智斗”一场。此外，像教育这种伟大的事业，原来也是有核的。王充所谓“文吏不学，世之教无核也”（见《论衡・量知》），正可用来说明中国教育之现状。

图 1　核，果实的中心。

大自然的设计是很聪明的。一些果子外面是甘美的果肉，诱使飞禽走兽啄或采，目的是让它们把果核（种子）带到远方以利繁衍。种子本身又有自身的核心，外面的硬壳只起保护作用（否则被飞禽走兽连同果肉一并消化了），中心的果仁才是重要的；当然，果仁的大部分不过是贮存的营养，更核心的部分是作为生命发端的胚芽。如果考察一下人类对原子的认识，会发现大约是循着这个剖开果肉见核见仁的过程（图 2）。

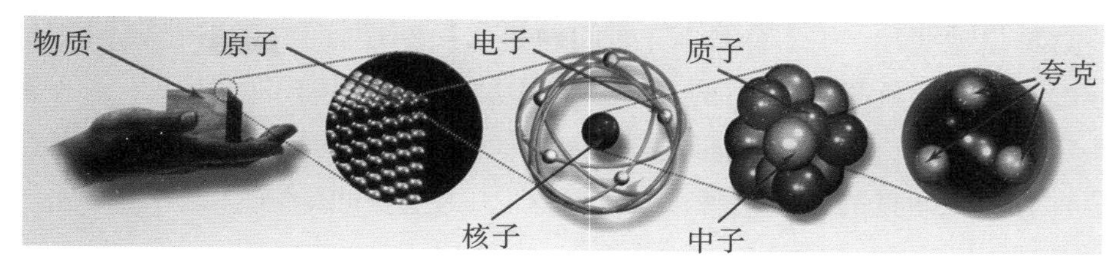

图 2　从大块物质到夸克。对原子结构的认识过程，有点像剖开果肉直到发现果仁里的胚芽的过程。

在物理学中,提到核字,人们最先想起的可能是原子核这个概念。原子核,这里的核读 hé 音。原子核里的核字,英文为 nucleus (复数 nuclei, nucleuses),来自拉丁语 nux,就是指核桃一类的坚果(英语为 nut,德语为 Nuβ)。自然,这里 nucleus 依然被用来类比一些中心的、坚硬的、最重要的存在。原子核概念的产生是一个抽丝剥茧的过程。虽然早在 1844 年,Michael Faraday 就曾用 nucleus 来描述"central point of an atom (原子的中心点)",但却没有今天原子核的内容①。关于原子结构这个概念发生的渊源,笔者不是太清楚,只是知道在现在意义的原子核出现之前有著名的 J. J. Thomson 的"plum pudding model (李子布丁模型)":原子像一小块(molecule)点心,外面点缀的果肉就是电子。如何安排原子里的电子,Thomson 还给出了细致的模型:原子外层类似一个导电的球壳,电子点缀在其上,且相互之间库仑势的总和取极小值。这就是所谓的 Thomson 问题,后来在数学上得到了推广,今天依然是一个值得关注的研究课题,并被用到力学、叶序学、球面结晶学等领域[1,2]。1911 年,Rutherford 为了解释 α 粒子(氦原子的核)轰击金箔的实验,提出了原子的行星模型:原子的所有正电荷集中在中心一点上,为原子核,电子围绕原子核运动。物理学从此开辟了原子核物理此一新领域。

有趣的是,关于一个坚果的名词,比如中文的栗子,既可以指带毛刺的全果(俗称毛栗子),也可以是指连壳带仁的单瓣(见糖炒栗子),甚至是去壳的果仁(见栗子烧鸡)。核桃也如是,既可以指的是带果肉的整个果实,也可以是连壳带仁的核心部分,有时也用来指去壳的仁(图 3)。英文的果仁俗称 nutlet, fruit pit,但另有一个词汇叫 Kernel,指的是麦粒、米粒之类的谷粒和松子仁、核桃仁这样的坚果壳层(nutshell)里的柔软部分,和 corn (谷粒)同源。Kernel 因此意指事物本质的、重要的部分,如 The kernel of his problem (问题的实质)。虽然我手头的字典里没有相关信息,我总觉得 kernel 词源上和德语的 Kern 有关。德语 Kern 就是核,原子核是 atomische Kern,核物理就是 Kernphysik。考虑到西文中 c, k 常常可互相替换,不知道欧洲核子中心(Centre Européen pour la Recherche Nucleaire,设在瑞士;瑞士人讲德语)在设立之时,是否就想到了其缩写 CERN 与 Kern 几乎同构? Kernel 还是一个重要的数学概念。其定义之一如下:设 A, B 是曲线 C 上的两个同态的可交换环,函数 $f: A \to B$,则 $f(a)=0, a \in A$,这样的元素 a 的集合为函数 f 的 kernel! 这好像就是关于函

① 笔者想再次强调一下,对一个物理学概念的正确理解应该将之放在物理学的大框架内,要看到尽可能多的与之相关的物理图像。——笔者注

图3　核桃，似乎既可以指连皮带肉的果实，也可以指连壳带仁的坚果，甚至单指果仁。栗子也是如此。Nucleus 在物理学中应用的历史，似也有类似的含混。

数的 support 的定义。于求解物理问题时常见的数学概念 kernel，出现在一些积分里，汉语习惯上就是翻译成积分核。在解一类 Dirichlet 问题①上，比如已知圆盘边缘上的温度分布 $f(\theta)$求整个圆盘面上的温度分布，则整个圆盘面上的温度分布可表示为 $\varphi(r,\theta)=\int_0^{2\pi}P(r,\theta-\alpha)f(\alpha)\mathrm{d}\alpha$，其中的函数 $P(r,\theta)=\frac{1-r^2}{1-2r\cos\theta+r^2}$就是 Poisson（泊松）kernel。在积分方程里，未知函数和一个已知函数卷积(convoluted)，则此已知函数就被称为 integral kernel(积分核)，比如第二类 Fredholm 积分方程 $\varphi(x)=f(x)+\int_a^b K(x,t)\varphi(t)\mathrm{d}t$ 中，函数 $K(x,t)$就是积分核。解数理方程的 Green 函数方法就涉及 Fredholm 型积分方程。若能找到函数 $G(x,s)$，使得 $LG(x,s)=\delta(x-s)$，其中 L 为线性微分算子，$\delta(x-s)$为 Dirac 函数，则函数 $U(x)=\int G(x,s)f(s)\mathrm{d}s$（此处积分采用第一类 Volterra 型积分方程的形式），是方程 $LU(x)=f(x)$的解。这里的技巧就是找到特定的 kernel 函数，把方程的解表示为 kernel 函数和源分

① Dirichlet 问题，即寻找在给定区域的内部为某偏微分方程的解且满足指定边界条件的函数这样的问题。——笔者注

布函数$f(x)$之间的卷积。可以证明，Poisson kernel 实际上是 Laplace 方程的 Green 函数之微分。在求解传热问题时，这样的 kernel 函数有专门名词 heat kernel[3]，汉译热核，请注意不要和热核反应（thermonuclear reaction）中的热核弄拧了。

在中文语境中，内核是和心脏相联系的，所以有核心的说法。在西语中，这样的联系同样存在。汉语的核心常常用作对 core 的翻译，而 core 也用作对 kernel 的解释（kernel：the central，most important part of something；core）。英文的 core，来自法语的 coeur，即心脏，例句如 cri de coeur（心灵深处的呐喊）。有趣的是，coeur，core，kern，corn 发音也相似。Core 也是常见的物理学专业词汇，指代来自或者处于深处的，如果不是严格地在中心部位的（central），事物，比如放在变压器线圈中的软铁（core iron），原子外部电子所处的高结合能的能级如 1s 能级（core level）。汉语翻译 core 有时不用"心"，而是用"芯"（灯心草茎中的髓）字，原因不明，不过意思倒没有偏差。因此，就有了铁芯（core iron）、芯能级（core level）之说。在例句"The envelope（of a planetary nebula）being lost while the remnant core becomes the white dwarf"中[4]，remnant core 可译为中心部分的残留物。Core，内核部分，如再加上 hard 强调一下，就有死硬的、绝对的意思，如 hard-core drug users（不可救药的吸毒者）[5]。

对于一个 nucleus 来说，其大致由坚硬的保护壳 shell 和一个柔软的精华 kernel（core）组成。Shell 是一个常见的物理学词汇，有时用 nutshell 标示坚硬的、拒绝接近的外壳。一些物理学家似乎喜好用 nutshell 作书名来招徕注意力，如 Stephen Hawking 的 *Universe in a Nutshell*（果壳里的宇宙），Alan Zee 的 *Quantum Field Theory in a Nutshell*（果壳里的量子场论）和 Eberhard Zeidler 的 *Quantum Field Theory* 一书的 1.2 节 quantization in a nutshell（果壳里的量子化）。人们曾为原子和原子核构造过 shell model（壳层模型），前者处理的是电子在原子外部的构型问题，后者是处理原子核内如何安排质子和中子的问题。其实，核壳结构不只是为果实、鸡蛋或者地球这样的大家伙安排的结构，许多微生物都是采用简单的核壳结构。近年纳米科技突飞猛进，更是出现了许多有趣的人工合成的核壳结构。有兴趣的读者，请参阅专门文献[6]。与 nucleus 对应的词，并非只有 shell，另有一词为 periphery（边缘、外围）。一个社会中的核心与边缘（core and periphery），对应的是权势与无助（power and hopelessness），富足与贫困（rich and poor）。对于处于 periphery 之边缘化了的人民与文化的困窘，Harm de Blij 有详细而深刻的论述[7]。

Nucleus 对应的动词为 nucleate，然后又派生成名词 nucleation，汉译形核（现行《物理学名词》里定名为“成核”）。形核是材料、组织生长过程的必要步骤，不管是晶体还是黑社会，其成长都会经历一个形核过程，在这个过程中个体（个人、原子等）一面聚集，一面逃离。当形成的核心（nucleus）的尺寸超过一个临界值后，其对个体就有了足够的吸引力，个体依附于该核心的几率会大于自其逃离的几率，于是开始快速生长过程。就晶体生长而言，除了自发形核机制外，各类缺陷和杂质附近都容易形核，提供生长的核心[8]。晶体生长先有个形核的过程，古人早有觉察。《诗经》有句云：“相彼雨雪，先集维霰。”可资为证。而由本文题头的“Who carved the nucleus, before it fell, into six horns of ice?”可知西人在十七世纪也早就意识到形核的概念。可见生长形核这类朴素的科学概念，其产生大体与地域和文化无关，因此在不同文化语境中有近似相同的表达。

关于核的概念，可能初学物理的人会存有一些阶段性的迷信。Rutherford 给出原子核模型以后的一段时间里，人们关于原子核的观念大致如枣核那样，是硬硬的均质的一团（考察对低能粒子的散射行为）。然而随着对原子核质量的精确测量、中子的发现以及原子核 β-衰变现象的发现，人们发现原子核并非如枣核那般，也许核桃的核或者苹果核能提供更真实的模型（比较图 4 和图 2）。原子的核心不是糊涂一块，组成原子核的单元及或成分不是唯一的，它有空间结构、能级结构，还有衰变过程。所谓核心是唯一的理解，大约是某种一厢情愿。组成原子核的单元包括中子和质子，它们统称为核子（nucleon），这是自 nucleus 派生的又一个词。

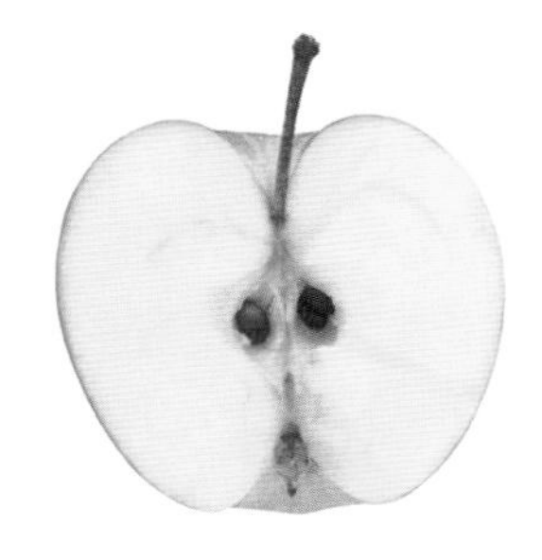

图 4　栗子与苹果的核心，其中包含多枚核子（nucleon）。

因为许多模型是有核心的模型，地球围绕着太阳转，电子围绕着原子核转，许多学物理的人便以为这个宇宙也一定有某个中心，一切都要围绕其进行。表现在对运动的描述上，就是要有参照点。狭义相对论为我们破除了对参照点的依赖。而关于膨胀宇宙的 Hubble 定律的确立，则支持宇宙是一个没有中心的流形（比如气球的表面），也就是说我们的宇宙是一个没有核心的世界。就对宇宙的浅显认识而言，我个人倾向于接受无核宇宙这样的宇宙观，它反映的是世界是存在的集合及其之间相互联系的集合论观点。在这样的世界里，元素之间的关联产生了时空的概念，核心之不存在是先验的！

核的概念似乎和硬度（刚度）是密切关联的。汉语里作为动词的核，意味着深入核心，究其实也。但只要接近核的壳（shell of nucleus），硬度问题就来了。就原子核而论，原子半径在 0.1 nm 量级，而原子核的尺寸为 fm，差了 5 个数量级。因此，要穿过（penetrate）一个原子核①的 nutshell，入射粒子的能量需要以 MeV 以至 GeV 为单位。在这样的能量上，原子核的结构才可以被探知。随着对核心的逼近，所需能量也会越来越高；而且越靠近核心，越感觉深不可测。此为常理，完全不用乞灵于不确定性原理来得到解释。那么，在研究原子核的路上我们会一直遇到越来越坚硬、越来越小的内核吗？Schrödinger 认为不会的。最终我们会看到，超过一定的尺度之下，所谓的物质不过是“form”，即最核心处只是形式而已[9]。以渐近自由度为关键词的关于夸克相互作用的描述同以库仑势形式的关于电荷之间相互作用的描述，以及以汤川势形式的关于核子之间相互作用的描述，其方法论上的逆转是由存在的现实决定的。这方面的物理描述挺复杂，但道理却是明白易懂的——1948 年攻入天津的解放军战士和 1945 年攻入柏林的苏军士兵都知道，过了 nutshell 以后的核心，其实是软的。正是：世间万物，谬分壳核（hú）；核心深处，一片虚无。

把原子核里比原子核还小的组成单元，即质子和中子，叫 nucleon，这个词的构造有西语中构造小词的习惯。1869 年 Fritz Miescher 第一次在细胞核（cell's nuclei）中分离出了一种蛋白质与 DNA 的复合体（DNA with associated proteins），将之命名为 nuclein（核素），是一种介于核蛋白和核酸之间的中间

---

① 对原子核做电子/核子散射就是一个深入原子的过程，关于原子核和核子的有关研究就是这样进行的。这是一种和地质钻探可比拟的活动。Hofstadter 因对原子核的电子散射研究获得 1961 年的诺贝尔物理学奖，获奖演说为 *The electron-scattering method and its application to the structure of nuclei and nucleons*。——笔者注

产物(in the nuclei of cells that are intermediate to nucleoproteins and nucleic acids)。此词的构造也显然用到了小词的构法(注意到德语的“小”就是 klein),其字面意思只是一种比细胞核更小的东西而已。

最后提一下,西文果核的植物学说法为 putamen (复数 putamina),英文字典解释为 the hard stone, or endocarp, of certain fruits, as of the peach and the plum, or the shell of a nut,是桃李的硬核或者坚果的硬壳。笔者未见此词在物理学文献中的用法,聊录于此,以免太过鄙陋。

后记

在封笔的半年多时间里,许多前辈和朋友都通过不同途径表达了对这个专栏的关切。他们的厚爱让笔者深为感动。今语云:“码字的为知己者涂鸦”,只要《物理学咬文嚼字》还有一位热心的读者,则贤也会勉力而为,不敢有丝毫懈怠。

这段时间闲来无事,时不时又会想到语言的作用,思考其对科学甚至政治的影响。*Nature* 杂志上一篇文章说得好,语言是身份的认同,“… they see their language and culture as their identity, and as a source of pride not to be given up (他们把他们的语言和文化看作其身份认同,是决不肯放弃的自豪的源泉)。——Yi-Fu Tuan, Nature,2008,455:168”。网上还读到一段文字:“她(宋美龄)的优雅、她的活力甚至她的能干,更像是美国式的,不怎么‘中国’。她的英语无论说和写,都比她的中文好,甚至连她的思维方式都是英语的。尽管贵为第一夫人,但她的交往圈却还是欧美化的中国人,连打电话都用英语,给接线员留下了深刻的印象。”这段文字让我好像对中国现代史的进程多了点理解。

令人欣喜的是,近年来似乎有越来越多的老外学中文,而且是在科学界。也许有一天中文会成为科学语言之一,则这物理学咬文嚼字的活计就该轮到老外们做了。我们期待着。

2010 年 7 月

补缀

1. 有例句云"Isotopes are different types of atoms (nuclides) of the same chemical element (同位素是同一种元素的不同种类原子(nuclides))"。Nuclides,核结合体也。
2. There is a kernel of orderliness in this chaos (of vortex of water). 在水的旋涡这样的混沌结构中,其中心处表现出有序,故为 kernel。
3. Churn,可作为名词(奶桶)和动词(搅拌),是一个和搅拌牛奶制黄油关联的词,源自 cyrnel,也就是 kernel。搅拌的奶油会出现小的凝结块(with reference to grainy appearance of churned cream),此之谓也。
4. 有一些重要的积分核(kernel),都是和重要的物理问题相关的。
   (a) 所谓的粒子的平面波解,$e^{ipx/\hbar}$,就是 Fourier kernel。它具有正交性 $\int_{-\infty}^{\infty} e^{i2\pi xt}\left[e^{i2\pi yt}\right]^{*} dt = \delta(x-y)$。
   (b) The heat kernel,$\eta_{\varepsilon}(x)=\dfrac{1}{\sqrt{2\pi\varepsilon}}e^{-x^2/2\varepsilon}$,它表示的是,若在 $t=0$ 时一个单位热能储存在一条导(热)线的原点,在 t 时刻的温度分布。它就是高斯函数。
   (c) The Poisson kernel,$\eta_{\varepsilon}(x)=\dfrac{1}{\pi}\dfrac{\varepsilon}{x^2+\varepsilon^2}$,与半无穷大板上的电势分布有关。
5. Gerald D. Mahan 2008 年出版了 *Quantum Mechanics in a Nutshell*,2011 年出版了 *Condensed Matter in a Nutshell*,Luca Peliti 2011 年出版了 *Statistical Mechanics in a Nutshell*,Anugarm Garg 2012 年出版了 *Classical Electromagnetism in a Nutshell*,都是在 Princeton University 出版社,看样子这"in a nutshell"作为书名已经是很恶俗的了。不知道 Soft Matter in a Nutshell 算不算好书名——俺先提议着,有谁能写尽管拿去用。
6. 关于 Poisson kernel:
   在势理论中,Poisson kernel 是个积分核,用于解单位圆上由 Dirichlet 边界条件限制的二维拉普拉斯方程。此积分核可看作该方程之格林函数的导数。
   在复平面中的单位圆,定义 Poisson kernel

$$P_r(\theta)=\sum_{n=-\infty}^{\infty} r^{|n|}e^{in\theta}=\frac{1-r^2}{1-2r\cos\theta+r^2}=\mathrm{Re}\left(\frac{1+re^{i\theta}}{1-re^{i\theta}}\right),\quad 0\leqslant r<1$$

   在圆边界上有函数 f,则

$$u(re^{i\theta})=\frac{1}{2\pi}\int_{-\infty}^{\infty}P_r(\theta-t)f(e^{it})dt,\quad 0\leqslant r<1$$

在圆盘上是调和的且其在边界上的极限为 f。

单位圆可以通过莫比乌斯变换(Möbius transformation)保角变换为上半平面。在上半平面,$P_y(x)=\frac{y}{x^2+y^2}$,$U(x+iy)=\frac{1}{\pi}\int_{-\infty}^{\infty}P_y(x-t)f(t)dt$,其中,$f$ 是沿着实线 $y=0$ 的函数。

可以类比到更高维的空间中去。$P(x,\zeta)=\frac{r^2-|x|^2}{r\omega_{n-1}|x-\zeta|^n}$,$\omega_{n-1}$是 n 维球的表面积,则有

$$P[u](x)=\int_S u(\zeta)P(x,\zeta)d\sigma(\zeta)$$

对于 $\mathbf{R}^{n+1}$空间的上半部(t; x; $t>0$),

$$P(t,x)=c_n\frac{t}{(t^2+|x|^2)^{(n+1)/2}}$$

其中 $c_n=\frac{\Gamma[(n+1)/2]}{\pi^{(n+1)/2}}$。

参考文献

[1] Altschuler E R, et al. Phys. Rev. Lett., 1997, 78: 2681.

[2] 曹则贤. 球面结晶学[R/OL]. 2007.

[3] Nicole Berline, Ezra Getzler, Michèle Vergne. Heat Kernel and Dirac Operator[M]. Springer, 2004.

[4] Rodney Cotterill. The Material World[M]. Cambridge University Press, 2008:8.

[5] Dan Brown. The Lost Symbol[M]. Doubleday, 2009:10.

[6] Chaorong Li, Ailing Ji, Gao Lei, Zexian Cao. Stressed Triangular Tessellation and Fibonacci Parastichous Spirals on Ag Core/SiO_2 Shell Microstructures[J]. Adv. Mat., 2009, 21:4652.

[7] Harm de Blij. The Power of Place: Geography, Destiny, and Globalization's Rough Landscape[M]. Oxford University Press, 2008.

[8] Markov I V. Crystal Growth for Beginners[M]. World Scientific, 1995.

[9] Ervin Schrödinger. Nature and Greeks[M]. Cambridge University Press, 1954.

之三十二　切呀切

管他什么人持扎，着了语言文字须要差。

——京剧《天女散花》

摘要　物理学涉及许多与切相关的词汇。与切相关的西文词包括源于 τομως 的 atom，anatomy，tomography，dichotomy，源于 caedere 的 incise，suicide，decide，源于 scindere 的 abscission，shear，abscissa，schizophrenic，scissor，源于 seperare 的 separate，sever，源于 secare 的 section，segment，saw，sector，等等。此外，cut，carve，slit，slice，trim，truncate，prune，amputate，chop 等动词也都是切的意思。一些本意为切的西文词，其中文译文字面已无痕迹，而 tangent，intercept，frustum 等本身不含切的意思的词却被汉译为切。

人类文明的标志，一说是编故事（historia）的能力①，一说是制造工具的能力。制造工具自然地会遇到一些切割、剥削、剪裁之类的动作，并且这些动作也会融入到我们对自然的描述中。分析曾经是研究自然的几乎唯一的手段和观点，因此科学在过去很大程度上是一种分析的实践。要分析，就要不断地把事物的整体分割成更小的组成部分。切是一种切实的研究方法。石头碰碎了还

① 直白点说，是撒谎的能力。印象中是某期 *discovery* 节目中这样说的。——笔者注

是石头,土块揉碎还是土块,一桶水洒成细碎的水滴还是水。自然,古人会问,物质是一直这样分下去还能保持其自性呢,还是能找到一个基本(elementary)的构成单元,就像木材是桌子、椅子和大车的构成单元那样?这样的基本单元,应是不可再分的(atomos),这就是最初的原子概念。英文原子(atom),其词干是希腊文的切(τομως),这一点为大家所熟知。其实,英文表达切的意思的词汇,除了常见的cut以外,还有许多来自古法语、古德语和拉丁语的词汇,散见于许多科技词汇中。现择其常见者之一二,指出其内在关系,或于上心的读者有所裨益。

(1) Cut. Cut可能是许多人学的第一个具有切的意思的英文词。Cut大约是要用刀的,英文解释说它要denoting penetration or incision,也就说所用器具要穿过待切的物体。英文词shortcut与其和中文捷径对应,不如翻译成截径,因为截径更能反映出这条路径被开辟的过程(想象一下某人在方格状的田里,不沿田埂行走,而是从田里斜插过去,就是making a shortcut)。或者翻译成剪径也未必不可,这个用于土匪野外打劫的专业词汇,反映的也是一种致富的捷径,而且汉字的剪、切、截有通用的地方。Cut当然也可用于一些虚拟的切入过程,比如cutting through the fog of complexity with insight and clarity(深刻、清晰地看穿复杂性的迷雾)。Cutting edge指刀锋,英语中cutting-edge作修饰词有state of the art(最高水平)的意味,如我们随时能读到cutting-edge theoretical physics,cutting-edge research这样的短语,汉语对应大约是前沿理论物理、前沿研究。中文有用切之效果作比喻的场合,如用"刀切豆腐两面光"形容人两面讨好谁都不得罪,不知英文有没有类似的表述。与cut在古英语同源的词有carve,英汉字典常会将之翻译成雕刻,如carve a statue out of stone(雕一石像)是为我们大家所熟知的说法。其实,carve也可同cut一样用作庸俗的切,比如切肉(to carve meat)。

(2) Tom. Tomy (tomos) 来自希腊语 τομή(τομως),现代希腊语动词形式有 τέμνω (temno, to cut, to divide) 和 τέμαχίsω (temaheezo, to cut into pieces),拉丁语动词形式为tondere。含词干tom的现代科技词汇很多,如anatomy (throughout + cut,解剖学),tomography,dichotomy,trichotomy,等等。

Dichotomy (dicho + tomy),字面上为一分为二,不过可不是简单的cut into two halves(切成两半),它在不同学科中的学究式的用法需要仔细把握其内涵。作为植物学词汇(汉译对分,分枝),它指的是植物的一个茎分叉长成差不多相等的两部分,比如从原先的一个分生组织(apical meristem)同时长出两片叶子。有些事物的一分为二可不会像两片叶子那样和谐,而是含有内在的张力或者矛盾。比如,态度的两分法(an odd dichotomy in his attitude)自然含有自相矛盾的地方。其他如重音节拍语言(比如英语)同以音节记韵律的语言(比如汉语)之间的 dichotromy (dichotomy between stress-timed and syllable-timed languages),社会网络同教育之间的 dichotomy (dichotomy between social networks and education),可能就强调两者之间的不同或不协调。那种强调量子与经典的分立(quantum-classical divide)的哲学,就被称为 Bohr's dichotomy (玻尔的一分为二,反映在他的互补哲学(complementarity)上)。这种以为量子世界和日常生活的经验世界遵循不同物理定律的想法,即对世界的两分化(dichotomization),甚至比亚里斯多德将世界分为天界和月下的俗界以及笛卡尔将存在分为物质与精神来得极端(This (the quantum world and the world of everyday experience seem to obey different laws) was a dichotomization of the world no less drastic than Aristotle's separation of the celestial realm from the sublunar world, or Descartes' bifurcation of existence into matter and spirit)[1]。注意,这句中,dichotomization 和 bifurcation (分叉,分岔),separation(切)是并列的。类似地,trichotomy 字面意思为一分为三,但不是简单的切成三片。哈密顿爵士在深刻地认识了复数性质的基础上研究三元数的代数结构,从而变得醉心于构造世界的 trichotomy,类似自我、肉体和精神 (a trichotomy of self, body and mind)那样的 trichotomy。有趣的是,对哈密顿爵士此番努力的回报恰恰是四元数(quaternion)的发现,是要丢弃(i, j, k)这样的 trichotomy 的[2]。有意学点电磁学理论的朋友,不妨从这方向上多努力。

Tomography(cut + write),字面意思为分层切片成像(imaging by sectioning),汉译断层摄影术或者断层成像。这里的切(section, slice)不是真要将样品切片,传统的医用 X 射线断层成像是相对移动 X 射线源和胶片,这样只有焦平面附近的部分(slice)才清晰成像。现代版的 tomography 则是对物体从不同角度获得投影图,然后由计算(通过 Raddon 变换)重构出物体的像[3],因此被称为 CT (computer assisted tomography 或者 computerized tomography)。1979 年,Allan M. Cormack 和 Godfrey N. Hounsfield 因为发展了计算机辅助断层成像术 (CT)获得了诺贝尔生理或医学奖。

Atom (a + tomos)意为不可分割的，即今天我们所谓的原子[①]。当然，原子只是化学层面上不可分割的存在，而关于原子的研究，物理学已经深入到原子核构件之核子的内部。这个词今天在物理学中之不合时宜恰恰昭示了其历史的久远。意为不可分割(unbreakable)的还有类似的词 adamant，这指的是金刚石而非原子。宏观物质的切割依赖物质间的切磋，金刚石是最硬的物质，和其他物质之间切磋受损的是其他物质[②]，所以称为是不可切割的。读者请注意，在今天的西文文献中，atom 也不总是指那种原子核加电子构成的所谓原子，而只是指某种事物之最本原的、不可再分的构成单元，如单群是有限群的基本构成或者“原子”(The simple groups are thus the primes or “atoms” of finite group theory)，其中的 atom 就是指保持某种性质前提下的不可再分的基本因子。在另一句中“…the aim of complex systems is to explain and understand the local (‘atomic’) workings and rules of a system, and then to make global connections and inferences based on this knowledge (Richard)”[4]，此处的 atomic 显然是指基本构成单元的意思。不过基本单元可能是宏观的存在，比如对社会这样的复杂体系，其 atom 可能是尺度为米的个人。

(3) **Cide(-cise, -sci)**. 带词干 sci 的词汇在科学词汇中被广泛用到，它具有切的意思可能是我们中的许多人不太熟悉的。不过如果注意到它和 cide (法语 cide，拉丁语动词为 caedere)的渊源可能就好理解了。Cide，或者 caedere，的意思是 to cut down, to kill。英汉字典遇到 suicide 和 pesticide 等词会简单地解释为自杀、杀虫剂，这样中文学习者就容易忽略这里 cut down 的意思。一个含 cide 的常见动词为 decide，习英文者常满足于知道其中文译文“(作)决定”而不知其本意为 to cut down，作了断(判断)的意思；比较西语成语 to cut the Gordian knot (原始的动作为 sliced the knot with a sword-stroke) 和中文的快刀斩乱麻，可见语言面对相同的情景总有相通之处。以 cise 为结尾的词有 incise (往里切，雕刻)，circumcise (环切。男性包皮手术就是用这个动词)等[③]。以 sci 形式出现含“切”的意思的词汇，来自拉丁语 scindere。作为常见名

---

① 原子，以及许多其他的概念，都是演化着的。在阅读科学文献时，注意到文中具体概念所处的历史时期对于准确理解内容常常是有益的，有时甚至是必须的。——笔者注

② 切削铁、镍等物质时吃亏的则是金刚石，不过是因为发生了化学反应，不影响金刚石硬度(力学性能)最高的事实。——笔者注

③ Exercise (练习，锻炼)的词尾是 ercise = enclose，没有切的意思。类似的词还有 exorcise (驱邪，招魂)。——笔者注

词的 scissor（英语，剪刀；形容词形式为 scissile）和 scie（法语，锯子；动词形式为 scier）就是来自这个动词，中文学习者如果知道其词源会会心一笑。含有词干 sci 的科学词汇很多。一个常见动词为 abscise（ab + cide），就是截断、锯掉的意思，由此而来的科学名词一为 abscission，另一为 abscissa。Abscission 意为截断、切除，植物的器官与整体自然脱离的过程也是 abscission（abscission of leaves，树叶的脱落），在此过程中起到关键作用的化学物质为 abscisic acid（汉译脱落酸）。Abscissa，一说来自拉丁语 caedere，一说来自 abscindere，to abscond，to sever 的意思。其复数形式为 abscissas 或者 abscissae。在笛卡尔平面直角坐标系中被用来标记点在水平方向的坐标值。许多地方人们遇到 abscissa 时直接翻译成 x 坐标值①，有失严谨。注意，abscission 作为脱落有某种主动的意思，而修剪树木花草、手术截肢对应的词分别为 prune（The workers have pruned all the dead branches，工人们已经剪去了所有的枯枝）和 amputate。

和 sci 同源的还有 shear（大剪刀），也可作动词（to shear the wool，剪羊毛）。该动词的德语同源词为 scheren，其名词形式 die Schere，就是德语的剪刀（比较法语的 scie）。Shear 是个常见的物理学词汇，出现在如 shear modulus，shear force，shear stress，shear flow 等词汇中，汉译剪切。所谓的 shear stress（剪切应力），是指平行于（擦着）材料的某一个面（可以是在材料内部）施加的应力（shear stress is defined as a stress which is applied tangential to a face of a material）。这里的关键是 tangential。设想你将手碰到（tangere）了一个物体上，如果你试图沿着法线方向继续或者缩回来，则液体感受到的 stress 为 normal stress（法向应力），而如果你的手沿着和法线垂直的任意方向运动，则会带动物体随着你的手运动，该物体会感受到切应力。设想一种普通的牛顿流体如水，流动着。如果因为某种原因比如固体器壁的粘附，则必然会产生一速度梯度。设想你数学地将流体用一包含速度矢量且和速度梯度垂直的平面剪成两半，则由于速度梯度的存在，两侧液体互施一个应力，即为 shear stress $\tau(x)$。记 $\tau(x)=\mu\dfrac{\mathrm{d}v}{\mathrm{d}x}$，$\mu$ 就是液体的黏滞系数。

如果固体在某个面上存在 shear stress，固体不流动，不会产生流动速度的

① 在三维直角坐标系中，x-，y-，z-轴的英文名分别为 abscissa，ordinate，applicate。——笔者注

梯度,但是会沿着应力的方向变形,产生 shear strain γ(剪切应变,定义为与应力所在面垂直的方向上单位高度上的相对位移),两者之比为 shear modulus(剪切模量),和 Young's modulus 一起构成对固体材料力学性质的描述(硬度则综合反映两者)(图 1)。

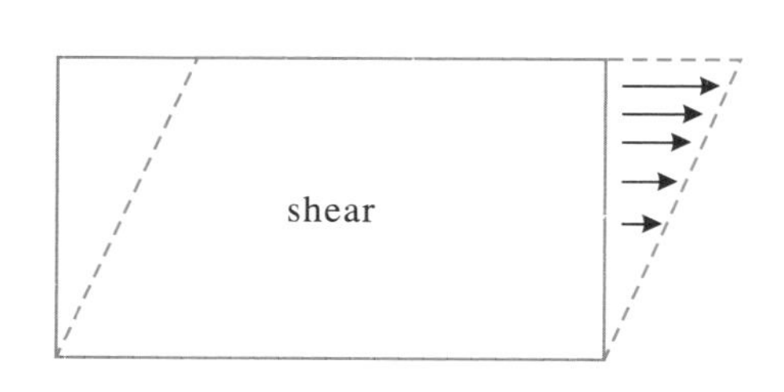

图 1　剪刀(英文为 scissor,德语为 die Schere)和剪切(cut、shear)。

带 shear 的词强调面两侧的存在不同调从而发生扭结、纠结的现象,敌对国家边境地区的人民对 shear stress 可能会多有体会。两股势力拉锯战的受害者可能会要起两面(牌)派。长期处于 shear stress 中的人,不管其原因为何,可能会得 schizophrenia (schizo + phren (mind),精神分裂症,人格分裂)①。Schizo 和 sci 一样,来自拉丁语 scindere,也是切。人格分裂会导致可怕的行为,被占领国家中的叛国者(俗称二鬼子)对付本国人民有时比侵略者还变态,就是因为归属问题上积聚的剪切应力造成的。

(4) **Sever.** Sever 来自拉丁语动词 seperare,看到这里,读者可能已经想到它和 separate 是同一个词。To sever from the family (同家庭失去联系),to sever all the relationship (断绝所有关系),都有分割、切开、断开的意思。Sever 的一个形容词形式是大家都熟悉的 several,通常指不多的几个,比如说 he has read several books on physics (读过几本物理书),就是比较含蓄的说法。当然,several 说"这几个"可能还强调其是不同的,如 they went their several ways (各奔东西)。Sever 的另一个形容词是 severable,意为可分割的(can be severed)。过去分词 severed 可以直接用作形容词。如我们在 2009 年研究由地电极出射的大气压等离子体注的发生机理时,用的是截成三段然后各

① schizophrenia 好像是从希腊语σχιζοφρενικός直接按照字母转写过来的。——笔者注

通过一个电阻连接起来的地电极，我们就管它叫 severed ground electrode[5]。显然，同 slice 相比，sever 截成的是段。

(5) Slit (slice). Slit，剩下一个长的、直的刀口(incision)或者槽口，以及切成条的意思。名词 slit，汉译狭缝，如 single-slit diffraction，double-slit interference 中就被译成单缝衍射和双缝干涉。这是理解光(束)的性质的重要实验，在光学和量子力学以及电子光学等领域中都有充分的讨论①。与 slit 同源(来自古法语)的有 slice，不过 slice 是切成片，如 sliced sausage (切香肠)，比喻有条不紊地、缓慢地推进某事，蚕食。英语中的 slice of life，是对法语 tranche de (la) vie 的直译，是指在文学、电影新闻中对日常生活的写实性记录和表现。利用 life 的双关语义，有人在 *Science* 杂志上发表过题为 *Optical Sectioning—Slices of Life* 的文章，讨论的是如何对生物活体不切片而能进行不同薄层上成像的问题(…images of sections of a specimen without the need to physically slice it)[6]。

(6) Section (segment). Section 来自拉丁语动词 secare，就是 to cut，形容词形式为 sectional。英文的一种切开方式——锯(saw)，也来自这个词。Section 既是名词，也是动词，作为名词有部分、部门、片段等意思。数学上有个名词叫 cross section，汉译截面或者横切面。其实，cross section，对应的德语为 Durchschnitt，更多地强调完全地切(锯)过去。相关的物理学名词 scattering cross section (散射截面)，用来描述散射发生的概率，因其量纲为面积而得名。这是一个贯穿多个物理学领域的关键词，学物理的朋友要深入关注一下。在机械制图领域，section 就译为断面、剖面，如 section drawing 即为剖面图。

同样来自拉丁语动词 secare 的英文词 segment，作为名词的意思为任何物体上分割出来或可分割的部分。注意，德语的锯子为 die Säge(发音为 sege)，可见其同 segment 的渊源。锯(saw，sägen)可以理解为不爽快地切，德语把不断重复的、烦人的提琴声、哭闹的孩子等称为 die Nervensäge (神经锯子)，属于神来之笔。法语的 scie 倒是可以理解为一剌两半，不是那么痛苦。A line segment (线段)，a circular segment (圆弓形)，汉译常常让人忘了其是切

---

① 我有一种感觉，基于单缝衍射和双缝干涉的关于光之本性的讨论，可能恰恰妨碍了我们对光之本性的认识。关于这一点，我当前的认识还很含糊，盼有一日能明确地加以阐述。——笔者注

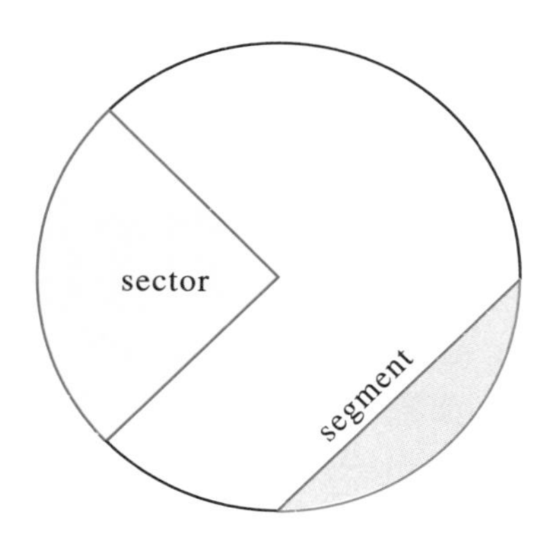

图 2 圆的切法(slice):扇形(sector)与圆弓形(segment)。

的结果。说到切一个圆(slice of a circle),其有两种方式,其一如切 pizza 饼,得到的是 circular sector,汉译扇区、扇面。Sector 和 section 可看作一个词。其二是随意的一刀下去(比 tangere 这个动作要大),得到的是 a circular segment(圆弓形)(图 2)。当然,segment 作为切的结果也可以是如切 pizza 那样的,比如桔子、大蒜的瓣也是 segment。Eating orange in segments,就是一瓣一瓣地掰着吃桔子。

说到 section,有必要多聊聊 conic section。Conic section 是平面和锥体(cone)的 intersection(字面意思是互切),其结果为点、线、双线(two intersecting lines)、圆、椭圆、抛物线和双曲线(图 3),汉译圆锥曲线显然是错误的——它把点、线和双线给排除了。三维空间中的平方反比力场中,被束缚物体的运动轨迹为 conic section,这一点是 Johann Bernoulli 在 1742 年证明的(牛顿《原理》一书中用平面几何证明的是这个问题一个特例的逆问题)。不过,关于这个问题需要做一些说明:其一,物体只能沿着一个连续的轨道运动。所谓的双线或者双曲线,真实的物理轨迹只能取其一支。其二,沿着点、线、圆、椭圆、抛物线到双曲线的顺序,轨道对应的物体的动能是增加的。圆和椭圆是行星的轨道,抛物和双曲线是彗星的轨道,而人造卫星的轨道可以是点、线、圆到椭圆。当然,conic section 不是有心力场中运动轨迹的全部,被大质量恒星吞噬的行星,其轨道更复杂。扯远了,打住。

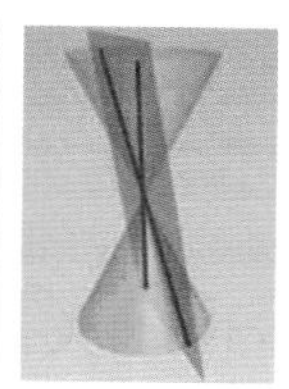

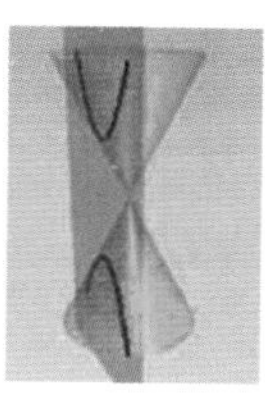

图 3 Conic section。

(7) Trim (truncate). Trim 的意思很多,其中包括切的意思,常和 off 一起用(to trim dead branches off a tree,修剪枯叶)。一个特殊的用法是切成指定的大小或者形状。在著名的如何切蛋糕这样的数学问题中,描述切这个动作除了 cut 以外,许多地方用到 trim。Trim 可当作名词用来指修剪后的(装饰性)边角料,如 a dress with lace trim (带蕾丝边的衣服)。Trimming 也有这样的意思,如在分蛋糕问题中,如果有人认为两块蛋糕尺寸不同,他可以 trim 那块他觉得大的蛋糕(即改刀),改刀后得到的那个小边角料就是 trimming。Truncate 来自拉丁语 truncare,就是 to cut off a part of, shorten by cutting 的意思。名词 trunk 即与其同源,指两端都截去后留下的树之中间部分,汉语树干是也。Truncate 常用于描述一些多面体的形状,因此在固体物理和晶体学中常会见到。比如,对于面心立方晶格,其第一布里渊区就是 truncated octahedron (截角八面体,由十四个面组成的凸多面体)(图 4)。面心立方金属微纳米晶粒易长成由五个正四面体组成的十面体型,如果继续生长(在外露的(111)小面上择优生长),会造成在[110]轴向上的延长,形成 truncated decahedron (截角十面体)(图 5)。

图 4　八面体 (octahedron)与截角八面体 (truncated octahedron)。

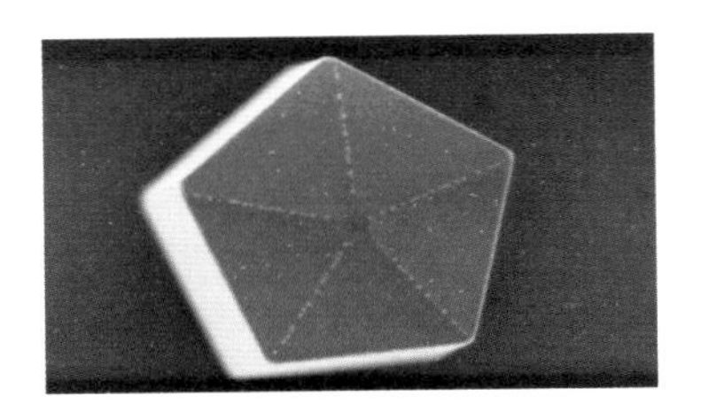

图 5　形状为 truncated decahedron 的银微晶颗粒。

(8) 其他与切有关的英文动词还有 split 和 chop (剁),其名词 splitter 和 chopper 在光学中时常出现。Beam splitter 是把光束或其他粒子束一分为二的器件,而 chopper (optical chopper, light chopper)则把光束斩(sever)成一段一段的。

(9) 切。有许多时候，一些科技词汇被汉译为切，但对应的西文原文可能不是切(cut)的意思。例子之一是 tangent line (切线)，tangent plane (切面)，tangent function (正切函数，即 tan$x$ 形式的函数) 中的 tangent (图 6)。一个角的正切函数为(含这个角的直角三角形的)对边和邻边的比，之所以这样叫是因为这个值可以表示为单位圆的切线段的长度(called so because it can be represented as a line segment tangent to the circle)。Tangent，动词为拉丁语 tangere，本意是触摸 (to touch) 的意思。如果我们将 tangent line (plane) 理解为切到某个几何体的线(面)的话，那这个切的功夫可比做刀削面难，因为它要求切掉的量为零。切，不能保证是数学上的 tangent 效果，tangere 是轻柔地碰触，只搭上一点。

Intercept，中止、中断的意思，数学上将之翻译成截距。虽然这个词本身有 cut-off 的意思，但是其词源却是 to take between。数学上将直线同 y 轴的交点命名为 intercept，是取其 to stop on the way 的意思，不是切。

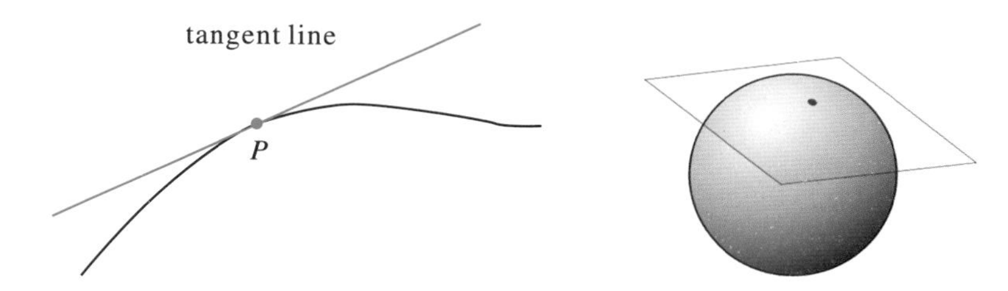

图 6 Tangent line (左)，切线，刚刚接触到其他(凸)线、面或体的线；相应地，tangent plane (右)，切面，为刚刚接触到其他(凸)面或体的面。高维几何中的情形更复杂。

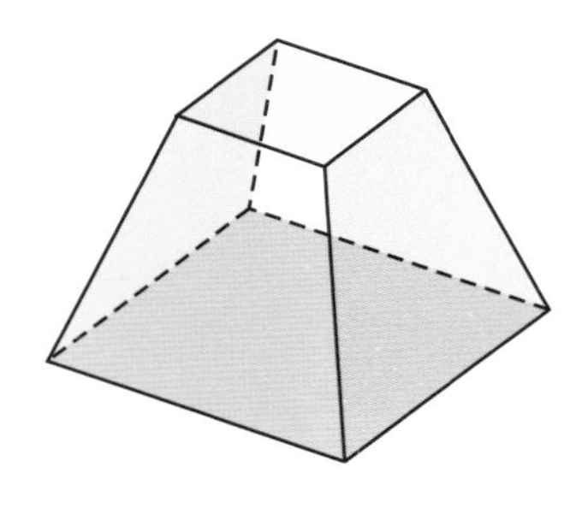

图 7 Square frustum，底为正方形的棱锥台。

Frustum (复数形式为 frusta 或者 frustums)，原意是断裂的意思。在几何中，frustum 指用一对平行的平面所截的固体(如圆锥、棱锥)所得到的部分，如 frustum of cone (圆锥台，又称 circular truncated cone)，frustum of pyramid (棱锥台) (图 7)。有些地方将 frustum 译成截头或者截角，frustum of sphere 被译成球截角锥体，frustum of pyramid 被称为平截头棱锥体。虽然，frustum 是

truncate 的结果，译为截角未必有错，但其本意为断裂而来，大家也不妨知道。这个词用来描述一些晶体的外形可能更合适。

有必要啰嗦几句关于切的物理与哲学。切在物理上要用力，但 cut 本质上要 breaking bonds，是电磁学过程。一块物体被切成两部分，取决于具体物质的键合性质，可能会留下净电荷，此为摩擦带电的原因。有时，一些物质的断裂甚至会将电子发射出来。物质的切分，一般地会得到更小的部分，因此科学界过去曾形成了一种 reductionism 哲学，认为理解了物质的组成部分就能理解上一层面的问题。不过这个哲学遇到了一个困难，就是切、割（碰撞）并不必然得到更小的单元。（石英）玻璃球和玻璃球碰撞得到了玻璃碎片，碎片碰撞能得到 SiO_2 团簇，一路碰撞下去能得到分子、原子、原子核至中子和质子，但是质子和质子碰撞得到了更大个的介子（质子质量为 938 MeV，而介子质量为 139 MeV（π^+）到 9 460 MeV（γ）不等），说明这个 reduction 的过程有个尽头。Reductionism 作为一种哲学曾为认识世界提供了有益的指导，今天人们知道光有分析和综合是不足以认识世界的全部的。自然在每一个层面上都有其自己的特征，甚至连这层面之说也是一种权宜说辞，笔者以为自然原不过是混沌一体的。

收笔回头检视一番，发现关于切的英文说法竟然是如此之多。考虑到我开始收集关于切的相关词汇时所知远少于本文内容，则有理由相信本文已有内容仍不免挂一漏万，留待日后再行增补。

补 缀

1. 在“Immanuel Kant and William Blake epitomized the schizoid condition resulting from the hypertropy of just the rational side of the European psyche”一句中，epitomize (to cut short)和 schizoid（精神分裂症，分裂症患者）都和切有关。此句大意为：“康德和布莱克是因为欧洲心理中过分倾向于理性的一面而导致的精神分裂症之缩影。”
2. 同 shear 同源的一个词是 shard，用于指玻璃、陶瓷等的碎片。faceted shards 可以用来指称有许多小面的水晶、冰晶碎片。
3. 数学上的不可分为 indivisible。一个例子是和积分有关的 Cavalieri's indivisibles。

4. 关于 conic section。如果地球轨道是椭圆，哪怕“椭”的不是特别厉害，其近日点和远日点的温度也将会非常不同，而不会有像现在这样一年四季温度相差不算太大的环境。而地球的轨道几乎就是圆的！地球四季的温差几乎完全来自自转和公转的倾角，而与距离太阳远近无关。生命的出现作为一种奇迹，有太多我们不了解的巧合。
5. Roger Penrose 有句云：“…as we proceed along the tangent line to the curve, touching it at the point p（The Road to Reality［M］. Vintage Books，2004：107）。”注意这里的 tangent line, touching，可见 tangent line 是触线而非切线。
6. “切”这个动作若成立，则“切的效果”应该表现为碎片的数量比被切物要多，碎片的个头比被切物要小。当对物质进行“分”或“切”的操作总不能获得更小块头的“碎片”，我们知道来到了物理世界的 cul-de-sac。这时，若我们依然认为被切物是由更基本的粒子组成的，则我们关于被切物的构成单元的知识将永远是理论的、抽象的，而非观察的。此段论述是否适用于对夸克的理解，比如用于夸克不能被观察到的辩解，笔者不敢妄言。
7. Charles Seife. Randomly Distributed Slices of π［J］. Science，2001，293（5531）：793.
8. 拉丁语 tangere 的近义词有 contingere，to touch upon（碰上，搭上）的意思，其在英语中出现的形式为 contiguous 和 contiguity，表示物理上的接触。Contiguity and continuity 是理解各种流体、场运动方程的关键。
9. 同 touching 意思很近的一个词是 osculating，这个词出现在关于 caustics，rectilinear congruence 这些贯穿力学和经典光学的讨论中。
10. 法国电影 *C'est la tangente que je préfère*（1997），不管是英语的“Love Math and Sex”还是中文的“欲望解析”都不沾边。题目的原意是使用数学概念的 tangent 来表述那种轻轻地擦上边但又不 cut 的关系，法语名字很贴切地反映了电影要表达的那种男女关系中心灵上 tangent 的微妙情感，而且女主角正是一个高三的数学优等生。
11. 有趣的是我们的科学，science，也是来自“切”。Science，来自拉丁语 scientia，词干为 scire，to know，orig.，to discern，distinguish，to cut。
12. 经典力学的重要内容，开普勒问题的解，就是“切”的结果。古希腊的 Empedocles 注意到平面内的两条直线一般是相交于一点的。将交叉的两条线绕中心线转动，得到了对顶锥的结构。用一个平面去切这个对顶锥（附图 1），其截面的形状可以是双曲线、抛物线、椭圆、圆、直线和点。这些构型就是开普勒问题的解。此处给出的从双曲线到点的顺序对应体系的能量从高到低。读者朋友如欲深入理解这部分的内容,不妨拿根胡萝卜切一切试试。边切边滚动可以得到螺线。

附图1 用平面去切对顶锥结构。

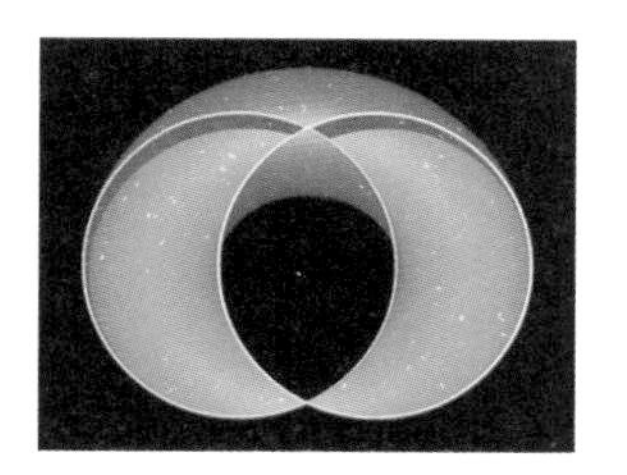

附图2 和 torus 切于两点的平面切出的截面由两个圆组成。

13. 轮胎在数学上被称为 torus。通过切"轮胎"人们得到了 fiberation 这门学问。用一个双切平面(bitangent plane)去切一个 torus,截面为两个交错的圆(villarceau circles),见附图 2。
14. 在复分析中,常会遇到名词"cut"。如果函数的极点足够密,极限情况下,"the string of poles becomes a cut(一串极点就连成了割线)"。从中文角度来说,切线和割线应该没有什么分别。可见,如果把"tangent line"翻译成"接触线"、"触碰线" 或者"搭线",也许我们从字面上就能避免混淆。

参考文献

[1] Evans J. Quantum Mechanics at the Crossroads[M]. Springer,2006:1.
[2] Hankins T L. Sir William Rowan Hamilton [M]. The Johns Hopkins University Press, 1980.
[3] Herman G T. Fundamentals of Computerized Tomography: Image Reconstruction from Projections[M]. 2nd ed. Springer,2009.
[4] Foote R. Mathematics and Complex Systems[J]. Nature, 2007, 318:410-412.
[5] Jiang N, Ji A L, Cao Z X. Development of 'Charge Outflow' Plasma Jets across the Ground Electrode in a Dielectric Barrier Discharge Setup[J]. JAP,2010,108.
[6] Steve Paddock. Optical Sectioning—Slices of Life [J]. Science, 2002,295:1319-1321.

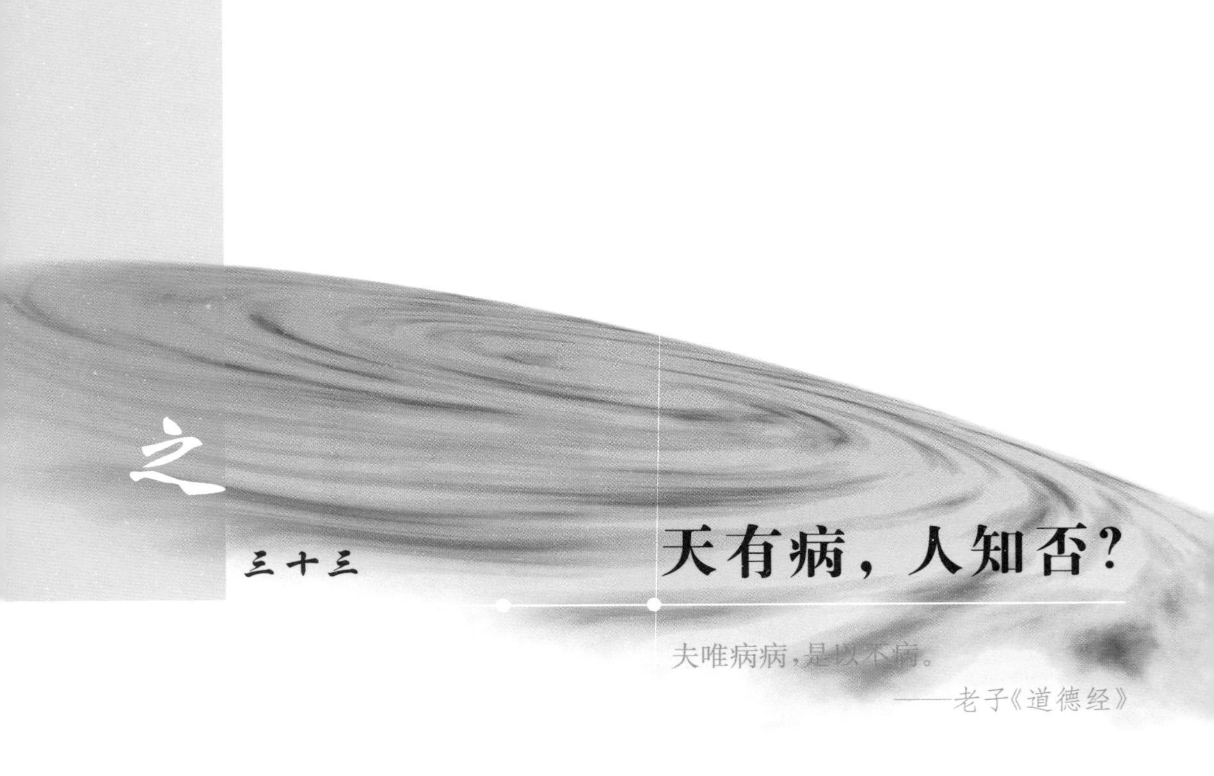

之三十三 天有病，人知否？

夫唯病病，是以不病。

——老子《道德经》

摘要　英文中谈病字，有 illness，sickness，disease，morbidity，malady，ailment，pathos 等词。Ill，morbid，pathetical，mal（作前缀）和 pathological 是学术文献中常见的形容词，带有很强的感情色彩。

生命是一个高度复杂的、开放的组织体系，因了外来的入侵或者伤害，因了内部构件的老化、衰减、无纪律的疯长或者干脆停止工作，就会给生命带来各种疾病。疾病所带来的苦痛是所有有灵性的生命都难以逃避的，因此有最深切的感受。与病有关的词会以各种面目进入我们的日常表达。用病字能表现出强烈的感情色彩，中文的“你有病?!”，英文的“You make me sick（你让我恶心）!”和“Pathetic，all of you（你们都有病）!”都是非常伤人的表达，这样说话属于不得体的行为（ill-behavior），这样的人是 ill-mannered（举止不当的）。大家可能注意到了，英文“病”字的表达是花样繁多的。本着比喻的（as metaphor）习惯，各种“病”字也经常出现在数学和物理学的表达中。

常见的英文病字为 ill，多是以 ill + 名词或者过去分词的形式出现，如 ill-behavior，ill-behaved。Philip Ball 关于达芬奇如何创作他的时运不乖的画作

《最后的晚餐》(How Da Vinci worked on his ill-fated *last supper*)是这样描述的:达芬奇经常是一大早就爬上了脚手架,茶饭不思,一刻也不放下手中的画笔。即便他的天才也需要沉思的间隙,而他却常常不能提供①(And yet his genius demanded space for reflection that he could ill afford)。显然,达芬奇对这项工作准备不足(ill-prepared for the task)。这里,作者随手就用了 ill-fated, ill-prepared 和 ill afford[1]。实际上,这样的用法在各种文献中俯拾皆是,如 ill-defined concept (定义不明的概念), ill-conceived idea (想歪了的主意), ill-famed molecule (声名不佳的分子),ill-disposed toward sb (对某人怀有恶意),等等,大家不妨借此体会一下 ill 的用法。Ill-fated 还曾被用到评价 Hamilton 的三元数上。复数本质上是实的 (real),不过是二元数而已。Hamilton 想构造出类似的三元数 (triplet) 以表述电磁学,但历经艰难终未能成功,所以有 ill-fated triplet 的说法。不过,Hamilton 终究还是为电磁学构造出了四元数。电磁学一般表述中的矢量分析是 Gibbs 引入的。但是,矢量分析的一套算法不能构成完备的代数,是有欠缺的——笔者认为许多人写不对 Maxwell 方程组就跟它们是用矢量表述给出的有关。不知这些问题何时能得到我国物理学工作者的重视,至少该给大学生们提个醒吧?

英文 ill 在数理文献中的应用是非常严肃的,要根据具体的情境来理解。例如,在谈论积分的时候,求 Riemann 积分 $\int_a^b f(x)\mathrm{d}x$ 的过程为把区间$[a,b]$分为许多宽度为 Δx_i 的窄条(不要求等宽度),则积分值为 $\sum_i f(x_i)\Delta x_i$ 在 $\Delta x_i \to 0$ 时的极限,其中 $f(x_i)$为在第 i 个窄条上任意点取的函数值。显然,如果尽管 $\Delta x_i \to 0$,其上所能取的函数值 $f(x_i)$仍一直飘忽不定,使得极限不存在的话,这样的函数就是 ill-behaved, 不是 Riemann 可积的。解决这一问题的一个出路是引入 Riemann-Stieltjes 积分 $\int_a^b f(x)\mathrm{d}g(x)$,对一些具有跳跃不连续性或者微分几乎处处为零但却连续递增的函数 $g(x)$,此积分可以进行。一个例子是,如果 $g(x)$ 是任意的累积概率分布函数②,则不管它是如何 ill-behaved, Riemann-Stieltjes 积分都能进行。更好的规避 Riemann 积分的方法是 Lebseque 积分。Lebseque 积分是 better behaved 的,当然这里的"行为较好"

---

① 这样的逐字直译很别扭,但为了讨论的方便只好这么做。——笔者注

② 即 cumulative probability distribution function, 为对概率分布 $\rho(x)$从起始处的积分,可表为 $P(x)=\int_{-\infty}^{x}\rho(\tau)\mathrm{d}\tau$ 是一个从 0 连续递增到 1 的函数。——笔者注

是什么意思,应该参考其具体内容来理解,因涉及测度论,此处不作深入介绍。

与 ill 对应的是良性的、好的,英文用词有 nice, good (well), proper (appropriate),等等,一般用 good 和 well 就好,如 good-mannered, well-defined。具体地,例如这句“函数 $x|x|$ 在 $x=0$ 是连续的,但没有 well-defined 曲率”。又比如在近代数学里,函数 $|x|$, $\Theta(x)$ (heaviside step function) 都是 perfectly good function (完美的函数),而在 Euler 的时代,它们就很难被接受为好的函数 (proper function),因为某种意义上像 $\Theta(x)$ 函数的定义

$$\Theta(x)=\begin{cases}1, & x>0\\ 1/2, & x=0\\ 0, & x<0\end{cases}$$

可被认为不是“nice formula”。当然如今我们认为这就是个好公式。Roger Penrose 甚至对函数用了 decent(正派的、体面的)这个词,见“Yet our Euler would certainly have accepted $1/x$ as a decent ‘function’ (但我们的欧拉肯定会接受 $1/x$ 为品貌端正的函数)”[2]。

这段对函数的 ill-behavior, good-behavior 的讨论,有一定的任意性;不过历史上随着对问题的深入认识,观点是经历了变迁的。像函数 $1/x$ 和如下定义的函数 $f(x)$:

$$f(x)=\begin{cases}0, & x\leqslant 0\\ \mathrm{e}^{-1/x}, & x>0\end{cases}$$

到底谁不是 well-behaved 函数还真不好说——后者虽然是两块缝补的,可它是处处无穷次可微的。当 Fourier 证明了锯齿波这样很不光滑的函数,当然属于 ill-behaved, 竟然可以表示成“sine-wave”的叠加,其对科学界冲击之强烈可想而知。数学家对待数学中的 illness 是非常认真的,他们会努力消除那些 ill 的地方以达到完美、严格的境界,诚所谓“夫唯病病,是以不病”。一个典型的例子是黎曼球的概念。黎曼球,即扩展复数 $\mathbf{C}\cup\{\infty\}$ 的几何表示,在复分析中非常有用,因为它使得 $1/0=\infty$ 这样的表达是 well-behaved 的(The extended complex numbers are useful in complex analysis because they allow for division by zero in some circumstances, in a way that makes expressions such as $1/0=\infty$ well-behaved)。这种力求完美的数学精神是非常值得物理学家,特别是理论物理学家,好好学习的。

与 illness 近义的有 disease, 在数学物理文献中不是常见,但也有。如庞加

莱就把 Cantor 的集合论斥为“侵染数学的重病（‘grave disease’ infecting the discipline of mathematics）”。在群表示论出现并日益显出影响力的时刻，有些量子物理学家把群论侵入他们领地的行为称为“群论传染病”（德语 Gruppenpest，英语 group disease）。

与 ill 近义的文绉绉点的词是 pathetic，pathological，源自希腊语的 pathos。当代希腊语中 ill 就是 πάσχω 。如果大家还觉得生分的话，不妨比较一下英文和希腊文的病人一词，即 patient[①] 和 πάσχωυ，就能看出它们的血缘，自然也就理解了为什么 pathogen 是致病体了。Pathological 的色彩很强烈，如病态的羞赧（pathological shyness），说某人的报告太缺乏强烈的感染力（Pathetically lacking the dramatic appeal），老毛病了（It is his pathology），等等。Pathological 用于对学术问题的描述同样是传递强烈的色彩，比如说“混沌行为是决定性的，但却病态地对初始条件敏感（Chaotic behavior is deterministic but pathologically sensitive to initial conditions…）”。这里，反倒是对科学的理解有助于对字面的理解——读者欲知何为“病态地对初始条件敏感”，不妨看看 logistic equation 的数值解。在数学中，有 pathological counterexample（病态反例）的说法。注意到一个数列如果收敛，则其单项会趋于零。但是一些数列，如调和级数，虽然其单项会趋于零，但却不收敛。这就是典型的病态反例。

此外，带前缀 mal-的英文词汇也很多，如 maldeveloped（发育不良），malposition（胎位不正），malfunction（功能失灵），等等。这些词多与不好、错误相联系，实际上 mal 就是法语的 ill，大家不妨知道这一点。另一个与病有关的词 morbid 更多地是指思想、情趣方面的病态，如 a morbid fascination with death（对死亡的病态迷恋），morbid narcissism（病态的自恋）等，morbid anatomy（病理解剖）算是 morbid 构成不多的科技词汇。

除了贴上 ill 标签的一些概念或者内容，物理学理论中实际上有许多不易觉察的“病态”的东西，这一点物理学家当保持适度的警惕。有个简单的例子，所谓的谐振子模型，它被用来作为研究许多问题的出发点。问题是基于其上的拓展走得太远太远，远得让许多研究者忘了起点在哪里。徐一泓在其著作

---

① 还有 passion 一词，被引申为激情、爱好等意思，实际上是一种生病或者护理病人时更易产生的心理（病人容易爱上护士据说是心理学中确立的案例）。不过它同 pathos（suffering）的联系，尤其是在英汉字典里，是很难察觉了。——笔者注

Quantum field theory in a nutshell 中毫不客气地指出:“量子场论诞生差不多75年后,其整个主题仍是根植于谐振子那套东西(It struck me as limiting that even after some 75 years, the whole subject of quantum field theory remain rooted in this harmonic paradigm, to use a dreadfully pretentious word. We have not been able to get away from the basic notions of oscillations and wave packets (P5))。”为什么摆脱不了谐振子的标记?笔者以为,所谓的谐振子模型,其本质为 x^2+p^2 形式的哈密顿量,这实际上是对构型空间和动量空间中各自的一个二次型的加法,是用最简单的方法缝制一个能构造出物理内容的相空间①。或者说,要缝制一个有物理的、最简单的相空间,二次型加法的形式几乎是唯一可能的选择(否则,统计就很难往前走。但似乎二次型确实是大自然的选择,注意到能量均分定理就在很大程度上是成立的)。由此哈密顿量的量子力学解法得到的零点能概念,以及基于零点能得到的一些无穷大量(仔细读读Cantor关于无穷的处理,可能会让人处理这个问题时小心翼翼以至畏葸不前)和消除这些无穷大的努力,都难免让我们这些未能洞察其奥妙者有深深的迷惑,和些微的担心。

后记

刘寄星老师在审阅本文时,在关于 pathological 一词的内容后面写下了一则逸闻,兹照录如下:

“读苏联理论物理学家的回忆,得知大物理学家朗道最爱用这个词评判他认为不对的工作,因此在他的讨论会上报告人(多数是他的学生)一旦被他斥为‘pathological’或‘pathetic’(патологический),则此人一辈子就该倒霉了。被他这样评价过的人,包括德高望重的 A. Yoffe,他早年的老师Ya. Frenkel 和他的学生 V. G. Levich,前者是为苏联物理学研究发展奠基的元老,其他两个人都是大有建树的理论物理学家。朗道的这种用词,深深地伤害了他们。不过,他的这种不讲情面和‘恶毒’的用词也给自己招来了一次‘没体面’,当他在 P. Kapitsa 主持的讨论会上,将这个恶谥冠在应邀来访的诺贝尔奖获得者拉曼的头上时,‘拉曼怒不可遏,愤怒地把他赶出了会场’。看来,在用这个词评价人时还真得小心才是。”

---

① 有见到此前有类似论述的读者请告知出处,多谢。——笔者注

补 缀

1. “… but Leonardo, as best we know, never disparaged or wrote ill of Michelangelo. Newton, on the other hand, continued to malign Leibniz even after his enemy had died(达芬奇从来不在口头上或字面上贬低米开朗基罗，而牛顿，即便他的对头莱布尼兹去世以后，也还是不断中伤人家)”一句中的 wrote ill 和 malign 都和病有关。
2. 许是同长期研究混沌有关，Feigenbaum 对微分方程的 disease 深有体会。在其“*Computer-Generated Physics* (《二十世纪物理学》，科学出版社。曹则贤译了其中的四章)”一文中，disease 出现了七次，如“the classical world is shot with diseases of disorder(经典世界感染了无序病)”，“partial differential equations bring out with a vengeance all the diseases of computing systems of ODEs(偏微分方程激起了各种常微分方程计算体系之疾病的报复)”，“discrete numerical calculations easily become diseased(分立数值计算容易呈病态)”，“results were diseased beyond cure(结果病入膏肓)”，“growing richer in diseased incomprehensible behaviours(招致越来越多病态的、不可理喻的行为)”，等等。
3. Ill-gotten gains，不义之财。
4. Weierstrass 曾构造出一个处处连续但处处不可微的病态函数(pathological function)，$f(x)=\sum_{k=0}^{\infty}b^k\cos(a^k\pi x)$，其中 $a\geqslant 3$ 是个奇数，b 介于 0 与 1 之间，且有 $ab>1+3\pi/2$。这个函数把几何直观作为微积分的可靠基础的主张逐出了历史舞台。Voltera 提出过另一类的病态函数 $F(x)$，它是处处可微的，且导数 $F'(x)$ 是有界的，但是定积分 $\int_a^b F'(x)\mathrm{d}x$ 不存在。

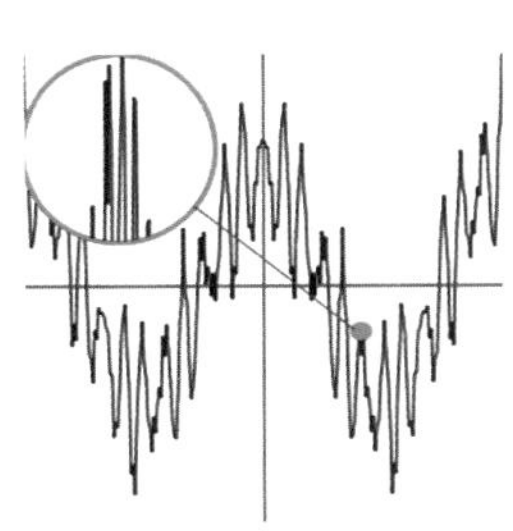

附图 1　处处连续但处处不可微的 Weierstrass 函数。

5. 法国科学家 Fourier 发现锯齿波、方波也能用 sin, cos 函数表示。光滑、连续的三角函数怎么会叠加出“病态”的行为呢？其关键在于有无穷多项。这从一个侧面显示了 Cantor 分析无穷大的重要性。

参考文献

[1] Philip Ball. Flow[M]. Oxford University Press, 2009.
[2] Roger Penrose. The Road to Reality[M]. Vintage Books, 2004.

之三十四 主观乎，客观乎？

我看青山多妩媚，料青山看我应如是。

——[宋]辛弃疾《贺新郎》

摘要　Subject，object 在英文物理学和哲学文献中随处可见，相关词汇如 subjectivism，objectivism，subjectivity，objectivity，subjective idealism，objective materialism 等差不多是永恒的哲学话题，而 subject-object division 则是量子力学不容回避的现实问题。因为 subject，object 的词义特别繁复，基于汉译客观与主观的理解常让人一头雾水。

对于学物理的人来说，哲学大概是迈不过的坎，虽然许多优秀的物理学家讨厌拿哲学说事。据说 Feynman 就曾说过："Philosophy of science is about as useful to scientists as ornithology is to birds(关于科学的哲学对科学家的用处跟鸟类学对鸟儿的用处差不多)。"不过，Feynman 可以不喜欢哲学，但没法不受益于哲学的熏陶，若将他置于没有哲学传统的学堂里，他大概就能理解哲学的宝贵了。Feynman 赖以成名的所谓量子力学表述的第三条路径，即路径积分，其所依赖的就是一种哲学，更确切地说，一种宗教信仰——世界是上帝创造的，上帝是万能的，所以花的功夫最少(least-action)。

在有哲学传统的西方，有人如此轻蔑哲学可算是实用主义哲学的典范。在我们这里，钱钟书先生在《围城》中说的“学哲学，跟什么都没学也差不多”的观点，则反映的是没见过哲人和没读过哲人著作的窘境。虽然大学里有哲学系这类的设置，书架上有一些半通不通的哲学译文，但对于哲学的 substance（见下文），我们这地方的哲学家却是不屑于研究的。

然而，假如我们认真地读读那些真正科学家的著作，会发现哲学绝对是高尚的、严肃的学问，在有哲学思考的地方它一天也没敢容许自己脱离过科学。就专业水准来说，哪怕是被贴上专业哲学家标签的 Karl Popper，其对决定论（determinism）的批驳之物理专业水准也是大部分一流物理学家都望尘莫及的①，遑论 Newton，Kant，Russell，Leibniz，DesCartes 这些数学史和物理学史上“绕不过的大山”式的人物。哲学和物理学一直有千丝万缕的联系，我们的物理学就脱胎于自然哲学，而如今所说的哲学，其初期的 metaphysics 不过是 Aristotle 文集中放在 physics 篇后面的部分，两者之间并没有必然的、清晰的界限。物理学的深入研究，从来就是不断地深入哲学的领地，不断地为哲学带去答案和新的难题的。近现代一些好的物理学家和好的数学家，如 Einstein，Poincaré，Schrödinger，Wilczek，Weyl 和 Manin 等人，从来都是不吝于进行哲学思考的②。物理学（科学中最接近哲学的学科）与哲学的动态交缠，正是科学发展之自然形态。最早提出实证主义（positivism）一词的法国哲学家孔德（August Comte）将人类认识的发展分成三个阶段[1]：（1）Fetichism（拜物教）或者 animism（即将事物设想是有神灵的）阶段。这一阶段人类自己可以按照自己的意志或者为了自己的利益，通过影响（收买、讨好）神灵来改变事件的进程；（2）后物理（metaphysics，汉译形而上学）阶段。此时神灵让位于含糊的力、作用或存在（forces，activities and essences）③，世界被描述为受各种活力、化学反应以及引力原理所控制；（3）实证（positivism）阶段。除了事件之外，其他的各种解释或者诠释不存在了。科学的目的也变成了单一的为事件发生找

---

① 什么样的物理学家是一流物理学家请参照 Landau 的划分标准。——笔者注

② 那种把用数学的点概念描述的粒子和用正弦函数描述的波当成世界的真实，又或者把这两者对立地缝补在一起作为理解世界的概念基础的做法，似乎不能归于哲学。这样有侮辱哲学家智商的嫌疑。——笔者注

③ 经典力学发展的路子。可惜的是，现在见到的讲解经典力学的书籍，绝大部分还是沿着这个路子。——笔者注

寻所遵循的规律，或者事件本身的pattern①。而哲学，关于世界的一般观点，从作为书和学科两者的metaphysics算起，在科学能阐述清楚的地方（参照上述发展轨迹），哲学后退。科学发展造成哲学领地的后退，却又给哲学带来新的问题，注入新的活力。任何一个时期的哲学都是和当时的科学紧密联系的，因此科学的任何重大变动必然在哲学上产生反应（The philosophy of any period is always largely interwoven with the science of the period, so that any fundamental change in science must produce reactions in philosophy）[1]。

中国的普通百姓对哲学不感冒，可能与罗素所言的哲学家的文字有关。职业哲学家的文字，常常表现出仅仅是流于皮毛的死性（了无生气，the deadness of merely external description）；与此相反，像Poincaré这样的科学家、哲学家，则其文字表现出因了同其所欲描写之主题的亲身经历、亲密接触才有的那种清新（the freshness of actual experience, of vivid, intimate contact）[2]。清新的文字招人喜爱，死性的文字让人厌烦；然而若这死性的文字还是一副蛮不讲理的嘴脸，则其受众的感受就可想而知了。举个例子。当我们说"物质是无限可分的"的时候，我们有理由要求知道物质和无限的定义②，以及"可分的"的物质基础。物质和无限的定义暂放一边，此处单挑"可分的"来研究。笔者以为如果我们认定物质是无限可分的，至少我们应该试着回答"how"的问题。当物质被认知到原子的层次时，我们继续"分割"原子的最小武器只能是原子；等到我们对物质的认识进展到了质子、中子和电子的层次，我们继续"分割"物质的武器也随即小了下来。其实，等不到比核子再往前几步，我们就能遇到逻辑困难。质子和质子的碰撞就能得到比原来块头更大的碎片——我们分裂物质的努力并不能给我们带来"更小的碎片"以及"更小的工具"。当然，这个论断还有其他毛病，我们还不可能有无限地分割物质的实践，因此即便我们目前在每一个层次上的分割物质都能带来"更小的碎片"，我们也永远无法知道物质到底是否是无限可分的——无限是一条没有尽头的路，你不能在森林里刚走出半里地就断言"林中的小路没有尽头"。我读硕士的时候就

---

① Pattern在中文文献中出现的几种译名，如花样、样式、斑图等，都不能表达这里的意思。——笔者注

② 无限，英文为infinity。其词干为fin，结尾的意思。大家可能注意到了，法国电影结尾是le fin，意大利电影结尾是fine，这等同于我国老电影结尾的"完"。——笔者注

曾在哲学考试卷上阐述“物质是无限可分的”这句论断之不可靠,结果得个不及格,差点不能毕业。把哲学玩成撒泼放赖,对一个民族来说无论如何不能算是幸事。

言归正传。关于物理学,我们时常将其理解为是表达一些观点的。一组常见带“观”的词是宇观(cosmoscopic)、宏观(macroscopic)、介观(mesoscopic)、微观(microscopic),这里的洋文词干 scope 确实是观看的意思,因此不存在理解上的困难。自我观照(reflection, sich reflektieren)原是人类修行的途径,是认识自我的不二法门。Singh 说:“一只以为自己是猫的狗和一只以为自己是狗的猫……没有了镜子,就没有了自我认识!”这样的“观照”按照字面都是好理解的。有一组哲学上的词汇,如主观和客观,却让笔者非常迷茫,不知何以存在要分成主观的(在主人看来?)和客观的(在客人看来?)两类。一些相关概念的阐述也不知从何说起。比如说客观的、不带偏见的评价,我就纳闷如何把自己摆到客人的位置上(按汉语的字面理解)连偏见都能摆脱?不光我闹不明白,先贤们也早为这个词苦恼过:“还有近年来习用的‘主观的’‘客观的’两个名字,也不只一回‘夹缠二先生’(朱自清为朱光潜《谈美》序)。”这两个词之滥用,有例为证。毛泽东同志的《论持久战》有句云:“除了客观物质条件的比较外,胜者必由于主观指挥的正确,败者必由于主观指挥的错误”。如果把其中的主观、客观全部抽调,句子变为“除了物质条件的比较外,胜者必由于指挥的正确,败者必由于指挥的错误”,则显得更加清楚明白,更易为刚刚能写下自己名字的工农干部所理解,而且并不因此就短少了什么内容。

检查一下主观的(subjective)、客观的(objective)的西文,发现其词干 jacere 是“扔”而不是“观”的意思。拉丁动词 jacere, to throw,其简单的名词形式有 jet。Jet fighter,译成喷气式战斗机,一目了然。Object,就是 to throw in the way(扔到眼前的),意指任何可见的、可触摸的东西,占据空间的物质(a thing that can be seen or touched; material thing that occupies space),汉译物体①;哲学上指一切可由思维认识和理解的事物,因此在思维之外。Object 似乎强调一种自主(不易受影响)的气质,其作为动词有“持异议”的意思,如“一开始人们会因为这样的(从实数到虚数)扩展并没能带来任何新东西而持异议(At

---

① 北京话“眼巴前的”可看作对 object 本义的绝佳翻译。——笔者注

first, one might object that nothing new is gained from this extension…)"。和object本义几乎相同的是project (forward, before + throw),一般字典的释义是建议、计划、工程或者建筑群等。经典力学中研究被抛物体的飞行轨迹,那个被抛的(thrown forward)物体就是projectile。而subject的本义是to place or put under,即置于其下,可以想见其一般情况下有"屈服于"的意思,强调作为受体的角色、过程或关系,如subject people (臣民,弱势群体),subjected to frustration (遭受挫折)。哲学上,subject有两重意思:(1) 思维或自我(ego),同思维以外的所有事物相区别;(2) the actual substance of anything as distinguished from its qualities and attributes。这句英文不好翻译,理解它的关键是substance。Substance,sub + stare,立于其下(支撑?)的意思,转意为组成成分、本体、实质的意思。在"the electromagnetic theory of light…is the same in substance as which I have begun to develop…"[3]一句中,"in substance"就是指构成本体上;而"…give them (models of Faraday) mathematical substance"一句,我宁愿将其理解为"为法拉第模型提供数学的支撑"。如按照"actual substance of anything"来理解subject,那它也有本体方面的含义,并非仅是思维中易变的东西。

汉语翻译的主观-客观,笔者猜测可能要强调内外之别,或者兼有主动-被动之别。在笛卡尔的哲学中,笛卡尔注意区分外部的世界(the external world of things)和想象的内眼(the inner eye of imagination),区分思维(res cogitans,强调in here)和外在的物质世界(res extensa,强调的是out there)。这里认知的事物和占据空间的事物对应"内"和"外"。如果从这个角度理解,主观-客观这样的翻译,对于理解subject-object相关的概念,倒也是挺贴切的。但是,一旦遇到subject-object偏一点的用法,这种简单翻译的不恰当就暴露出来了。在叔本华的"Die zweite Bedingung aber ist die Sensibilität thierischer Leiber, oder die Eigenschaft gewisser Körper, unmittelbar Objekte des Subjekts zu seyn①"[4]一句中,倘若将Objekte des Subjekts (思维的对象)一味

① 意思是"(世界可知性的)第二个前提是存在能直接察知思维之对象的动物体感知能力"。——笔者注

哲学地译成“客观的主观”，就不知所云了（图 1）。

图 1　一个 object 和人对它的 subjective 认知。

其实，subject 和 object 有时意思又非常接近，或各有其他的意思。汉译主观和客观摒除了两者相联系的其他语境——比如，objective painting 就不可以理解为客观的、不带偏见的画作，而是指强调事物本身而非画家思想或情绪的画作——只剩下了干巴巴的对立。许多哲学概念的极端的、对立的情绪，似乎都是在中文语境中被加上的，如 idealism（唯心主义）与 materialism（唯物主义），很平和的两种观点，一个“唯”字就让一切变了味，这一点大家在阅读哲学书籍时当保持警惕。

在物理上，同量子力学相联系的 object-subject distinction（客观－主观的区分）确实是令物理学家不自在的根源。在量子力学假设的 Dirac 描述中，我们能读到：“对任何动力学量的一次测量结果为其本征值之一；测量总是使得系统跳入（jump into）被测量力学量的一个本征状态。”这里的系统（system，object）与仪器（measurer，subject）的界面即存在 object-subject distinction 的问题。这就把哲学里以人的大脑为界面的 object-subject distinction 前移到了系统和仪器的界面[5]。那么，一个自然过程的响应是按照跳入本征态（jump into an eigenstate）的方式还是按照薛定谔方程演化的呢？量子物理学家没能回答这个问题，而且我们似乎也看不到回答这个问题的希望。哲学上和量子力学上的 object-subject 的界面并不同，但有一点却是一样的，都试图把世界的一部分同其余的部分割裂开来，却不知道从哪里下刀——其实也知道硬性地分割是不合适的。这种将事物割裂成两个对立面的欧洲幼稚哲学早已为欧洲的哲学家和科学家所扬弃。Heisenberg 就指出：“把世界分成 subject-object，内在世界与外在世界，肉体与灵魂，早已不再恰当（the common division of the world into subject and object，inner world and outer world，body and soul，is no longer adequate…）。”[6]

科学之发展据信更多的是客观的而非主观的（The development of a science which is supposed to be objective than subjective），这里所谓客观被赋予了更公正、更接近真实的含义。但 subjectivity 是否就应该成为各种科学唯恐避之不及的诅咒（the subjectivity，the anathema of all sciences）？[7] 当一个科学家设置一个实验进行光的某种行为的测量时，其决定用何种测量设备这样的意识活动（the subjective act of deciding which measuring device to use）难道是最终可以省略或被替代的步骤？那设备到底算是纯 objective 的还是人类大脑的产物？科学的哪一个结论是由 objective 的仪器自动给出而不是基于人的 subjective 判断得到的？观测者（人与设备）与被观测物是相联系的，内在的主观思想范畴同外部的客观事实范畴是结合在一起的（Observer and observed are somehow interconnected，and the inner domain of subjective thought turns out to be intimately conjoined to the external sphere of objective facts）。

害怕“主观”的心理是没来由的。黎巴嫩作家纪伯伦有一天让他的女助手列举几个最深刻、最重要的词。女助手提出了五个词：上帝、生命、爱、美和大地。纪伯伦说还应该加上你和我，没有了你和我，什么都没有意义了。不带物理学家之偏见的物理学，是如何产生的？Kant 也曾指出：“我们认知事物之自然本性只能经由我们感觉的过滤和大脑的加工，但我们永远无法直接体验那些事物（das Ding an Sich）。”而在当前，许多物理学家要认知的东西，要体验还首先要经过仪器呢；而仪器本身在演化，设计仪器和诠释结果的大脑也在进步。不是所有的大脑都会正确地思考的，而会思考的大脑的一些思维的结果也被融入了仪器，一些不明就里的人还不是把它们统统当作了 object？① 普通相机下体育场座椅上的观众和扫描隧道显微镜下衬底晶格上的吸附原子，你的物理知识越多，看到的差别也就越多——你就是能看到哲学上的差别也不为过。经过训练的大脑看到的更加具有偏见（biased）的图像，更加远离你的眼前的图像，才是我们要追求的物理的实在。而被囚禁的夸克，我们甚至相信它永远不可以单独地被置于（subject）我们的眼前，但我们依然当它是那个物理分支研究的 object。

① Mermin 就对一些固体物理学家把能带结构之类的东西当成 reality 表述过忧虑。绝大部分固体物理书籍或文章不就是这么认为而不自知的吗？容再论。——笔者注

最后,忍不住想说两句对一些哲学和哲学家的观感。一些哲学宣称能指导科学,被斥为"对科学的无知以及建筑于这种无知之上的傲慢"。笔者不同意将之称为"哲学的傲慢",因为这种打着哲学幌子的傲慢是因为持有者对哲学一样的无知。他们在哲学书籍里看到哲学家激扬文字的傲慢(arrogance),却看不到真正哲学家面对自然和对自然之认知实践的谦卑。一些哲学家在谈论哲学这个关于世界的一般性观点,在一时难以及时证实或证伪的情况下断言自己论点的正确,这种在没有答案之前凭借撒泼抢占答案制高点的行为,显得很不正当。而把干瘪老头子们争吵几百年的哲学话题,东鳞西爪地捡一些揉巴成似是而非的东西扔给如花似玉的少年们去背诵、去考试,情何以堪——这哪里是真哲学家的勾当。

后 记

本文是笔者写得最艰难的一篇。写完走到窗前,深吸一口气压下要吐的血。想想职业哲学家们对着几乎没有共识甚至没有定义的概念,又不靠数据和方程说话,又没有实物或图片可资参照,却动辄一通议论洋洋数万言(叔本华的 *die Welt als Wille und Vorstellung*(作为意志与表象的世界),pdf 文件 2 800 多页。三十岁的叔本华当年是用鹅毛笔写下的),心中油然而生敬意。我在撰写本文过程中试图参考的那些哲学只言片语,其实我一句也没能弄懂,因此这篇文章如果看起来让人一头雾水,那也是没法子的事情。读者只需记住不要见到 subjective(objective)就给理解成主观的(客观的)就行了,况且 subjective 也不是什么丢人的事情。

补 缀

1. Fetishism (拜物教)怕是人类知识的必由之路。与古希腊的神话相对应,中国神话里连厕神都有,可见此道不孤。
2. Schlain 的 *Art & Physics* 一书论及 subjectivity, 称其为"在二十世纪以前是所有科学唯恐避之不及的 bête noire ,但被尊为所有艺术的灵感之源(which before the twentieth century the bête noire of all science and revered as the inspiration of all art)"。Bête noire,法文黑色动物, 指迷信的西方人讨厌、回避的黑色动物,如 13 日星期五路遇的黑猫。

3. 哲学是热爱智慧的产出,这一点是洋文 philosophie 的本意。因为有人将哲学用来糊弄人和折磨人,所以我本人以及我认识的许多人似乎都对哲学深恶痛绝。1991 年,我的博士生哲学课考试结束的时候,几位同学有在教学楼下烧课本的幼稚行为。考虑到我们从初中到高中,经历大学、硕士研究生到博士研究生一遍遍地考那不知所云、不容思考的所谓哲学课,因此受了太多的心灵上和智力上的折磨,这一点幼稚行为连魔鬼都会原谅。
4. 哲学在中国曾被一些人宣称可以指导实践,因而更难为人所接受。理论不是拿来指导实践的;当一个理论能够具有指导实践的能力时,大约总是在大量的实践以后。就算理论在大量的实践之后形成了,且具有了指导实践(这个实践和前一个实践是有区别的!)的能力,这个所谓的指导也不是理论的目的。
5. 撰写本文时,想起了王竹溪先生编纂英汉大字典,发明汉字新部首查字法的事迹。于是有个疑问:语言学家真的能弄懂这些语言吗?
6. 实践是检验真理的标准,但并不是说任谁瞎忙乎一通都可以称为实践的。爱因斯坦的“Gedankenexperiment”,一样仪器不用,全凭思维与逻辑的力量,但很抱歉的是它一样是很有效的实践。可以放心地说,一个没有头脑的人的活动是不配称为实践的。实验物理的教授大概都懂得,不带头脑的实验研究不过是对时间和资金的恶意浪费!从这一点来说,实践从来都不是独立于意识的!
7. 黎巴嫩作家纪伯伦有一天让他的女助手兼情人列举几个最深刻最重要的词。女助手提出了五个词:上帝、生命、爱、美和大地。纪伯伦说还应该加上你和我,没有了你和我,什么都没有意义了。你能设想一个“相对于物理学家是客观的(objective with regard to physicist)”物理学吗?
8. We should give play to our subjective initiative, strive to promote advantages and eliminate disadvantages, and work hard for the advantage outdoing the disadvantage in the whole situation(要发挥主观能动性,努力做到兴利除弊,力争实现全局上的利大于弊). 这一段汉译英,汉语原文能让中国人一头雾水,英文译文能让英国人吐血。印象中“发挥主观能动性”对应的英文为 to bring our subjective initiative into play。
9. 好好比较仪器、测量与 subject-object division 的问题!物理学,宛如窗外一栏风景,原是主人和客人都观得的。

10. 在 Igor R. Shafarevich 的 *Basic Notions of Algebra* (Springer 2005)第一页上赫然写道:“By means of measurements, subjective impressions can be transformed into objective marks, into numbers…”。这句话,我觉得可译为:“通过测量,可以把形而下的印象变换成形而上的标记,变成数字……”。这是对测量问题的绝佳定义。如果把 subjective 译成主观的,objective 译成客观的,可能不太好理解。
11. 近读一句:It (mathematics) is seen as an object of satire, a subject for humor, and a source of controversy(数学被看作讽刺的 object,幽默的 subject,争议的源头)。这里的 object,subject 分别是其上、其下之物。讽刺的对象、幽默的基础?
12. 遇到一词,sub-object relation,看样子是不能翻译成主观-客观关系的。In category theory, a branch of mathematics, a subobject is, roughly speaking, an object which sits inside another object in the same category(一个 subobject,亚对象,大致说来,是居于同一类的另一对象之内的对象).

参考文献

[1] Jeans J. Physics and Philosophy[M]. Cambridge University Press, 2009: 4.
[2] Russell B. Preface to Poincaré's Science and Method[M]. Thoemmes,1914.
[3] Longair M S. Theoretical Concepts in Physics [M]. Cambridge University Press,2003:87.
[4] Shopenhauer A. Die Welt als Wille und Vorstellung:72[OL].[2009-12-25]. http://ishare.iask.sina.com.cn/f/6322432.html.
[5] Bell J S. Speakable and Unspeakable in Quantum Mechanics[M]. Cambridge University Press,1987:40.
[6] Davies P. God and the New Physics[M]. Simon & Schuster,1983:112.
[7] Shlain L. Art & Physics[M]. Harper Perennial,2007:16.

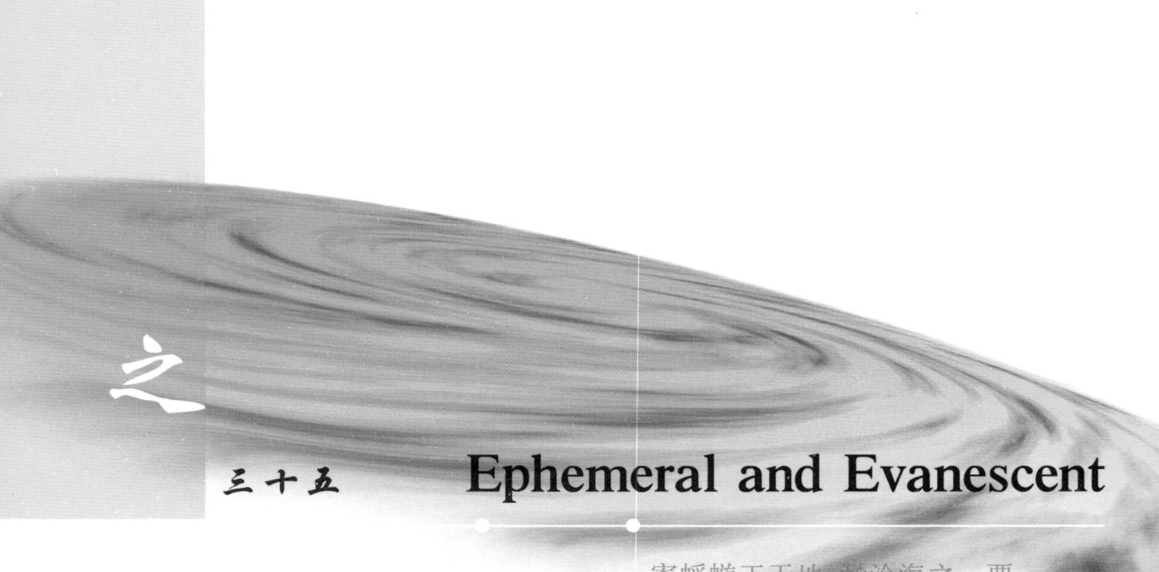

之三十五 Ephemeral and Evanescent

寄蜉蝣于天地，渺沧海之一粟。
——[宋]苏轼《前赤壁赋》

摘要 时空是描述物理事件的关键参数。Ephemeral 和 evanescent 分别描述短寿命的和小范围内就急速衰减了的现象，但也有含混的时候，且很难找到合适的中文翻译。

据说时空是存在的基本特征(characteristics)。牛顿的世界观中，时空是绝对的、无结构的、无限的存在，其中发生着各式各样的事件，物理学的任务就是理解事件和事件的参与者，描绘事件的花样(pattern)和其所遵循的规律（the law)。到了爱因斯坦那里，时空和物质——能量不再是不相关的，而是耦合在一起的了，时空因而可以被扭曲(distort，warp)，还有皱褶(wrinkle)，显得有趣(?)的多。物理学的主要任务甚至变成了描述时空。爱因斯坦的时空观相较牛顿的时空观，有人说是革命，倒也没有那么邪乎。打个不太恰当的比喻，牛顿的物理是乡间的大戏，台上的演员多是乡民临时客串的，因此谁演戏，演什么戏，戏台不会改变(absolute space)，琴师也依然是自顾自地拉着(absolute time)。爱因斯坦的物理学，强调物质在时空中的运动是同物质本身相关联的(motion of matter in a spacetime coupled to the presence of matter)，这是京城里的大舞台上名角演大戏。谁演戏、演什么戏，舞台都是要相应地特别设计的，琴师是要精挑细选的。大腕演员走在舞台上，因为份量的关系，台面是扭曲的，配角的动作与表情是扭曲的，琴师也紧张万分地根据大腕的表演调适自己的节奏，大腕的戏也就成了一个物体在被物体扭曲了的时空中的运动。换一个更大的腕，别说舞台，连观众带观点一并地扭曲。依此理解爱因斯坦的广义相对论，虽不中，亦不远矣。

人是宇宙的过客。人生天地之间，若白驹之过郤，忽然而已(《庄子·知北游》)。因此，人也就对时间特敏感，常感叹生命之短暂。人们祈求长寿命，并因为这种渴望导致了化学的产生，还真的就延长了寿命。人们渴望长寿命，则"短寿命"就为大家所厌恶，"短命鬼"就成了骂人的话。不过，中国人是特别哲学的，一句话可以有极端矛盾的意思。大约在苏州一带，"短寿(音 sou)命"还是充满暧昧的情话，被骂短寿命是相当亲昵的待遇。

古人的大钟表是太阳，时间单位是一天，短于一天的应归于短寿命的范畴。更短的时间单位，似是由印度传过来的。印度《僧只律》载："刹那者为一念，二十念为一瞬，二十瞬为一弹指，二十弹指为一罗预，二十罗预为一须臾，一日一夜为三十须臾。"这里提到的刹那、瞬、须臾，现在还是我们用以指称短时间间隔的常用单位，对应时间分别约为 0.018 秒、0.36 秒和 48 分钟。瞬、弹指这些物理事件(其他词指的是什么事件我不清楚)，因为明显重复性差，没有固定的结构可以作为钟表，所以一日仍是个广泛采用的时间单位。以人对生命的预期为标准，短于一日应该是严重的短寿命了。

古人早就注意到了一类朝生暮死的昆虫，名蜉蝣(图 1)，并由蜉蝣联想到生命之短促而感叹不已。晋傅咸《蜉蝣赋》云："……有生之薄，是曰蜉蝣。……不识晦朔，无意春秋。取足一日，尚又何求？[①]"又，《诗经》有《蜉蝣》诗云："蜉蝣之羽，衣裳楚楚。心之忧矣，于我归处。蜉蝣之翼，采采衣服。心之忧矣，于我归息。蜉蝣掘阅，麻衣如雪。心之忧矣，于我归说。"[②]把对生命短促的感叹转

---

① 人生寄世，不足百年，何尝又不是朝生暮死？哈雷彗星上次来访(1986 年。地球上可见其出现的周期为 74～79 年)，我都是物理系大四的学生了，竟不能理解其光临之含义。下次再来，我一定当面跟它说道歉。——笔者注

② 这首诗太美，十九世纪就有 James Legge 的英译："The wings of the ephemera, Are robes, bright and splendid. My heart is grieved; Would they but come and abide with me! The wings of the ephemera, Are robes, variously adorned. My heart is grieved; Would they but come and rest with me! The ephemera bursts from its hole, With a robes of hemp like snow. My heart is grieved; Would they but come and lodge with me!"——笔者注

化为对“无所归依”的忧虑。“死在眼前是时间问题，身归何处是空间问题，时间太紧迫了，逼它想到空间。”[1]——李敖好意思称呼自己为大师，果然有些道理，他用时空的概念阐述对《蜉蝣》一诗的理解，就满(蛮)有深意。

图1　蜉蝣，蜉蝣目(ephemeroptera)，通称蜉蝣，一类最原始的有翅昆虫，约2 500种。古人以为蜉蝣朝生暮死，其实际寿命各不相同，从几分钟到几天不等。

西洋人也早就发现了蜉蝣夭寿，它的昆虫学学名叫作 ephemeron，据说是希腊哲人亚里斯多德给起的。Ephemeron，形容词形式为 ephemeral，来自希腊语εφήμερος，意思是“lasting only one day”，朝生暮死。Ephemeron 的寿命短，指的是其成虫的寿命短(referring to the brief lifespan of adults)。这一点像知了，地面上的寿命不过是夏季的两个月，却已在泥土的黑暗中蛰伏了好几年，两相比较也该算是 ephemera 的了。许多植物也采用蜉蝣的生存方式(ephemeral lifestyle)，在地下蛰伏很久，只当条件合适时，才迅速发芽、开花、结果。蜉蝣，法语为 éphémère，意大利语为 effimera，西班牙语为 efímera，还都是 ephemeron 的变形；而在日耳曼语系的语言中，如德语的 Eintagsfliege，荷兰语的 eendagsvlieg，瑞典语的 dagsländа，丹麦及挪威语的 døgnflue，其字面上就是“一日昆虫”的意思。英语来源较杂，蜉蝣的日常称呼为 mayfly，看不出寿命的长短。

为了强调事物的短暂、短促，英语中常用的、文绉绉的形容词就用 ephemeral。一些具有时限(temporary nature)的艺术形式，如沙雕、冰雕，就可以描述为 ephemeral 的，乃为 ephemeral art。一些在生命中某一定时刻才出现的器官，如胎盘，可称为 ephemeral organ。像幸福、荣耀，都是转瞬即逝的，都可用 ephemeral 来形容。在“*Underground* belongs on the Net, in their ephemeral landscape(《地下》[1]一书属于网络,存在于网络的 ephemeral 景象中)”一句中,ephemeral 也是转瞬即逝的意思。注意,ephemeral 许多时候形容蜉蝣那样的露面时间短的事物,并非说其整个的存在时间短,如 ephemeral print 指的是剧院节目单、招贴之类的印刷品,可能就有一天的使用价值,但收藏爱好者会将之保存很久。这种 ephemeral 的东西,和蜉蝣或者 ephemeral plants 相反,前者短暂露面后即落入无边的黑暗,而后者在长长的黑暗中迎来短暂的露面。

Ephemeral 也出现在一些物理学的重要概念中。比方说,“Heisenberg's uncertainty principle allows for spontaneous albeit ephemeral particle creation(海森堡的不确定性原理允许粒子的自发但 ephemeral 的产生)”一句中,所谓“自发的、ephemeral 的产生”,是指粒子自发产生了,但却只能短暂存在。多短暂呢,据说用不确定性关系式 $\Delta E\Delta t\sim\hbar$ 可以算出[2],差不多是 10^{-22} s 的量级。在 *Quantum Field Theory in a Nutshell* 一书中,徐一泓(Anthony Zee)写道:“量子场论是因了我们描述生命的 ephemeral 本性需要才产生的(Quantum field theory arose out of our need to describe the ephemeral nature of life)。”为什么这么说呢?徐一泓接着写道。“基于狭义相对论和量子力学的合流产生了一组新现象:粒子可以产生,可以湮灭;就是这产生与湮灭需要发展出一门新的物理学,即量子场论(It is in the peculiar confluence of special relativity and quantum mechanics that a new set of phenomena arises: Particles can be born and particles can die. It is this matter of birth life and death that requires the development of a new subject in physics, that of quantum field theory)。”

类似 ephemeral 描写短寿命的(short-lived)词汇很多。比如刚才提到的 ephemeral particles 的产生,短暂出现的荷电粒子-反粒子对就表现出瞬间的偶极矩,英语为 transient dipole。Transient 也可作为名词用,指临时工、过客

---

① 为阿桑奇所著,免费的网络书。——笔者注

② 严格地说,这个所谓的时间-能量不确定性关系并不存在。注意到其中的 ΔE 可以是 variance,Δt 却不可能是 variance。其实,这个关系式最早出现于 1922 年,比 1927 年的 Heisenberg 关于 uncertainty principle 的论文要早。利用这个关系式得到的结果,缺少物理基础,很少有可靠的。——笔者注

等。振荡体系中经常会出现短暂的能量爆发(burst),即被称为 transient,如 electrical fast transient(快速瞬变电脉冲)。Transient 的一个同源词为 transitory,也表示短暂的,如暂态日冕洞的产生与消失(creation and destruction of transitory coronal holes)。这些词所指的短暂都是相对的,并没有固定的时间尺度。像 transitory 的日冕洞,可是持续几十天的。此外,像 instant,instantaneous 等词也指短暂时刻,不过是指未来所需时刻之短暂,有迅速、马上的意思,见 instant coffee(速溶咖啡)。物理学中的例子有 instanton,汉译瞬子,指量子场论运动方程之时空局域的经典解;instantaneous interaction 指无需时间的相互作用(实际是未考虑或未认识到相互作用需要时间),两个质点间的牛顿引力和两个电荷间的库仑力,就是典型的 instantaneous action,不需要传播的时间。有关表述的理解和翻译正确与否,容另处讨论。当然,instantaneous 也有"存在于某个短暂时刻"的意思,如 instantaneous cathode 就是指交变电场中某个瞬间处于低电位的电极。

谈及 ephemeral,隐隐觉得应该和 evanescent 放在一起讨论。拉丁语动词 evanescere = out + to vanish,本意是指像烟、雾(变稀薄)一样从视野中消失,英语近义词有 fade out,disappear。Vanish 在数学和物理中常出现的形式是 vanishing,如 the vanishing of a parameter(参数变为零),the difference is vanishingly small(无穷小的差别,如你所希望的那样小,亦即接近零),等等。ε-δ 式的微积分证明中,这两个小量就是 vanishingly small。但是,请注意,在"beauty that is as evanescent as a rainbow"一句中,显然 evanescent 也是强调美貌如彩虹,转瞬即逝。

Evanescent 已被用来描述许多物理现象。其一是 evanescent wave,发生在光波的传播当中。当一束光波从光密介质射向光疏介质(optically less dense medium),若入射角大于某个临界值时,会发生全反射。其实,全反射并不是说光完全没有进入光疏介质,而是不能在其中长距离传播。进入光疏介质的光,其法向波矢是复数,因此这个方向的光场是按照 e^{-kz} 的形式衰减。Evanescent wave 怎么翻译?翻译成倏逝波当然有不妥的地方(见后记),因为只要有入射光束,这个波就一直在界面附近存在着,只是其沿法向的 Poynting 矢量的时间平均为零,所以没有净能流而已。隐失波的译法,易造成 evanescent wave 与消失有关的错觉,这种想法可能是来自经典光学中认为折射光束消失的说法。其实发生光全反射时,若紧挨着光疏介质再加一个光密介质的话，这个 evanescent wave 就能被看见了，好像光束发生了对光疏介质的隧穿（tunneling）。这个现象被称为阻错内全反射（frustrated total internal reflection）。其二是固体物理中 evanescent states 的概念[2]，指能量落在能隙之间的非布洛赫（non-Bloch）态，它是局域的。假设晶体中电子的势能只包含唯一的 Fourier 分量（对应于单位倒格矢）U，则出现在第一 Brillouin 区边界上的 evanescent states，其波矢虚部满足$\frac{\hbar^2[\mathrm{Im}(k)]^2}{2m}\frac{\hbar^2 G^2}{2m}=U^2$①。对于杂质深能级的量子力学描述，其物理实质是在缺陷处的缺陷波函数与周围体材料中等能量的 evanescent 波函数的匹配问题[3]。

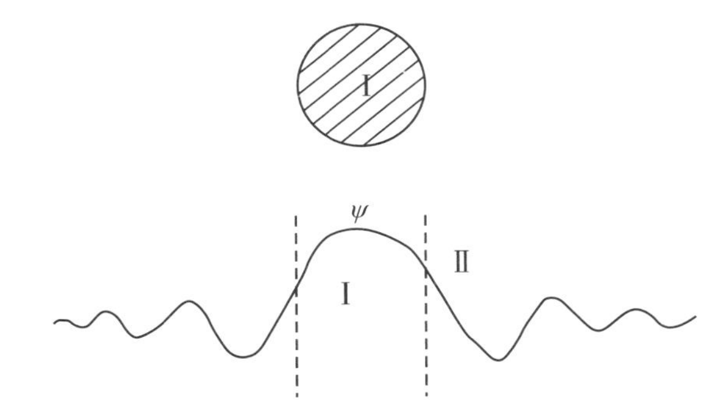

图 2 杂质深能级的量子力学描述，即将缺陷的波函数同体材料的 evanescent 波函数匹配起来（取自文献[3]）。

其他场合 evanescent 概念也经常出现，像光电子能谱中的 evanescent final state，描述低于等离激元频率（plasmon frequency）的电磁波照到等离子体（包括金属）上时提到的 evanescent field，等等。Evanescent wave 曾被翻译成衰减波，也会造成同 attenuation（仅要求强度减弱，但不要求 vanishing）之翻译的混淆，不是很理想。既然 evanescent 强调的是短距离内的急促的衰减，理想的翻译最好能表现出其是空间的概念，绘出 e^{-kz} 的形象，不知译成骤逝波或者剧逝波可否，或把逝字换成消字？抛之以为砖。

读者可能注意到，我试图将 ephemeral 解释成时间上短暂的，evanescent 是空间上急促衰减的，但这种分别对于反过来理解英文原文可能会在许多地方

① 这个公式似乎有哪点不对。它不允许 $\mathrm{Im}(k)=0$，而显然在带边应有 $\mathrm{Im}(k)=0$。——笔者注

引起误解。Evanescent 也有短暂的意思，如上文提及的 evanescent as a rainbow。在解释时间短暂的时候我们一直是使用空间的概念，如瞬间、白驹过隙、过眼云烟[①]，那个 instant 的本意则是在近旁，类似中文的马－上。表示时间短促，不得不使用小空间尺度上的快速运动，这个无奈道出的恰是时间的本质[②]，读者有暇，不妨思考一下。

后　记

一直想写 ephemeral 这个词，现在急着把它同 evanescent 一起讨论，源于年前北京大学秦克诚教授的一封 email，内容照录如下："还记得 1978 年前后，物理所的詹达三邀请我和他一起译 Hecht 和 Zajac 的《光学》，遇到 evanescent wave 一词，当时的物理学名词中没有现成的词条，我就把它译成"倏逝波"，以前没人用过，不落日常用语，比较"雅"，我自以为译得还好。但是后来王竹溪先生看到了，对我说，不能这么译。我问为什么，他说"倏"是随时间的迅速变化，而这个波是随空间急剧衰减。他令我心服口服。这个波一度定名为衰减波，但"衰减"二字太普通，最后定名为隐失波。我也知道了自己不是这块料，再也不敢自定译名了。"秦老师谦称"自己不是这块料"，正是因为其多年来不断勉力而为才有这样的感叹。倘若我们为物理学立标准时都能怀有少许这样的谦逊，或许中文物理学就不会如今天这样充斥那么多连"似是而非"都算不上的词汇。

再说物理学词汇翻译问题，既然有时我们很难为一个概念找到非常贴切的对应词汇，是否在不妨碍统一的前提下允许对其权威性的质疑，并在该词汇出现的一些场合加上西文原文？其实，西文原文同样不足以精确地表达物理，那些真实的物理图像与数学公式才是我们要把握的。

本文收尾时，笔者读到雷立柏先生（一位奥地利人）用中文写就的《拉丁语在中国》，其文字之优美让俺汗颜。雷先生写道："……这些知识体系的术语和研究方法都和拉丁语有关。如果不能阅读这些体系的原文著作，就无法在研究和理解上'更上一层楼'，并且还会错过很多重要的因素。"就物理学来说，我们到底错过了什么呢？

---

① Ephemeral glory 可以译成"荣耀不过是过眼云烟"。——笔者注

② 我总有一种感觉，时间是一种 derivative 的存在。其在物理学中出现的代数形式早就暗含了这一点。——笔者注

补缀

1. Shlain 的 *Art & Physics*，第 256 页，有句云："This ephemeral region called ?? elsewhere?? has become the terra incognita for the modern cosmologic cartographer（这个被称为?? 它处?? 的 ephemeral 区域就变成了做天体肖像研究者的未知领域）。"天体肖像我国也有重大研究计划，?? elsewhere?? 特指相对论光锥以外的区域，是 terra incognita 也好理解，为什么称之为 ephemeral region 呢？可能是指这个区域里的事件，如蝉一样，隐藏在黑暗中，要很久才到达光锥的"here and now"点，被观察到。举例来说，太阳距离我们 8 光分钟，现在时刻的太阳，就在我的光锥之外距离轴上 8 光分钟远的地方。将我的光锥的交叉点，即"here and now"，沿时间轴上移 8 分钟，也就说过八分钟后，太阳在时空表示中就进入了我光锥的过去部分，即它向我发射的光可以到达我的"here and now"了。如果时间更长，它发射的更慢的信号也可以到达我的"here and now"。
2. 交流电的 skin effect，原来就是低频的 evanescent wave 的行为。
3. Instantaneity 表示的是没有时间长度的瞬时性。量子力学描述纠缠态中的 instantaneous interaction 是瞬时到达的，被爱因斯坦厌恶地称为"spooky action-at-a-distance（鬼魅般的超距作用）"。
4. In this new physics（Dirac 方程描述的物理），particles are mere ephemera（注意，质子的半衰期长达 10^{33}～10^{34} 年。可它依然是 ephemera 的，因为在此语境中谈论的是质子的衰变）。Their fleeting existence is the source of interaction."Photons are evanescent" 指光子可以湮灭、光子数不守恒的事实。（此几句见 F. Wilczek. Fantastic Realities[M]. World Scientific，2006。）
5. 小说《林兰香》有句云："何不幸忽而生，忽而死，等于蜉蝣？"颇令人生感慨。
6. 补缀 4 涉及的一段原文，照录如下：In this new physics，particles are mere ephemera. They are freely created and destroyed；indeed，their fleeting existence and exchange is the source of all interactions. The truly fundamental objects are the universal，transformative ethers：quantum fields.（参见 Fantastic Realities[M]. World Scientific，2006：158。）
7. 《小王子》中有一段小王子和地理学家的对话，小王子一直在追问"What does that mean— 'ephemeral'?"。地理学家无奈之下给出了如下的解释："It means，'which is in danger of speedy disappearance.'"

8. 薛定谔把他的不包含科学内容的笔记称为 Ephemeridae，“since he thought science has a certain permanence，whereas all else is ephemeral（因为他认为科学具有某种持久性，其他的则是转瞬即逝的）”。（参见 Walter Moore. Schrödinger：an introduction to methods［M］. Cambridge University Press，1989。）
9. 虚数的概念是在求解一元三次方程时引入的。比如解方程 $x^3+px=q$，需要计算根式 $\sqrt{q^2/4+p^3/27}$，但根号里的数可能是负的。此时，仍可以 temporarilly（暂时）利用这个 imaginary number $\sqrt{q^2/4+p^3/27}$ 去求解。后来发现 the imaginary number is not ephemeral。虚数的概念带来数系的扩展。复数即是二元数，是实的！此处的 ephemeral 与 temporary 同。
10. 在统计力学中有一个量 fugacity，汉译逃逸度，which is closely related to the thermodynamic activity，定义为 $f=\exp(-\mu/kT)$，其中 μ 是化学势。Fugacity 的形容词形式为 fugacious，其意思就是 passing quickly away，ephemeral。音乐专用名词 fugue 是同源词。

参考文献

[1] 李敖.虚拟的十七岁[M].台北:李敖出版社,2008.

[2] Kittel C. Introduction to solid state physics[M]. 7th ed. John Wiley & Sons, 1996:196.

[3] Inkson J C. Deep impurieties in semiconductors: I. Evanescent states and complex band structure[J]. Phys. C: Solid St. Phys., 1980, 13:369-381.

之三十六 Στοιχειαίο

拉丁语和希腊语是现代教育最根本的基础。

——Norman Macrae in *John von Neumann*

摘要　Euclid 的《几何原本》同化学术语中的化学计量比都来自希腊语 Στοιχειαίο，反映的是古希腊原子论的精神。

世界上印数(印刷版次)最多的书，除了圣经，就是欧几里得(Euclid)的《几何原本》。《几何原本》不是普通的几何学教材，它是欧洲文化的两大支柱之一，有其精神层面上的重大历史意义。欧几里得约是公元前四世纪左右的人物，西方人常说的科学开始于二十三个世纪之前，就和欧几里得及其同时代人有关。据说这本书的意义不在于写了些什么，而是给出了非常重要的思想方法[1]。这本书的希腊文原名为 Στοιχεια (stoicheia)，本意是元素，最小构成单元的意思。像西文字母(printing types) *a*，*b*，*c* 等，它们是构成语言的基本元素，也是 στοιχειαίο；相应地，咱们中文的 στοιχειαίο 就是一个个的中国字了。按照字典里的英文解释，στοιχειαίο 可理解为 component，element，letter，cell，first principle，等等；其形容词形式为 στοιχειοθεσία (stoichiothesia)，意为 rudimentary，essential，elementary，都是基本的、本原的意思。

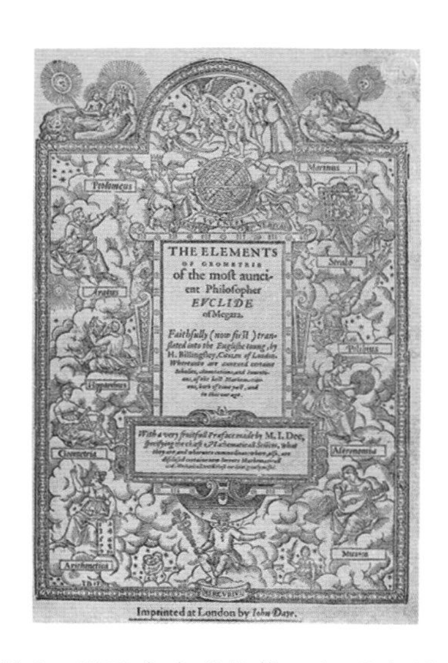

图 1 1570 年出现的第一个《几何原本》英文版，书名为 *The Elements of Geometrie*。一个“the”字体现了这本书在那个时候已经赢得的地位①。

原子论发祥于古希腊，倡导者据信是留基波(Leucippus，公元前五世纪前期)和德谟克利特(Democritus，～公元前 460～370)②。把物质一直分割下去，一直到不能再分割下去为止——当然这只是想象中的物理分割——最后得到的那个不能再分割的(atom 的本意)就是世界的最基本组成单元。古希腊人眼中，世界由四种元素组成，物质的构成方式就是原子加上它们之间的空隙(atom-void)③。我们今天的 atom 作为不可分割的存在，只是化学意义上的不可分割。物理上的分割我们还是往前走了三大步，即从原子到原子核(+电子)到核子再到夸克。分割物质涉及如何分以及是否能得到更小产物的问题，此前已有讨论[2]。

《几何原本》从点开始——不能再被分为部分且没有大小者为点。这种把物质分成原子，化合物分成元素，生命分成细胞，西文字分成音标字母(辅音和元音)，然后再加以考察的方法，就是分析的方法(analysis)，这种思想就是在《几何原本》中提出来的。所有的最简单的 unit，都可以用 στοιχειαίο 称呼。平面几何从点这个元素出发，两点之间可连成唯一的线段；将线段在端点处连接，就形成了折线，就有了角的概念；闭合的一段折线就成了我们感兴趣的平面几何图

---

① 关于如何“the”就表示地位了，现举两例说明。其一，英语中说到微积分时，总是用 the calculus，这表示它是一个令人敬畏的科目，见 *The Calculus Gallery* 一书的前言。其二，电影《功夫熊猫 2》有台词云：“I'm not a big, fat panda. I am the big, fat panda!”——笔者注

② Demokritos (Δημόκριτοs)，δημοs + κριτήs，意为 judge of the people，维基条目则说是“chosen of the people”. 怎么翻译合适？——笔者注

③ 把 atom 用 1 表示，void 用 0 表示，则一维的原子链，即一个 atom-void 串，看起来就像二进制数字 101010101010……猜猜 Leibniz 为什么推崇二进制？——笔者注

形。西方人认为《几何原本》是逻辑和现代科学赖以发展的基础(It has proven instrumental in the development of logic and modern science),对其推崇备至。

由于“几何原本”的英文为“The Elements”,我国读者可能很少注意到它的希腊语原文 Στοιχεια (stoicheia)。源于这个希腊词的一个重要概念是在化学和材料科学中随处可见的 stoichiometry (stoicheion + metry),形容词形式为 stoichiometric。这个词汉译化学计量比,部分地反映了“the determination of the proportions in which chemical elements combine or are produced and the weight relations in any chemical reaction”的意思,但是其与原子论的关系可能被丢失了,因此会造成理解上的缺憾。此外,添加了“化学”这个强硬的修饰词是中文翻译的一贯恶习,难道像“ecological stoichiometry” 或者“The effects of the evolution of stoichiometry-related traits on population dynamics” 中的 stoichiometry 也要翻译成化学计量比? 人家说的分明是性别构成。

化学家关切 stoichiometry (to measure in unit)是基于物质的原子论信念,所谓的化学反应不过是物质在原子层面的重新组合。正整数是自然的数,化学如果按照原子的概念进行,则反应物和反应产物的量之比应该是有理的,即整数比。虽然在化学产生的初期,这个量可能不是原子数,而是质量或者体积,似乎都没有关系,因为我们的测量总是终结在正整数或者有理数上的。神秘的炼金术士留下的配方常有这样的句子:“取 9 等分的土星的孩子,和 4 等分的上帝之骑士的圣餐杯,放入坩埚……”[3]。Lavoisier 通过细致的测量明白了化学反应的 stoichiometry 是原子基础上的概念——把质量比的零头去掉(round-up),就能得到小整数之间的比,原子数目的 stoichiometry 可以解释这个小整数之间的比,而原子质量间对整数单位的微小偏差可以解释质量比的零头。这个化学家对化学反应的计量工作直指核子的存在,比物理学家要早一个世纪还多。难怪当 Lavoisier 在 18 世纪末的法国大革命中被带上断头台后,Lagrange 感叹:“……要再产生这样的一个头脑却可能需要一百年。”

对于炭①在氧气中的充分燃烧,1∶2 的原子计量比是严格的。但是,更多的时候,计量比不能得到满足,于是有了 nonstoichiometric 和 substoichiometric 的说法。所谓的 nonstoichiometric 化合物就是“元素组分不能用一个很好定

---

① 在此前的《物理学咬文嚼字》之十二中我就尝试过放弃“碳”的使用,觉得没必要引进这么个字。社会上关于碳、炭两字用法上的区别没有任何科学道理。——笔者注

义的自然数之比表示因而违反了特定比例原则的化合物(chemical compounds with an elemental composition that cannot be represented by a ratio of well-defined natural numbers, and therefore violate the law of definite proportions)。"不过,这个说法显然是有问题的。只要物质还是由原子组成的,则一个材料中,其元素成分总可以表示成"a ratio of well-defined natural numbers",大不了是1∶347 821 589 035 482 815 109 217这个样子的而已。这个定义的问题是没能指出那个要求"特定比例"的因素及其要求的"特定比例"的大小。笔者以为,当我们说 nonstoichiometric 的时候,我们应该明确相对于什么来定义的,仅仅从数字层面来看,3∶2没有鄙视317∶13的理由。一个液态的化合物,不管原子比例是多少,也无所谓 nonstoichiometric 的问题,除非有某种因素给出强烈的限制,比如液态 NaCl 由于离子极性的限制,不能容忍对1∶1的原子比有些许的偏离①。就人类社会来说,人口性别上的 stoichiometry 约是男女比例为106∶100②,这本身没有什么 nonstoichiometric 的问题;但是,假设男女寿命预期是相同的,则对一夫一妻制的社会构架来说,显然我们的社会是关于女性 substoichiometric 的——这是许多社会问题的性别计量比上的根源。

对物质有化学计量比要求的一个重要因素是固体的晶格结构。假设某个AB型化合物中,两类原子各占据一套简单立方格子,则完美的格点对应的原子比为1∶1。如果一个实际的化合物固体为 AB_x($x<1.0$),我们就说它是关于元素B substoichiometric 的。我们这样说时,隐含的参照物是其晶格点阵结构。否则的话,化学式 $A_{0.4}B$ 对应 A_2B_5,有什么 nonstoichiometric 的问题,又不是没有 V_2O_5 这类东西?然而,对于许多固体物质,因为不能像 NaCl 那样既有晶格的要求,还有离子极性上的要求,non-stoichiometry 反而是常态。比如氧化亚铁的化学式为 FeO,实际固体里的计量比接近 $Fe_{0.95}O$,1∶1的化学计量比是理想不是现实。

---

① 固体也不允许。按说,统计物理允许 NaCl 材料里出现一定的 nonstoichiometry,但上限是多少呢?一般文献中的 non-stoichiometry 是指对理想组分差不多1%层面上的偏离,NaCl 显然不能容忍这么大的偏离。——笔者注

② 不同时期、不同地域上这个比值差别很大。性别比太大的人类群体显然是不稳定的结构。王震将军懂得这一点,才有"八千湘女上天山"的美谈。——笔者注

对于许多化合物来说，非化学计量比才带来有趣的性质。许多过渡金属的氮化物、炭化物都能够在计量比较大的范围（10%的量级）内维持某种晶体结构。比如立方结构的 TaN_x，对于 $x=0.6\sim1.2$，其晶格结构都是稳定的(图 2)。一些金属氮化物晶格中有空闲的格点，但只能部分地占据。比如，Cu_3N 的立方晶格的中心位置是空闲的，它和 N 原子占据的格点的顶点位置满足 1∶1 的 stoichiometry，但是我们却无法实现 Cu_3NM（M＝另一种金属）。对于 M＝Pd 来说，$Cu_3NPd_{0.35}$ 的结晶质量就不敢恭维了。在对应 $Cu_3NPd_{0.238}$ 的薄膜样品中，我们在超过 200 K 的温度范围内测量到了恒定的电阻率[5]，从而表明虽然电阻率有高达 33 个数量级的变化，但在大温区内电阻率恒定的单一固体材料原则上还是存在的。

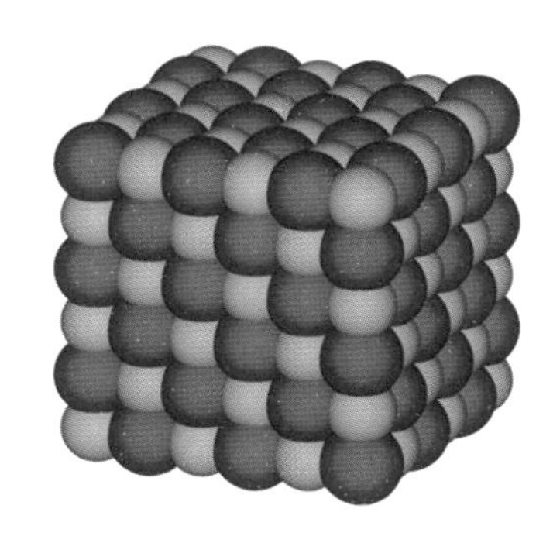

图 2　典型的 MN（M＝metal）化合物的晶格结构。这种结构缺少一些 N 原子依然是稳定的。

文章结束前有必要再讨论一下物理分割的问题。如果认为点是线的基本单元(στοιχειαίο)的话，显然是有物理上的困难的，因为点是个零维的东西，而线是一维的存在。笔者一直难以理解何以几何图形可以分解到点；或者反过来想，点又如何“加”成一条线的，这个“加”的操作是怎样完成 $D=0$ 到 $D=1$ 的转变的？两点之间，如果只用点填充，得到的是一个 atom-void 串，还是离散的点而已？在固体物理的教科书中，我们就是稀里糊涂地把这样的 atom-void 当成一维链的。然而，在几何上，是在两点之间“划一条直线”这个操作带来了 $D=1$ 的线段的。点的堆砌不会构成线。

笔者有个大胆的想法，物理上我们没有 $D=0$ 的“atom”，数学上是否也不能指望点构成线？若物理地看待一维的结构，如圆、直线等，则它的单元(atom)也应是一维的，单元通过一个明确的物理操作构成直线、圆等几何图形。对于直线、圆，笔者构思了如下基于一维单元的定义：假设存在一线元(segment)，将重叠于其上的(overlapping)复件(copy)沿着原来的线元(original segment)从一端向另一端作位移(displacement)，但无须到达另一端点，(无限地)重复下去。如果操作的结果永远不能回到原来的线元上(it never revisits its starting segment)，这是一条直线；如果经有限次操作回到原来的线元上，这就是圆[①]。用公式表述，就是 $\ell = \sum \Delta\ell$ 或者 $\ell = \Delta\ell \cup \Delta\ell \cup \Delta\ell \cdots$，这里的求和(summation 或者 union)，就是前述的拷贝——将拷贝沿原件移动但保持只有两个端点的构型——重复进行(overlapping copy, displacing along the original segment, and repeating this operation so long as it is executable)[②]。这样，构成单元同其所构造的上层建筑维度[③]上的不匹配(dimensional misfit)的问题就能避免了。不知这个念头有什么意义，抛之以为砖。

补缀

1. 据著名数学史专家 C.B. Boyer 估计，这是出版版次数仅次于《圣经》的书，而非印数仅次于圣经的书。原文为：Boyer (1991). "Euclid of Alexandria". p. 119. "*The Elements of Euclid* not only was the earliest major Greek mathematical work to come down to us, but also the most influential textbook of all times. [⋯] The first printed versions of *the Elements* appeared at Venice in 1482, one of the very earliest of mathematical books to be set in type; it has been estimated that since then at least a thousand editions have been published. Perhaps no book other than the Bible can boast so many editions, and certainly no mathematical work has had an influence comparable with that of *Euclid's Elements*."——此段文字由刘寄星教授提供。

---

① 2006 年笔者在为中国科学技术大学准备经典力学系列讲座时有了这个念头。——笔者注

② 这一段可表述如下："Given a line segment, $\Delta\ell$, let's make a copy of it overlapping the original, and displace the copy along the original segment in a way that the resulting figure is a new, longer line segment (i.e., the overlapping parts are conformal). Repeat this operation so long as it is still executable. If the starting segment will never be revisited, we obtain a straight line; otherwise we get a circle."——笔者注

③ 用六个 $D=2$ 的正方形纸片糊成一个正方体，就存在(纸)本身来看，我们得到的是一个闭合的 $D=2$ 的不光滑曲面而不是什么 $D=3$ 的正方体。——笔者注

2. 关于"the"的用法,《功夫熊猫 2》中 Po 还说过:These are "the" best cuffs (这可是史上最牛的镣铐)! 希腊历史上是把数学家当个"人"待的,所以有"the man"的说法:"Menaechmus was 'the man' when it came to resolve complex geometric problems studying conic sections. In the classic Greek world, mathematicians were more appreciated than they are today. No party was complete without one". 啥时候我们的农民能成为"the peasant"?

[1] 远山启.数学与生活[M].北京:人民邮电出版社,2010.

[2] 曹则贤.物理学咬文嚼字 032:切呀切[J].物理,2010,39(11).

[3] Ping Z.尼古拉的遗嘱[M].北京:中国和平出版社,2006.(原书作者名就是这样标注的)

[4] Toth L E. Transition Metal Carbides and Nitrides[M]. New York: Academic Press,1971.

[5] Ji A L, Li C R, Cao Z X. Ternary Cu_3NPd_x Exhibiting Invariant electrical resisitivity over 200 K [J]. Appl. Phys. Lett.,2006,89.

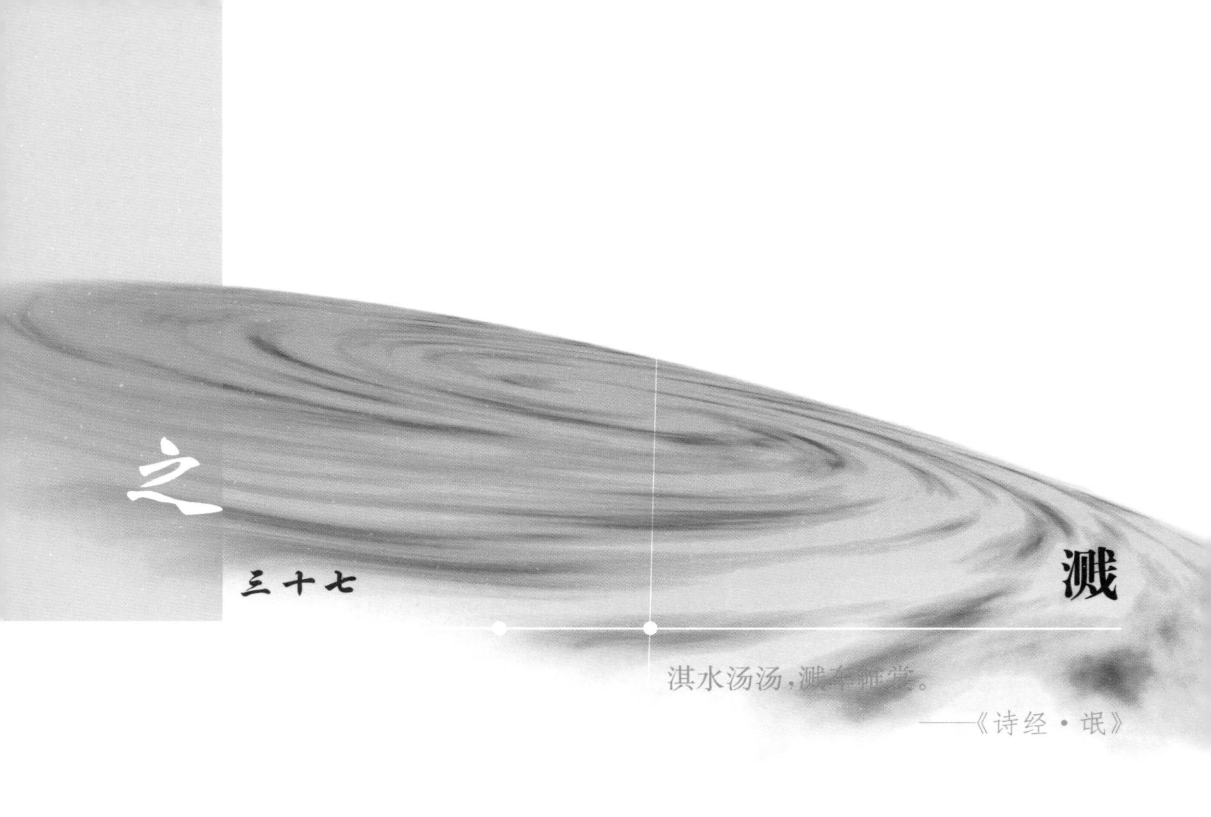

摘要　碰撞过程(impact，bombardment，collision)难免崩出来一些物质,于是就有了 sputter，splash，spatter，spurt 等物理上也算常见的词汇,它们同 spew，spit，sputum，sprout 等同源。

据说宇宙中有四种基本相互作用,都是些无须接触就能感受到的,所谓 action-at-a-distance，汉译超距作用。注意,是四种相互作用,而不是四种相互作用力。从力学(mechanics①)中剔除了力的概念,则所谓的四种相互作用直接同势(potential)的概念相联系。当然,以笔者的愚见,势能的概念似乎也是多余的。如同力学里没有力，物理学一样也可以建筑在不含势能概念的基础上。既然世界的本质是时空,那个空字(space，不是 emptiness) 对应的就是存在的构型(configuration of being)而已，a physics without the concept of potential 可能才是正经,引入势能然后描述时空有绕路的嫌疑。不过，这样绕弯路可能有些历史的必然性。关于相互作用,我们一开始也是不太情愿接受

① 英文的 mechanics 似乎并不百分百对应中文的力学,而是比力学的意思要广泛的多。——笔者注

action-at-a-distance 的观念的。我们的经验是，有接触然后才有压迫（forcing）的效果，于是才有力（force）的概念。伟人说“扫帚不到，灰尘照例不会自己跑掉”[1]的时候，一定是静电吸尘器还没有普及的年代。

关于相互作用的研究，关键词是碰撞（collision）和散射（scattering）。说碰撞和散射贯彻物理学的研究，应不为过。验证动量守恒的碰撞演示实验，用的是质量为几十克量级的球状或盘状刚性物体，速度差不多是 1.0 m/s 的大小，碰撞后各自分开，完好无损。这给了我们一个错误印象，以为这般温和的接触就是碰撞。其实，真切的、接触式的相互作用难免让参与作用者有些损伤，崩出点什么也是常事。考虑到参与碰撞者的参数（质量、刚性、自旋、电荷什么的），在不同的相对速度上碰撞能撞出一部物理学之大部，我们就是依赖碰撞来理解物质的构成和这个世界的起源的[2]。碰撞能产生碎片（小至电子，大至一个行星甚至星系。关于更基本粒子的碰撞研究，此处不论），这就引入了溅射的概念。

物理上常说的溅射，就是用一束高能粒子轰击固体表面，使得被轰击物体的组分以各种形式（电子、中性原子、离子或团簇①）飞溅出去（图 1）。溅射是对英文 sputtering 的翻译，相应的法文为 pulverisation（粉末化），德语为

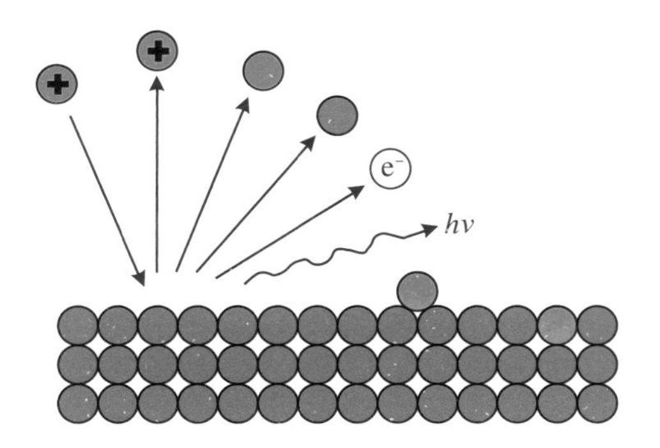

图 1　溅射。一束粒子（一般为离子）轰击固体表面，造成光子、电子、原子、离子或团簇的出射（ejection）。溅射的前提是获得足够的背离固体表面的动量。

① 至于光子是否算物质，以及溅射出的光子的来源，是个哲学和科学都犯难的问题，此处不讨论。——笔者注

Zerstäubung（弄成粉末），比较直白，也有些不准确。溅射强调的是自原来的集体中轰击出一些构成单元来。苏联电影《这里的黎明静悄悄》里有一幕：男上尉冒失地闯入女兵宿舍，引起一通混乱，他自己赶紧退出门外（back scattering，背散射。脸朝外退出来的，还是脸朝里退出来的，代表两种人品①），女兵班长和两个女兵也跟着出来了（溅射产物，sputtered species），算是对溅射过程的宏观演示。此过程的溅射产率（sputtering yield）等于3。

溅射在材料分析和材料制备方面有非常重要的应用。要用固体靶材生长薄膜，就要把靶材汽化，溅射就是很有效的手段，常见的有 magnetron sputtering（磁控溅射）等，这时大家就看出了溅射的法语说法 pulverisation 和德语说法 Zerstäubung 的道理来了。利用一定能量的粒子轰击固体表面，可以将一块固体一层层地剥蚀掉，这样就能将原先深藏的部分暴露出来，配合一种表面分析设备（比如光电子能谱、二次离子质谱等），就能够揭示样品在深度方向上的成分分布，这就是所谓的 sputter depth-profiling（溅射深度轮廓技术）。这个分析技术曾被广泛使用过。可惜的是，粒子轰击固体表面，不是把固体一个原子层一个原子层地轰击出来，而是会在一个小范围内引起混乱（mixing effect。想象一下狗窜进鸡窝的情景），只有那些在表面附近获得了足够的朝向自由空间方向的动量的粒子才会脱离固体，成为溅射产物。因此，不断地轰击，实际上引起了一个累积的混合效应，用数学术语表示，就是存在一个卷积。这样的结果是，您在表面测到的成分可能与预期的很不一样②。笔者曾证明了溅射深度轮廓是一个数学上条件不足的逆问题，因此原则上是不正确的，算是给这个技术定了性[3,4]。这些年笔者不做这个问题了，不知道这个技术还有人用否？笔者的结论非常得罪人。记得当年论文发表不久，一个研究溅射的德国大牛 W 教授，给了我个电子邮件："把那篇文章发给我一份（语气很横！）"。对 sputter depth profiling 的研究引起了我对实验物理的怀疑，对不确定原理（uncertainty principle）的研究则引起了我对理论物理的怀疑。一个学物理的人，发现物理里其实很少有可靠的东西，不能不说是一种幻灭！扯远了。

Sputtering，汉译溅射，属于绝妙的翻译。溅射和水有关，夏日大雨后走在

---

① 物理上叫内禀自由度，比如自旋、极化等，当然不一定是两种状态。——笔者注

② 笔者2000年遇到的真实案例：因为氩离子轰击（清洁表面的常规过程）后测得的样品成分和预期相差太远，一个研究生把人家实验员给骂哭了。——笔者注

马路边，一车飞驰而过，你立马就理解了什么叫水花四溅。当然，溅射不都是这么缺乏美感和德行的。《木兰辞》有句云："但闻黄河流水鸣溅溅(jiān jiān)"，这里溅溅既有水声，恐怕也允许溅(jiàn)起水花的联想。如果您愿意仔细观察牛奶(水滴、油滴等)在液面上的溅射，就会惊喜地发现，条件合适时，会形成皇冠状的结构(图2)。当然这个溅射过程有太多我们不理解的地方，利用高速摄影技术，目前此领域的研究正不断给我们带来新的知识。为什么说溅射是关于 sputtering 的绝妙翻译呢，因为 sputtering 也和水有关，虽然——呀，phew——是口水。英文 sputter 同 spew 一样，来自荷兰语 sputteren (spotten)①，与吐痰、吐口水有关(一口老痰的英文即为 sputum)，强调的是乱喷(to throw out in an explosive manner)。Sputter (sputtering) 常见于英文中的形象化描述，如 somebody speaks sputteringly (某人说起话来唾沫飞溅)，the candle sputtered out (蜡烛发出毕毕剥剥的声音，还时不时有残渣蹦出)，等等。

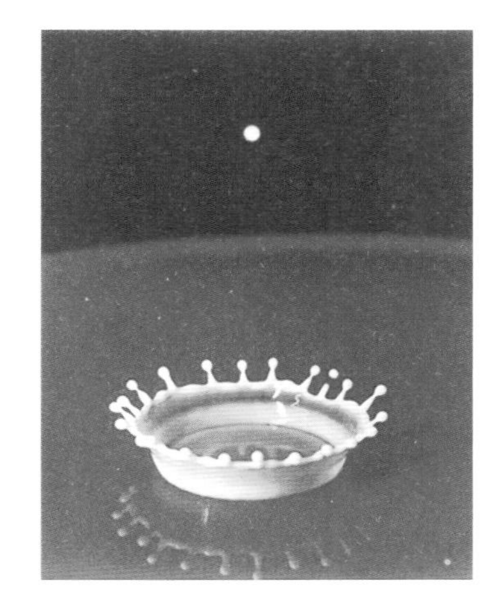

图2　美艳不可方物的牛奶溅起的王冠状结构(milk crown)。

在 *Art & Physics* 一书中有个关于 sputtering 的奇怪用法：the coughing and sputtering to life。原句为：The coughing and sputtering to life in the early nineteenth century of the industrial revolution reinforced Alberti's realistic perspective, Newton's mechanistic ideas, and Kant's reasoned explanations (十九世纪早期工业革命时期的"the coughing and sputtering to life"强化了 Alberti 的现实主义观点、牛顿的机械观以及康德的理性诠释)[5]。短语 sputtering to life 同古希腊神话中 Cassandra 的故事有关。神阿波罗给这个美貌的姑娘的礼物，也是个魔咒，就是通过往她嘴里吐口痰(spitting into her mouth)实现的：姑娘因此有了预言的本领；但是尽管她的预言是正确的，却没人相信(Even though her predictions were correct, no one would believe her)。因此，这个"sputtering to life"的对象成了具有深刻洞见却又无能为力的集合体(combination of deep understanding (insight) and powerlessness

① 奇怪的是，作为其源头的德语吐痰一词是 spucken，同它们的差别却比较大。——笔者注

(helplessness)),乃人类悲剧境地之一例。如何翻译,怕是个很啰嗦的事情,请方家指教。

图3　一定动量的水滴落入水面激起的splash花样。

刚才提到的牛奶在液面上的溅射,对应的更贴切的英语该是splash,是鲤鱼跃出水面溅出水花那样的动作,这样激起的响动也是splash。将水泼向任何一个表面,因为重力的关系,溅起的水花总要落回去,所以是splash,而不是sputter off。由于水有很大的表面张力,表面张力加上重力,以及动能的分布,就决定了splash的花样。目前,虽然人们获得了很多迷人的splash花样(图3),但是,对过程的描述似乎还是不得其门而入。外物的冲击使得这池水之一部分获得足够的背向运动从而脱离整体。如果水泼你身上四处溅射,那对应的是物理学中的背散射而非sputter。

与水滴的splash最终要落入水中一样,小行星撞击地球、月球激起的尘埃最终也要落回地(月)面。不同的是,因为水是牛顿流体,水面最终还是平的,撞击以后了无痕迹;而小行星、陨石之类的撞击却留下了撞击坑(crater)。地球遭遇的强烈撞击行为所激起的高温(部分离化的?)尘埃,还有夹杂尘埃的冲击波,可能是大规模生命灭绝的原因[6]。同样地,用离子轰击固体表面产生足够的溅射(sputter)后,也会留下crater。地球上的撞击坑由于水、空气和生物的作用,可能变得不易辨认了,而月球上的撞击坑的原始形貌得到了有效的保持,提供了研究撞击和splash的样本。因为splash以及sputter出来的物质分布在一定空间角内,这个区域有时就叫做splash zone,应该理解为某事件的殃及地区(有时特指辐射区),如“this is the splash zone!”就有很强的警告意味。中文语境中警告看热闹的人“离远点,别崩一身血”,就是要躲开血以及这件纠纷的splash zone的意思。液体在splash以后受重力影响仍要落回,如果不是回到自身的液面,而是落到比如地面、纸面上则会形成一定的图案——常常是在人类想象力之外的图案。一些艺术家似乎看到了这其中的机会①。运用 splash 这种艺术形式,汉语所谓的泼墨,纽约学派曾以"泼墨"的方式制造了大批量的画作(…the New York school splashed copious amounts of paint all across the art world…)[5]。这口气似有不恭敬的成分。

与 sputter 外形、意思很近的词还有 spatter (bespatter), spurt 等,可能汉语都要翻译成溅、洒落,例句如"As the car went by it spattered us with water and mud (从旁边驶过的汽车溅了我们一身泥水)"。这种自一处(有点主动的感觉)往外水呀、泥呀、气呀的喷溅,容易使人联想到火山。实际上,spatter cone 就是指火山喷发物围成的锥体,图 4 所示即为一 cinder-and-spatter cone。Spurt 来自古英语的 sprutten,与德语词 spriessen 有关,意为 to spring fort,强调的是往前喷、涌,而不是像 sputter 那样出射物集中在法线垂直于表面的一个锥中,例句如"blood spurted out (血喷涌而出)"以及"the volcano spurted out rivers of molten lava (熔岩自火山喷涌而出)"。要是某人一下子 spurted into popularity,那是成名了。

图 4 火山的 spatter cone。往上喷射然后四下飞溅,此为 spatter;而黏稠的熔岩顺着火山口的外壁涌出,则是 spurt。

前述的 sputter,总是造成被 sputter 的物体变少了。如果我们让一块物体净出射光子、电子,物体自然看不出少了一块,不知是否可算作 sputter。笔者赞同图 1 中的理解,倒是算的好,毕竟机理和形象上都是一致的。物理学史上最重要的溅射实验要数用光子轰击金属表面的溅射实验了。将一束光照射到物体上,会有电子出射。此现象由德国科学家 Heinrich Hertz 于 1887 年在金属电极上首次观察到。当然,不是什么光照到物体上都会有电子出射的,否则阳光灿烂的白天我们就没法出门了。研究者发现,对应于某种特定的材料(比如,某种金属电极),光波长要小到一定程度上才会有电子出射(在图 5 的电路中能测量到电流)。或者说,你将一束含有多种频率的光(这是当时实验的真实

① 贪天之功算艺术吗?我总以为艺术最重要的要素是你能而绝大多数人不能。——笔者注

情况)照射到物体上,发现自那里出射的电子的动能有个最大值——若将被照射电极对面的收集电极置于一个足够大的负电位上,电流会消失(图5)。如何解释这个现象呢?1905年,爱因斯坦给出了他对这个现象的解释:光由一个个的小能量包(光子)组成,光子的能量同光(束)的频率成正比,$E = h\nu$;物体中的电子以“all-or-nothing(要么全部,要么一点也不)”的方式吸收光子的能量;这样电子出射的动能为 $E_{\text{kin}} = h\nu - \varphi$,其中 φ 被称为功函数(work function),表征材料对电子的束缚能力,只与材料本身有关。1922年,爱因斯坦因对光电效应的成功解释获得了1921年度的诺贝尔物理奖。

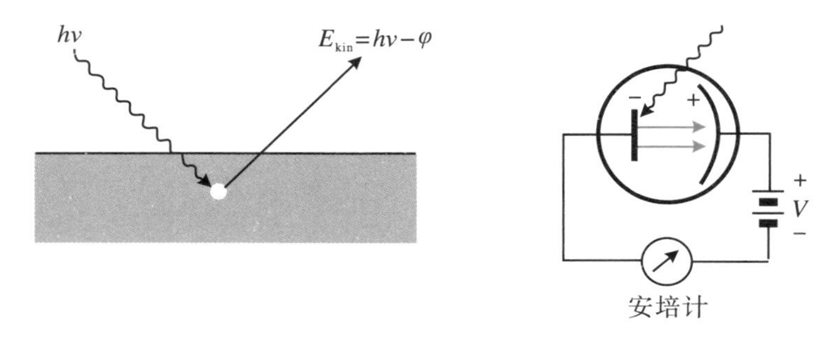

图5 光电效应实验示意图。在光照射下,有电子从金属电极上出射,被对面的电极收集,从而能在电路中测量到电流。

当然,关于光子自物质中溅射出电子的故事远远没有结束。关于离子自固体中溅射出原子(离子),我们可以追究哪个离子溅射出了哪个原子。如果问哪个光子自物体中溅射出了哪个电子,似乎是个很外行的问题,因为我们习惯于用光子、电子的全同性来搪塞类似的问题。不过,随着单光子、单电子器件日渐变得时髦和可能,也许真得问问哪个光子溅射出了哪个电子。设想用一束单光子流照射一个两能级的单个原子,每个能级上只有一个电子,则单个电子出射的时刻可以指认是哪个光子的功劳,而电子的动能可以作为示踪参数指示它来自哪个能级[①]。这样的实验不知是否能回答哪个光子溅射出了哪个电

① Is it proper to ask the question that which photon in the beam strikes which electron out from a matter? Suppose we have a two(or more)-level atom, with each level occupied by just one electron, under the illumination of a single-photon light source, by registering the moment of presence, and the kinetic energy, of the photoelectrons we can perhaps answer the question which photon strikes out which electron. Even if each energy level hosts two electrons, as in the case of a helium atom, the determination of which photon strikes out electron from which energy level may also lead us to something expected.——笔者注

子的问题,以及是否能带出什么有意义的物理来。抛之以为砖。

参考文献

[1] 毛泽东.毛泽东选集:第4卷[M].北京:人民出版社:1131.

[2] Newton R G. Scattering Theory of Waves and Particles[M]. Springer,1982.

[3] Cao Z X, Oechsner H. Concentration Microprofiles in Iron Silicides Induced by Low-energy Ar^+ Ion Bombardment[J]. Nucl. Instrum. and Meth. B,2000,168(2):192-202.

[4] Cao Z X,Oechsner H. On the Formation of Concentration Profiles by Low-energy Ion Bombardment and Sputter Depth Profiling[J]. Nucl. Instrum. and Meth. B,2000,170(1):53-61.

[5] Schlain L. Art & Physics[M]. Harper Perennial,2007:96.

[6] Bonnet R M, Woltjier L. Surviving 1000 Centuries-Can We Do It? [M]. Springer, 2008.

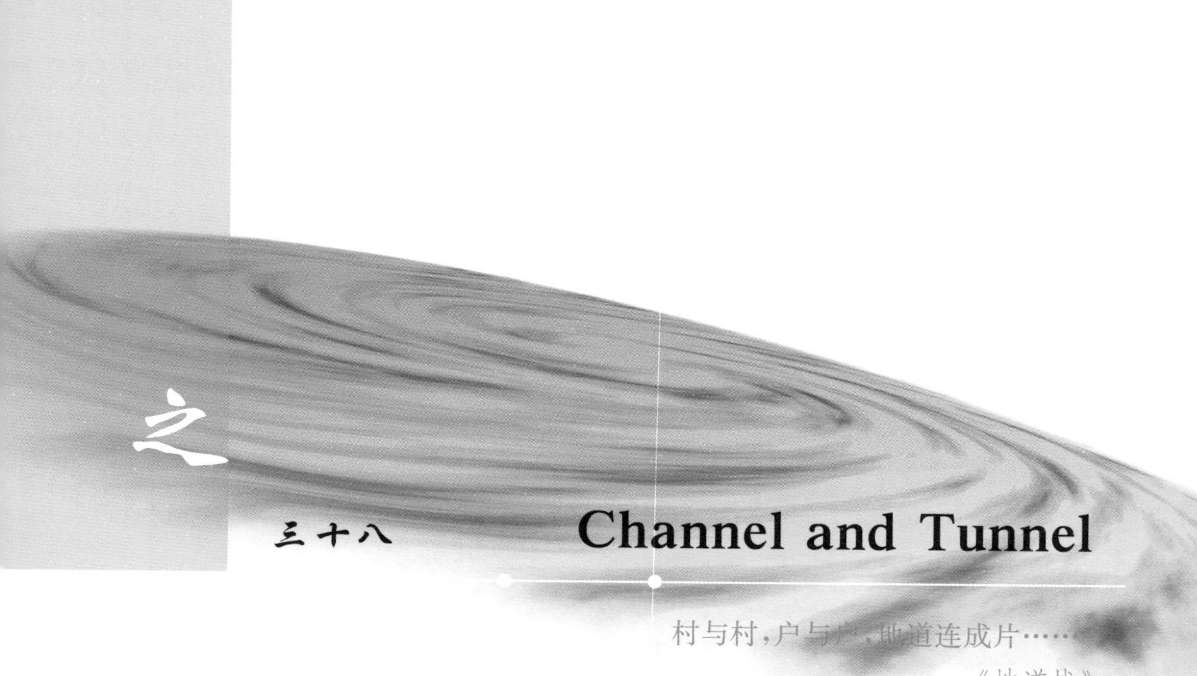

之三十八 Channel and Tunnel

村与村，户与户，地道连成片……

——《地道战》

穿过县界长长的隧道，便是雪国。

——川端康成《雪国》

摘要 Channel，tunnel 都是多侧面的物理学概念，与之相近的 canal，funnel 也是；基于 channeling 和 tunneling 还发展出了重要的物理学分析方法。

英文的 channel，中世纪英语写成 chanel①，canel，原意与水有关，是“the bed of a running stream，river（河床，水沟）”的意思，以及“a body of water joining two larger bodies of water（水渠、运河、海峡？这要看水体有多大了）”，扩展为任何液体的通道(a tubelike passage for liquids)，所以 channel 近似地等同于 watercourse，waterway。

Channel 作为水体之连接，常常出现在河流的流域盆地。水源处是雨水或者融化的雪水，不同的小水流(溪流)汇成支流(tributary)，支流再汇成干流

① 社会大众所熟悉的 chanel 是 chanel(香奈儿)这个时尚品牌，是由法国的 Garbielle “CoCo” Chanel 女士创立的。Coco 是她在咖啡厅唱歌时的昵称。——笔者注

(mainstream)，最后注入大湖或海洋。所以，从入海口倒过来看，一条河的流域形貌像一棵树（图 1）。不过与树不同的是，流域盆地的“树枝”之间可能有连接，这就是“channel”。当然，流域盆地的树枝状结构的树枝也大致可看作 channel，如下句“The shape of a drainage basin is determined by the river network itself as it incises channels into the landscape（在地面上刻出了水道）”[1]。著名的 channel 有 English Channel（英吉利海峡），连接大西洋和北海。虽然其最窄处也有 34 公里，相较于海和洋，它依然是狭窄的，所以是海峡。

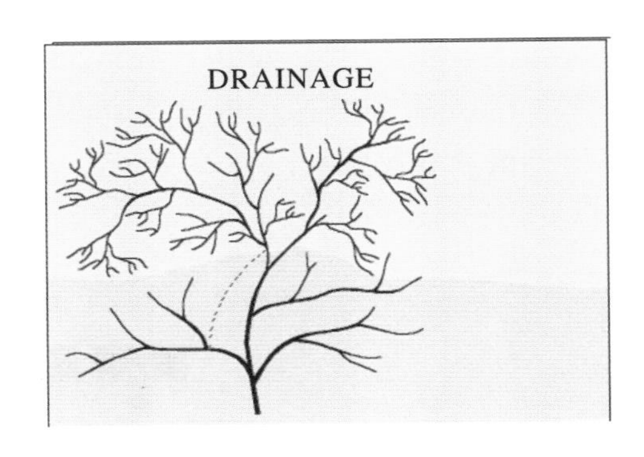

图 1　流域盆地（drainage basin）。Running water 在地面上冲刷出水沟和支流，向低处汇成一条大河。

Channel 作为“两大水体的连接”的意思，应用最广，且被引申为任何通过或传输的方法/工具(any means of passage or transmission)，大约对应中文的管道、渠道、通道、途径等，中文翻译视具体的语境而定，如外交管道(途径，diplomatic channel)，电视频道（television channel）①，纳米通道(nanochannel)②，等等。

作为物理学概念，channel 在涉及电导的情景中经常能够遇到，如细胞中的离子通道（ion channel），双通道近藤模型（two-channel Kondo model），等等，都是和途径(path)有关。可以想见，在微电子学领域，channel 是一个多么常见的词汇。举例来说，利用 MOSFET(金属－氧化物－半导体场效应管)可以产生开关的作用，就是用一个门电压来控制导电通道（conductive channel）的产生和消失。图 2 所示为一个 n 型 MOSFET，其体材料是 p 型半导体，源和漏都是 n 型重掺杂区域。若门电压不够大，在源和漏之间电导很小，开关处于关的状态；当门电压超过某个阈值时，在源和漏之间的体材料——介电材料界面处出现了一个 n 型的导电通道，源和漏之间能够导电，开关处于开的状态。如

① 电视 channel 指的是频段，属于虚拟的通道（virtual channel）。无线电信号采用不同指定频带中的频率主要是避免互相干扰。——笔者注

② 纳米管是有效的离子甚至分子的通道。——笔者注

果导电通道和耗尽层(depletion layer)的厚度可比拟,这样的导电通道很短,会引起包括表面散射、速度饱和等 short-channel effect，是器件高密度集成时需要格外留意的问题。

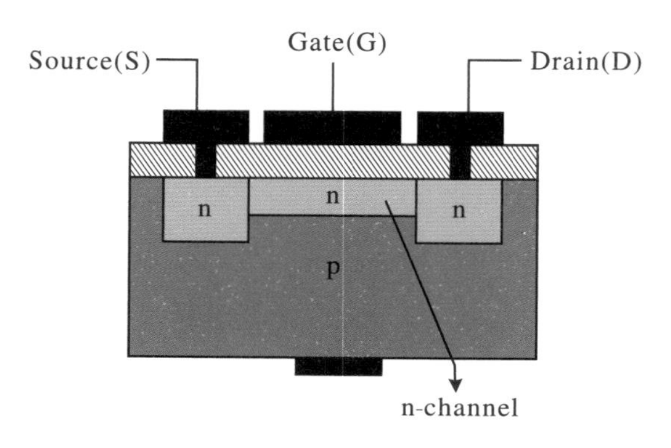

图 2　nMOSFET 示意图。当门电压超过某个阈值时,源和漏之间的体材料——介电材料界面处出现了一个 n 型 channel。

Channel 还可以用作动词,有“导入通道”中的意思,如下句“(Duchamp) channeled the mainstream of his intellectual energy into the game of chess”,说得那么文雅,实际是说“(杜尚)把大部分心思(转而)花在下棋上”。另外,作为动词，channel 可能有“穿过通道”的意思，比如在“ion channeling effect”这个概念中。Ion channeling effect，汉译离子沟道效应，是高能离子照射晶体时会发生的一种现象。完美的晶体可以看作原子列的有序排列。入射离子沿着某个主轴方向入射时,其遭遇的散射会可观地减小,因此会以较大的几率通过晶体样品(图 3),因此在某些特定的方向上能测得离子通量的峰 (flux-peaking)。此即所谓的离子沟道效应，为 Lindhard 于 1965 年首次报导[2]。相应地,离子入射引起的其他效应,包括核反应,大角弹性散射,X 射线发射等,会表现出极小值。若晶体结构中含有缺陷,则会在对离子的散射上表现出来,所以离子沟道效应是研究晶体损伤、缺陷密度等内容的有效手段。离子沟道谱一般常用 He 离子,

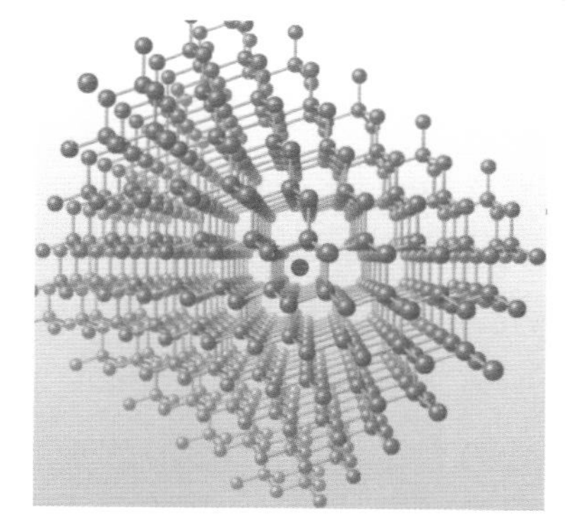

图 3　晶体中原子的有序排列为入射离子提供了通道(channel)。

能量在 MeV 量级。

Channel,还有 canal,其本意是水道,以前承载着运输的重任,是物质和人借以流动的脉络。Channel 作为一个用来比拟许多现象的学术名词,甚至是发现的场所,也就不足为怪了。约在 1844 年,英国人 Scott Russell 坐在一艘行驶在引水渠(channel)中的船上发现当船突然停止的时候,水渠中被船带起的水却没有停止。船头处的水先是聚集、激荡成一个孤傲的凸起(solitary elevation),然后突然绝尘而去,留下轮廓清晰且形状与速度相当稳定的身影。这就是孤立波发现的过程[3]。

与 channel 容易混淆的词是 canal。Canal 来自拉丁语 canalis,与 channel 同源,英语字典里解释为 artificial waterway(人工水道),汉译运河。著名的运河有巴拿马运河(图 4)、苏伊士运河(1869 年建成)以及中国古老的京杭大运河。当然,单用运河来翻译 canal 是不够的,比如 alimentary canal 就要译成消化道,auditory canals 要译成听道。

图 4 巴拿马运河(Panama canal)。

区分 channel 与 canal 是很有必要的,但却是相当困难的。Channel 与 canal 的同源以及意思易混还引起一段趣事。十九世纪末到二十世纪初,曾有火星上有运河(canals on Mars)的说法。这个说法的产生是因为一个不足道的语言上的错误(trivial linguistic mistake)①。意大利的 Giovanni Schiaparelli 在十九世纪末用望远镜观测火星表面,于 1877 年制作了一幅图,图上标有线形的地理标记,被记作“channel”。但是,Schiaparelli 用的是意大利语 canali,英语翻译被随手写成了 canals。因为是 canal,当然是人工的(And canals, of course, are not natural features but artifacts)。受这一有

① 可见翻译不是翻字典的体力活。翻译,总要懂得所涉及的两(多)门语言,还要弄懂一篇文字涉及的内涵,包括印在纸面上的、字里行间的以及原作者欲说还休的东西,又以及那篇文字之所以值得翻译所隐含的文化、语言、学术甚或历史的背景。时常翻看一些翻译的书,真想当面问问那些译者,您凭什么敢动翻译的念头?——笔者注

趣想法的灵感(启发),美国人 Percival Lowell 先入为主地对火星作了自己的观察。那些在火星上看到的道道(channels)就被解释为人工灌溉的痕迹,成了火星存在智慧生命的依据。后来,William Kenneth Hartmann 给出了正确的解释,早期望远镜看到的道道只是在山或者撞击坑的下风处堆积的条形尘土而已。1965 年,Mariner 4 号飞船发回了火星的近距离照片,明白无误地呈现给我们一个荒凉的、冰冷的星球(图 5)。当然,火星上可能存在过河流,因为"流动的水在岩石表面刻下了许多 channels 和支流(running water has carved channels and tributaries into the rock face)"。

图 5 红色星球火星。早期观察曾把其表面上的 channel 当成 canal,从而有火星表面曾存在高等生命的臆断。

Canal 与科学相关的词有 canal ray,又叫正射线 positive ray。如果气体放电的阴极是带孔的,则放电条件下有微弱的发光射线从孔中(德语 Kanal)穿过。此射线由带正电的粒子组成,1886 年德国人 Eugen Goldstein 首先发现这一现象,并将射线命名为 Kanalstrahlen。根据气体的组成或者离化状态的不同,canal ray 在磁场下会有不同的偏转,为离子的质量分析提供了可能。质谱分析就是在 canal ray 现象上发展起来的。Canal ray 也叫 anode ray(阳极射线),与 cathode ray(阴极射线,即电子)相对。不过,读者请勿望文生义来理解这两个概念。实际上,cathode ray 由阴极发射的电子和离化气体产生的电子组成,而 anode ray 则是由离化气体产生的正离子组成,不一定是发生在阳极附近。

现在谈谈 tunnel。Tunnel,中世纪英语写成 tonel,中世纪法语写成 tonnelle(tonnel),本意 a net with wide opening and narrow end(开口大,底部小的网),大家很容易想到漏斗。对,这个词就是和漏斗(funnel)有关。Tunnel 指任何的过道(passageway),不过偏向非暴露的过道,如穿过山体或者在水体之下的隧道,挖煤的巷道,兔子、獾等动物挖的地洞,等等。在地里打洞,单一出口的是地洞,多连通的才叫地道。《地道战》[1]中,冀中平原的乡亲们就是在

[1] 电影《地道战》的拷贝累计复制发行了 2 800 多部,乃为世界电影史上的奇迹。——笔者注

实践中认识到了连通的重要性，做到了“村与村，户与户，地道连成片”的（图6）。

图6 冀中人民创造的地道战。一种无奈的选择。

Tunnel是要打(挖、钻)出来的，对应的英文动词有dig，drill，make等，如a mouse dug a tunnel under the lawn（老鼠在草地下打了洞）。在冰川里钻隧道，则融化的冰水汇流成河，可以有目的地加以利用(Rivers have been created artificially for this purpose in some glaciers by *drilling tunnels* into the ice)[1]。Tunnel本身可以作为动词，中文字面上大约对应“穿(钻)过去”。火车从山洞中tunnel过去，或者小偷从人家窗户tunnel进去，都算不得大本领。如果能从致密的墙中穿过，那才能开辟一片新天地。早先有位王生就渴望有这样的本领，并且据说崂山道士还教会了他(图7)，谁知回家给媳妇演示的时候出了问题：穿越没成功，脑袋还差点撞破了。估计王生可能是没学到tunneling机制的真谛。

图7 王生正在tunneling一面致密的墙。旁边的崂山道士是其导师。

Tunneling不久前还真的就有了可能。在经典力学中，具有能量 E 的粒子不能进入势能 $V>E$ 的区域。也就是说，用一面势能 $V>E$ 的墙，就能圈住动能为 E 的小偷。按照量子力学的观点，就算粒子的能量 $E<V$，可只要这高度(能量)为 V 的墙(势垒)不是太厚，一个粒子还是有一定的几率，或者一群粒子还是有一定的比例，能穿过去，此即所谓的量子隧穿(quantum tunneling)效应。对于高度为 V，宽度为 a 的势垒，动能为 E 的粒子的隧穿几率 $T \propto e^{-2a\sqrt{2m(V-E)}/\hbar}$。若 $(V-E)\sim 1.0$ eV，则 $a=0.1$ nm 附近的变动能引起显著的隧穿几率变化。我们知道隧穿过去的电子如被一个电极收集，就能产生一个电流；电流与到达的电子数目成正相关，也就是与隧穿几率成正相关。如果我们能够分辨足够小的电流的变化，我们就能计算出势垒宽度的变化。对一个导体(电子源)和一个金属针尖(电子收集器)之间的隧穿，电流同势垒宽度，也即针尖到表面的距离，成正相关。这样就可以将隧穿电流同固体表面的电荷密度及其空间起伏联系起来，通过扫描获得的2D隧穿电流图像能近似地解读为表面原子的分布，也就是说利用隧穿现象能获得原子分辨的固体表面图像，这就是扫描隧道显微镜(scanning tunneling microscope)的粗略原理。扫描隧道显微镜是物理概念、设备制造、实验技术等方面的完美、聪明的组合，其借助压电陶瓷模拟尺蠖的运动从而实现快速进针和0.01 nm的空间分辨率，用山田队长的话来评价，是"狡猾狡猾的"。1986年，扫描隧道显微镜的发明者Gerd Binnig和Heinrich Rohrer获得了诺贝尔物理学奖。扫描隧道显微镜打开了一个广阔而深邃的微观世界，但也带来了一些戏剧性的效果——在利用扫描隧道显微镜获得了清晰的原子像[①]之后，人们发现此前大量关于Si(111) 7×7重构的原子模型，竟然没有一个是正确的。在扫描隧道显微学中提到的tunneling，涉及的是单个电子的行为。在Josephson结(两个超导体夹一个介电势垒层)中，电子则以Cooper对的形式从介电势垒中隧穿过去。

量子理论到达的地方，就有tunneling，哪怕tunneling的主体是整个的宇宙。按照超弦理论，真空能量可以以 10^{500} 种不同方式发生(不同的值)。这么多不同的方式让一些迷信实验能验证物理理论的人多少犯了为难。最后人们只好乞灵于"人择原理"，但这个原理解释不了宇宙怎么就选择了当前的值。2000

---

① 哪里有什么清晰的原子像。扫描隧道显微镜获得的是隧穿电流的分布图，它也只是个隧穿电流分布的pseudocolor graph而已。如何理解这个假色图像，是否将之理解成原子分布，甚至是静态的原子分布，取决于研究者的物理功底。——笔者注

年，Raphael Buosso 和 Joseph Polchinski 认为宇宙采纳所有的弦论，按照任一给定的理论运行直到该理论导致宇宙成了碎片（come to bits?），然后会“tunneling”到别的弦理论[4]。宇宙从对应一个弦论“tunneling”到对应其他的弦论，这是怎样的 tunneling?（最初看到这个理论时，笔者想起了 Mermin 写的一段文字[5]：当我听说在普朗克尺度上时空变成了泡沫，我没有起身去拿枪。（我没枪。））NH_3分子从氮原子在氢原子平面的一侧的构型到氮原子在氢原子平面的另一侧的构型之间的 tunneling，或者王生在崂山道士的指导下从墙的一侧到另一侧的 tunneling，恐怕都无法为弦论的 tunneling 提供譬喻或类比。2006 年，Paul Steinhardt 与 Neil Turok 提出了“tunneling”理论的一个变种：我们的宇宙是一个轮回的宇宙，在 Big Bang 过程中膨胀，在 Big Crunch 过程中收缩①，差不多每 10 亿年重复一次。这个理论就多少有点儿人间烟火味。

Tunneling 虽被当作量子力学中的行为，但是在经典光学里却早已出现类似的现象。在经典光学中，当发生全反射时，倏逝波（evanescent wave）能深入到光疏介质不远处，如果在离界面不远处再放一个光密介质，则光能够穿越光疏缝隙进入到第三种介质。这个过程被称为阻错（frustrated）内全反射，它同量子隧穿非常相似。

在 Webster 字典里，tunnel 的一个释意是 funnel（漏斗②），两字只差一个字母，看起来就很像。同 tunnel 一样，funnel 也被用作学术词汇，形象地描述一些效应。不过，使用时应注意区别 funnel effect 和 funneling effect。Funnel effect 是个流体力学的概念，当风（或别的流体）被挤压到一个狭窄的通道中时，速度会变得很大（山口处的风总是很大），这可用 Bernoulli's 方程（theorem）很好地解释：压力小的地方，速度就大。相应地，funneling effect 则与原子沉积有关。在衬底上形成的成长过程中的小岛，其陡峭的侧面不能够吸附住到达的原子，原子会 funnel downhill（顺坡下滚）到接近衬底的某个原子平台上去，在合适的地方被吸附住。Funneling effect 可以解释许多生长形貌，尤其是金属原子构成的沉积表面上的形貌。

在结束本文之前，再啰嗦几句关于 tunneling 的思考。量子力学教科书中

---

① Big Bang，很大的一声“砰”；Big Crunch，很响的嘎嘎声，想象一下慢慢夹核桃的动静。有时真想问一声，还有一点正经没有？——笔者注

② Funnel 指漏斗型的事物，如烟囱。——笔者注

所画的无缝的势垒，是个简化了的、理想化的图形。实际的势垒是个势能关于三维坐标空间的分布，其结构取决于物质间的相互作用。一块物质是否构成致密的势垒，或者是否存在，要看对哪种粒子来说。存在对火车隧穿概率为零的山，但不存在对水滴隧穿概率为零的山。对水来说，山体充满了 channels and tunnels。400 kV 的电子束能穿透微米量级的固体样品，而中微子能轻松穿过厚达 10 倍地球轨道半径的水体。对这些基本粒子来说，这个世界根本就是千疮百孔的。按照薛定谔的说法，电子，以及所有能够提供在电子看来是势垒的粒子们，最终不过是 form 而已。那种认为物质构成致密的、刚性的结构的想法，随着入射粒子能量的增加会慢慢变得动摇起来。可以用蜘蛛网打个不太恰当的比喻。蜘蛛网致密与否，不在于网本身，还在于试图穿越者，取决于两者之间的相互作用。对小蠓虫来说，蜘蛛网是实在的、可隧穿的；对蚊蝇甚至一些鸟类来说，蜘蛛网是致密的、经典的；而对瞎眼的大象来说，要获知蜘蛛网的存在可是需要想象力的(图 8)。关于基于量子力学概念和一些显微技术所获得的对微观世界的认识，有必要牢记 Mermin 的提醒：把最成功的抽象当作我们的世界的真实性质是物理学家的坏习惯[5]。当然，它也是没学懂物理的证据。

图 8　蜘蛛网。右图中是一只没能成功 tunnel 蛛网的马蜂。

补 缀

1. 这句“Civilizations strive to channel instinctual behaviors toward a common goal (文明努力把本能行为 channel 入群体目标)”中的 channel 用得好。不知如何才能正确翻译成汉语？

[1] Philip Ball. Life's Matrix[M]. University of California Press, 2001:41.

[2] Lindhard J. Mat. Fys. Medd. Dan. Vid. Selsk. 34, 14 (1965).

[3] Russell J S. Report on waves. Fourteenth Meeting of the British Association for the Advancement of Science (1844).（关于当时场景的描写被许多文献引述，兹照录如下：

I was observing the motion of a boat which was rapidly drawn along a narrow channel by a pair of horses, when the boat suddenly stopped—not so the mass of water in the channel which it had put in motion; it accumulated round the prow of the vessel in a state of violent agitation, then suddenly leaving it behind, rolled forward with great velocity, assuming the form of a large solitary elevation, a rounded, smooth and well-defined heap of water, which continued its course along the channel apparently without change of form or diminution of speed.）

[4] Ian Stewart. Why Beauty is Truth: A History of Symmetry [M]. Basic Books, 2008:257.（原文为"Universe explores all possible string theories, sticking with any given one until it causes that universe to come to bits, and then 'tunneling' quantum-mechanically to some other string theory."）

[5] David Mermin. What's Bad About This Habit[J]. Physics Today, 2009.（原文为"So when I hear that spacetime becomes a foam at the Planck scale, I don't reach for my gun. (I haven't any.)"以及"It is a bad habit of physicists to take their most successful abstractions to be real properties of our world."）

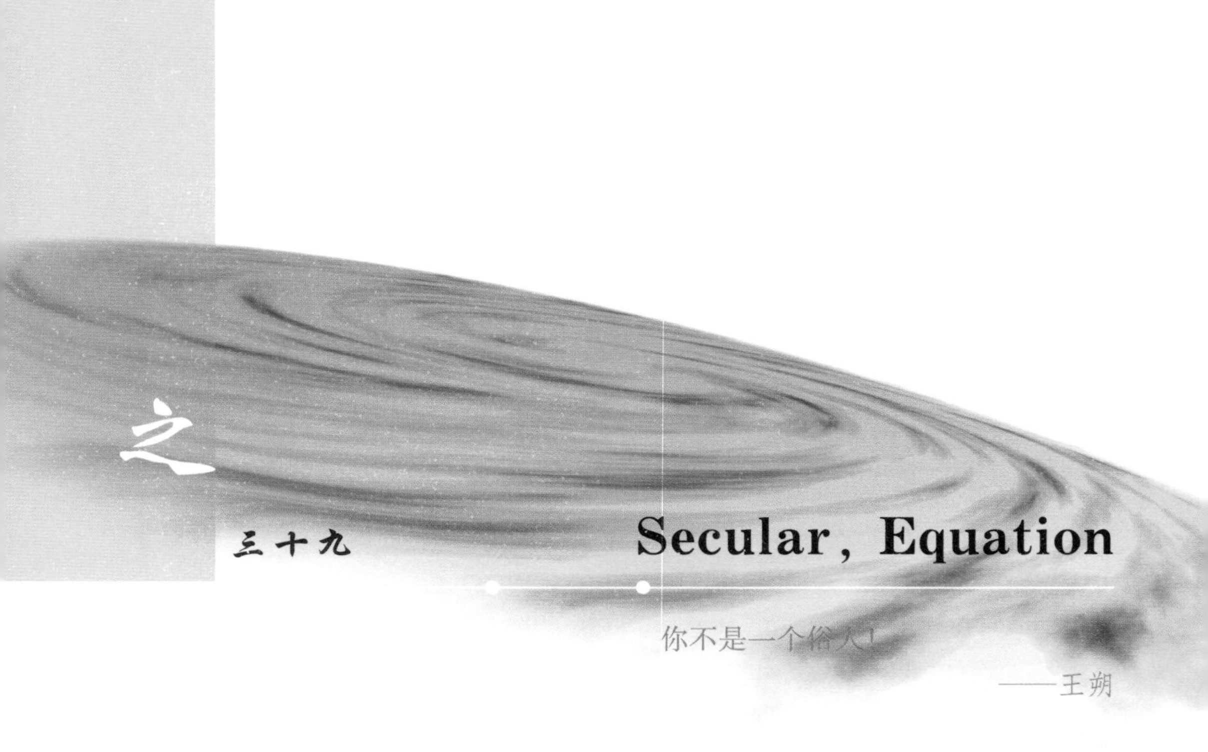

摘要 Secular equation，既是别称 characteristic equation 的久期方程，又是指行星运动的长期均差。西文中本来浑然一体的概念，在汉语语境中却似乎不搭边。

汉语的俗，从人从谷，不知是不是说人食五谷杂粮，故曰俗。然笔者以为人食五谷杂粮可能不是俗的原因，毕竟这是遵循物理学和生物学的行为，算是普适的，不可以用来为人分等①。人之俗者，或者俗人，可能是与谷物（或者各种广义的生活资料和生产资料）的生产相联系的。人中的一部分，终生要从事生产而且偏偏还要为下一顿饭发愁，属于俗人一类，类似蜂群里的工蜂。与俗人相对的，按王朔先生的意思，有圣人、雅人，甚至还有知识分子。这些人也吃饭②，但不事稼穑，所以显得不俗——“在所有人都要干活、打仗的时代，只有圣

① 古时将高等人等同于肉食者，如今高等人开着高级车到乡下找野菜，可见用食物本身划分人等有概念上的困难。但是，从如何准备食物的程序上，是可以为人分等的。在煎饼卷大葱的环境中能坚持“食不厌精，脍不厌细”的货，圣人也。——笔者注

② 这些人在为自己的一些行为辩解时，会拿自己也吃饭说事，谓之“不能免俗”。——笔者注

人是靠捧人吃饭的[1]”。王朔先生的观点有点庸俗(vulgar①),至少会让那些“……羞于承认自己雅的因而是真雅的雅人”有点光火,不过王朔先生敢耍横,“这就是我,和知识分子迥然不同的,一个俗人的标准——我为此骄傲”。[1]看看,对待这号俗人,你还真拿他没辙。

“俗”的一个专门用法,是与宗教相对的。庙宇、道观、教堂之外的世界,是我们的俗世。这里的俗,英文对应的有 earthy, worldly, profane, laicalical, non-ecclesiastical, temporal, 等等,还有本篇要关切的 secular。所谓俗世,secular world,其中的生活不以宗教为准绳(A way of life and thought that is pursued without reference to religion),缺少神圣的、超自然的追求。俗人(secular people, temporalty)的追求很具体,大多是成家立业、成名发财之类鸡零狗碎的事情。

Secular,来自拉丁语 saeculum,本意为一代人、一个时期、一个时代、一个世界等意思。其名词在拉丁语中就作为世纪讲,如 ante plurimum sæculorum (before a few centuries,要过几个世纪)。作为形容词,其意之一有 coming or observed once in an age or a century, 所谓百年一遇是也,如 the secular refrigeration of the globe,指地球的持久的冰冻期,其持续时间以世纪为单位当不为过。其意之二就是与俗世有关的(of or pertaining to this present world)意思,例如 secular music (世俗音乐,区别于宗教音乐), to bind our souls with secular chains (世俗的锁链束缚我们的灵魂)。Secular 的这两个意思,虽说词根上有些渊源,笔者仍觉得不搭边。法国人可能认识到了这一点,所以他们将这两个意思分给不同的词形:séculaire 表示百年一次的、长期的,如 année séculaire (世纪的最后一年), variations séculaires (长期变化) ;而 séculier 表示世俗的,如 clergé séculiere(在俗的神职人员)。

Secular 一词是地球科学、天文学中很常见的形容词,如 secular change(也作 seculary change,长期变化,缓慢变化),secular motion(长期运动), secular perturbation (长期摄动), secular decay (长期风化),等等。地球磁场的 secular variation, 是 1634 年 Gellibrand 在比较伦敦一地磁场偏角的时候认识到的(十六世纪末为 10° 偏东,十九世纪初为 25° 偏西)。有的地方把 secular

---

① 来自拉丁语 Vulgus, 一般人、俗人的意思。——笔者注

variation 译成“经年变化”，应与“此去经年，应是良辰好景虚设”（柳永《雨霖铃》）中的“经年”同义。

笔者在学习转动问题时遇到了求矩阵本征值和本征矢量的问题。给定一方阵 $\boldsymbol{A}$（$\boldsymbol{A}$ 可以是转动惯量张量、刚体空间构型的变换等），求其本征值 λ，则依定义，有 $\boldsymbol{AR}=\lambda\boldsymbol{R}$，其中 $\boldsymbol{R}$ 为矩阵的本征矢量（绝对值未定）。欲求本征值 λ，需解多项式方程 $|\boldsymbol{A}-\lambda\boldsymbol{I}|=0$，其中 $\boldsymbol{I}$ 为单位矩阵。方程 $|\boldsymbol{A}-\lambda\boldsymbol{I}|=0$，在中文教科书里被称为久期方程。久期方程，眼巴巴期盼的方程？笔者那时候（1984年）是一头雾水，好在我们那时就有不问老师问题以免老师翻脸的好习惯，那雾水就一直悬在那里。后来，读英文的力学，发现这个方程英文称为 secular equation。Secular 咱懂，英汉小词典说 secular 是世俗的意思。那为什么 secular equation 是久期方程呢？更糊涂了。

如果抛开力学的背景谈论方程 $|\boldsymbol{A}-\lambda\boldsymbol{I}|=0$ 的话，它的名称是 characteristic equation（特征方程）。这比较好理解，矩阵的本征值确实是矩阵的特征（character，烙印）：矩阵 $\boldsymbol{A}$ 是用其本征值作为矩阵元之对角矩阵的投影之一。对于 2×2 的矩阵，方程 $|\boldsymbol{A}-\lambda\boldsymbol{I}|=0$ 的代数形式为

$$\det(\boldsymbol{A})-\mathrm{Tr}(\boldsymbol{A})\lambda+\lambda^2=0$$ ①

引入了矩阵的两个重要量：Tr（trace，矩阵的迹）和 det（determinant）。Determinant 被翻译成“矩阵值”② 显然又是不负责任的杰作。为什么 det($\boldsymbol{A}$) 被称为 determinant，笔者手头没有确切的证据，也许下面这句话可能提供一些线索：Having thus decided that a secular equation is needed, Kepler turns to determining it（开普勒觉得需要一个 secular equation（拉丁原文为 æquationibus secularibus），因此把工作转向搞定它）[2]。这里的 secular equation 是汉语意义下的方程吗？怎么个 determining 法？在讨论这个问题前，有必要提到的一个词是 equation of time。

---

① 对于 $n\times n$ 矩阵，同样会出现 det($\boldsymbol{A}$) 和 Tr($\boldsymbol{A}$)这两项，具体形式请读者自己推导。——笔者注

② 显然这样翻译时，没有照顾该词出现的语境，也没照顾到矩阵还有 permanent。如果 permanent 是望文生义的积和式，determinant 为什么不比照着译成积差式？Determinant 可能是和 determine，搞定，相联系的。——笔者注

太阳每年绕地球一圈①,绕其他行星一圈的时间有长有短,取决于太阳和行星之间的距离(图 1)。如果行星的轨道是圆的,且行星没有自转,那么行星每公转一周,行星-太阳的构型应该复原。开普勒的伟大成就之一是发现行星的轨道是以太阳为焦点之一的椭圆,很多书里都是这么说的。但是,行星有自转,自转的平面和轨道平面之间还有倾斜(obliquity)。这样,比如在地球上,太阳时(apparent solar time, sundial time)和用比如单摆所记的平均太阳时(mean solar time)就有一个差,这就是所谓的 equation of time (时差),这里 equation 的意思是 making equal(balancing, 补齐、找平)的意思[3],强调的是 difference。注意,time difference 是同一时刻地球上不同地点时间标记的不同,与 equation of time 不是一回事。Time of equation 强调的是差,所以还会表述为 inequality②, 如您读文献时遇到"The Great inequality of Jupiter and Saturn", 您就知道是讨论行星时差问题的(木星和土星块头大,离地球近(见图 1),所以从地球上观测天象,容易注意到它们之间的时差问题)。行星自旋

图 1 太阳系行星的相对位置(不成比例)。中间两个大块头的分别是木星(Jupiter)和土星(Saturn,有环)。

① 地球绕太阳一周可用来作为时间单位,为年 (year)。如果以年为时间单位,地球自转一圈的时间,即一天的时间长短,约为 0.003 年,变化明显。但若以天为单位来纪年,则一年等于 365 天多一点,而且会有 secular variation。注意,天文学上说一年等于 365 天 6 小时 9 分钟 9.54 秒是一种非常不科学的表达。天和秒是两种不同的时间度量单位,依托的是不同的时间度量体系。——笔者注

② 像用 equation 和 inequality 这样相反的词表示一个概念,好像是一种普遍的文化现象。中文的"大败敌军"和"大胜敌军",德语的 abwickeln 既是系上也是解开,可相比照。——笔者注

轨道的倾角，以及轨道为椭圆形，为 equation of time 现象提供了相当令人满意的解释。

不过，如果事情这么简单的话，这还真不能显出开普勒的伟大。现实远比理论更复杂(Reality is complex enough to escape the theories)，行星根本就不是按照椭圆运行的。或者，如果我们把行星短时间内的轨道当作椭圆的话，则会发现偏心率(eccentricity)一直在变化着。当然，椭圆轨道不是从一个偏心率的轨道跳到另一个偏心率的轨道，而是连续地变化的；水星离太阳最近，轨道甚至明显地就不能用椭圆近似。这个轨道偏心率的变化，还有倾角的变化，给 equation of time 带来了 secular effect (长期效应)，变化的时间尺度可以是数十万年。显然，在“the motion of Saturn is affected by a secular equation”一句里的 secular equation，指的是这种长时间尺度上(secular)不同周期性运动所表现的差(equation)，是不可以译成久期方程的。

开普勒自己也认识到了行星的轨道不是严格的椭圆，并深入研究了长期运动偏离椭圆(long term deviations from the elliptic motion)的现象。开普勒假设行星轨道为椭圆加上周期性(指可用 sine 函数描述的)的偏离，当然其长期平均为椭圆，并且觉得他应该找到这个 secular equation，即找到这个正弦函数表达式来解释长时间尺度上的时差现象。由于观测数据不够，开普勒未能完成这项心愿。

后来的故事基本上就是经典力学和天体力学的发展史了。有了牛顿力学，equation of time 成了可计算的问题。拉格朗日(Lagrange)，拉普拉斯(Laplace)和泊松(Poisson)都投入了对这个问题的研究。Poisson 的著作 *Sur les inégalités séculaires des moyens mouvements des planètes* (论行星平均运动的长期均差)，就是专门讨论 secular inequality 的。后来的发展支持开普勒的猜想：久期扰动是周期性的(secular perturbations should be periodic)①。在利用牛顿力学，采用微扰论(又译摄动理论)，计算扰动周期(the frequencies of the perturbation)时，出现的也就是 $|\boldsymbol{A}-\lambda\boldsymbol{I}|=0$ 形式的方程，因此它被很自然地称为 secular equation[4]。汉译 secular 为久期，是取 long-term 的意思(其实是慢，slow in comparison to the annual motion 的意思)，与期待②无关。又，

---

① 如果你知道 Poincaré 和 Kolmogorov 的工作，又会发现现实其实比理论复杂，而且有趣。——笔者注

② Expectation，统计学中常出现。——笔者注

$|A-\lambda I|$ 展开的函数，称为 characteristic function（特征函数），偶尔还有人会写成 secular function。在量子力学中，若 A 为某力学算符，则 $A\psi=\lambda\psi$ 中的 ψ 为算符 A 的 eigenstate。Eigenstate 来自德语，译成本征态，可能是要和“特征”一词相区分。

如果你留心，会发现本文讨论的 secular equation，还有 equation of time（时差），temporalty（俗人），都与时间有关。时间作为一个物理学概念，物理学家们还没能理解，也是没办法的事情。但是，中文物理教科书很少有关于时间的讨论，不知是不是觉得时间太简单了。如果给我们的物理系新生们以时间是个简单概念的印象的话，那就罪过了。

后 记

笔者初遇久期方程，以为久期可以理解为久久期待。及至读到 secular equation，偏偏英汉小词典把 secular 解释成世俗的，把 equation 解释成方程。因为是在天体力学（celestial mechanics）中读到 secular equation 的，我又想，将 equation 命名为 secular（世俗的），难道是和 celestial（天体的，来自天国的）相对应？如今想来，某之蠢，实可哀。西哲云“读史使人明智”，明智的效果未必有，但是如能把科学的历史交代一点，对修习者多少有些好处吧。

补 缀

1. 行星根本就没有轨道。能从零星的位置数据构造出轨道的概念是人类思维的一大进步。那零星的、不太精确的数据不会给出一个漂亮的椭圆的形象，为什么 Kepler 还是说行星轨道是椭圆的呢？分明不是的呀！忽略小节，或者将小问题留给后来，抓住其关键的要素，是科学研究的重要方式！忽略大量的细节，而又不忽略得太多，这个度的把握，是理论物理学家要练习的本领。
2. 关于年、日和秒这些时间单位的正确物理意义，本文审稿时作者和审稿人刘寄星教授有过意见交换，可资读者加深对这个问题的理解，文字不长，照录如下：刘：此句似不妥（关于年、天、秒的注释）。最早的秒，19 世纪末定义为平均太阳日的 1/86 400，用的是同一度量体系，1960 年国际计量大会决定以 1900 年初某确定时刻起算的回归年的 1/31 556 925.973 7 作为秒的单位，仍用的是同一度量体系,1967年改用原子秒定义时间单位,相应地天文时间也采用此定义,仍然是同一度量体系。

曹:关于那个注解,我以为我那句话是对的。这里面有关于时间的误解,也是近些年人们才慢慢认识到的。

时间是用重复事件定义的,它只能是那个事件所占时间(姑不论其单位)的整数加上一个不确定的零头。

如果以日为单位,即日-地系统的轨道周期,则日就是最小时间单位,所谓日/18 400这个表述是没有物理意义的;当我们能使之有意义的时候,我们一定是引入了更小的时间单位。

等到用原子发射的光频率为时间单位,则秒是用半导体器件进行计数的光波波峰数,依然是所采时间单位的整数倍才有意义。摆锤一个来回,地球的一个闭合轨道,这些切实的可计数的物理重复事件都可以作为时间单位。但是,这个时间单位的某个 fraction,比如1/2 345.678,是没有意义的,因为没有这样的物理操作。

当我们有了更精细的时间单位,使得1/2 345.678是一个有意义的数字的时候,我们已经有了一个更精细的时间单位,自然又使得1/2 345.678变得更加没有意义了。

刘:你的意思是如果没有"秒"这个单位的实际物理测量操作,就不能定义"秒",但如果我们通过调节某种实际周期运动,比如调节最简单的单摆的摆长,让它在一昼夜来回摆动18 400周,这是不是按"日"这个基本单位定义的"秒"呢?

曹:则这时正确的理解是,您有了一个叫作秒的基本时间单位,而且您的钟是单摆,只要有"来回"可以计数,哪怕它是明显的衰减的振荡,也可以当作时钟。这样,日则成了一个18 400+某个不确定零头的时间段。此时,日不再是基本时间单位。

小的基本时间单位可以为大时间尺度作单位,但大的时间基本单位却不可以为小的时间尺度作单位。比如以日为时间单位,我们关于年的知识是非常精确的,但是时辰就一直是一个模糊的概念,因为没有"日/12"这个物理的操作。今天我们关于时辰也许有一些清楚的概念,但那是西洋摆钟进来后的结果——我们有了更精细的时间单位。

3. 读 V. I. Arnol'd 的 *Huygens and Barrow, Newton and Hooke* (Birkhäuser Verlag, 1990),其中明白无误地写道"terms proportional to time are called

secular",即扰动之与时间成比的项被称为是 secular 的。这就引起所谓 secular perturbations 的问题,考虑到天文时间之长,即便是很小的扰动,也足以改变太阳系的进程。此外,月亮的转动周期是变小的,相应的"secular acceleration"为 10″/百年。另有一句"the period of these small oscillations is of the order of several tens of thousands of years, so the effect seems secular (这些小扰动的周期长达数万年,可见是 secular 的效应)", secular 即 long-period。

4. Secular variations (久期变化)与周期性现象相对。星历表 (astronomical ephemrides) 会用 secular 来标记那些长时、非振荡的扰动。注意,有 ephemeris second, ephemeris day, ephemeris time 的说法,中文翻译为历书秒、日、时间。这里的 ephemeris,应该是作为 secular 的反义词出现的。请对照阅读本书之三十五篇 *Ephemeral and evanescent*。

参考文献

[1] 王朔.你不是一个俗人[J].收获,1992(2).
[2] Giorgilli A. A Kepler's note on secular inequality[OL].
[3] 曹则贤.平、等与方程[J].物理,2008,37:882.
[4] Goldstein H. Classical Mechanics[M]. Addison-Wesley Publishing House, 1980.

之四十 哈，Critical

双眼自将秋水洗，一生不受古人欺。

——［清］袁枚《随园诗话》

Not every critic is a genius, but every genius is born a critic…

——［德］Gotthold Ephraim Lessing

摘要　Critical phenomenon 是需要用 critical 态度对待的现象，汉译临界现象，与 crisis 的本意倒也相和。Critical 还应是面对一切学问的态度。

德国人康德(Immanuel Kant)据说是哲学史上的丰碑，其著作是学哲学的人绕不过的大山①。康德著作中有名的要数 *Kritik der reinen Vernunft*(纯粹理性批判)(图 1)，*Kritik der pracktischen Vernunft*(实用理性批判)和 *Kritik der Urteilskraft*(判断力之批判)，简称三大批判。这个批判，德文为 die Kritik，英文为 critic，不过意思不能为中文的批判所完全覆盖，它也可以对应温和一些的中文词如批评、评论以及研究(检视)。Critic 还指一个职业群体，汉译批评家，是一群表达价值判断的人(who expresses a value judgment)，其日常工作就是就一些领域内的事情作判断性的评论(give critical commentary in some

① 当然，在一些神奇的土地上也有例外。——笔者注

specific fields）。在文化艺术领域，批评家在塑造社会的品位方面起着主导性的作用；而在科学等领域，良性的同行批评则是制定或者维护成就之优秀水准的重要部分（Good peer-group criticism is an important part of developing or maintaining excellent standards of achievement）。

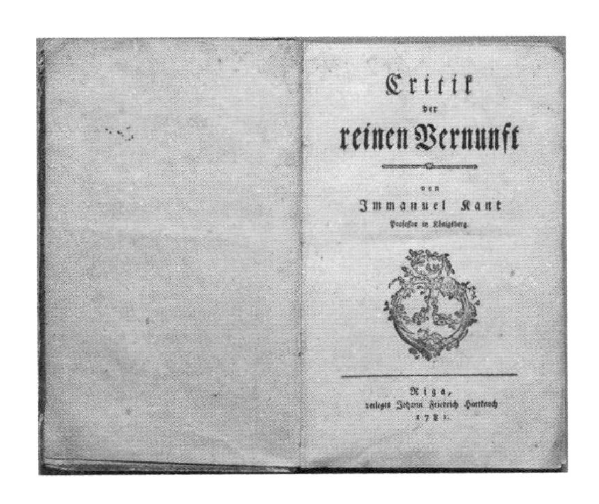
Critik
der
reinen Vernunft
von
Immanuel Kant
Professor in Königsberg.
Riga,
verlegts Johann Friedrich Hartknoch
1781.

图 1　康德 1781 年版《纯粹理性批判》的扉页。

在理解 critical 相关的意义之前，不妨先看看其名词形式 crisis。别人我不清楚，反正笔者本人是没从英汉词典看出 critical 和 crisis 的关系。Crisis，希腊语为 κρίση，本意是 to separate，to discern（分开、分辨）。Crisis 有“a turning point”，即分水岭，的意思，比如疾病到了一定时候就来到一个槛上，要么痊愈，要么就恶化没救了。因此，crisis 被引申为任何进程的 turning point①，歧路或关键时刻，所以有 at crisis point（σε κρίσιμο σημείο）的说法。至于报纸上常见的 political crisis，economic crisis，汉译危机，应属进一步引申出来的意思。此外，危机似乎不能反映“一段危险时期”的意思（a time of great danger or trouble）。

Critical（κρίσιμοs），本意是 able to discern，而 discern 由 dis（apart）+ cernere（to separate）组成，都是强调分开、分叉、分辨等意思。Critical 首先强

① Inflection 是某种变化之一阶微分的 turning point，这两者好像汉译都用拐点搪塞。——笔者注

调具有分辨力，所谓明察秋毫[①]的能力；再则强调挑剔，有一种吹毛求疵[②]的精神。吹毛求疵为中国人所诟病，不过英文的 critical 很多场合应正面理解，强调的是 objective judgment so as to determine both merits and faults，当理解为“细致的分析与判断（careful analysis and judgment）”，比如“A critical examination of the techniques used by various artists”说的就是对艺术家技巧的细致考察，不过不是为了求疵，而是为了发现值得自己学习的地方。当然，critical 作为 crisis 的形容词形式，自然还有“of or forming a crisis or turning point；decisive”的本意，比如“adolescence is a critical time for preventing drug addiction（青春期是防止染上毒瘾的关键时期）”，“climate change is critical to world peace（气候变化对世界和平有决定性的影响）”；许多时候 critical 意味着“dangerous or risky”，如“a critical situation in international relations”可能就是指的危机时刻。很多时候，我们无法将 critical 硬和某个汉语词对应，如“A critical time for stem cell research”，把 critical time 译成“关键时刻”或者“危急时刻”可能都有失偏颇。

Critical 用到物理上，出现在热力学和统计力学的语境中，可能和字典中的释意“designating or of a point at which a change in character，property，or condition is effected”有关，强调的是物质体系来到了一个特征、性能会引起变化的点上，正合 crisis 的本意。相关的词有 critical point（state），critical phenomenon，critical exponents and universality，critical opalescence，等等。欲理解 critical phenomenon 及相关内容，应该从相变谈起。

谈论相变最好的例子就是水。在地表条件下水能表现出气－液－固三相是生命出现的前提，因此也是物理学出现的前提，从这一点来看，物理学怎么强调相变和 critical phenomenon 都不为过，欲窥门径的读者可以参阅由 C. Domb 等主编的 *phase transitions and critical phenomena* 系列丛书。摄氏零度以上的水，根据气压的不同，可以表现出液体和气体（水蒸气）两相，在(T, p)相图上从三相点（triple point）向右有条曲线，给出的是气－液两相之间的边界（图 2）。描述这条相边界曲线的数学表达式就是所谓的 clapeyron relation。如何得到这个 clapeyron relation 呢？对于一个给定的、由广延量 V，S 作为基本参数

---

① 语见孟轲《孟子・梁惠王上》：“明足以察秋毫之末，而不见舆薪，则王许之乎？”——笔者注

② 语见《韩非子・大体》：“不吹毛而求小疵，不洗垢而察难知。”——笔者注

的热力学系统，$dU = TdS - pdV$；相应地，其 Gibbs 自由能由关系式 $dG = -SdT + Vdp$ 给出，这是一个用强度量 T, p 作为基本参数的描述。相边界是两相可共存的地区，边界线在其任何一点的斜率为 dp/dT，则有 $dp/dT = \Delta S/\Delta V$，其中 Δ 表示广延量在相边界上的突变[1]。经常有人将此关系写成 $dp/dT = L/T\Delta V$，其中 $L = T\Delta S$ 为相变潜热，这样做掩盖了该方程的内在含义①。类似地，如果考察的是一个单轴的磁体，则 $dU = TdS + HdM$，$dG = -SdT - MdH$，则在(T, H)相图中的相边界线上，其任何一点的斜率为 dH/dT，由 $dH/dT = -\Delta S/\Delta M$ 给出。这个关系将磁相变同磁熵变联系起来，此处不作深入讨论。如果磁体的体积也有明显变化，我们就是在讨论一个三独立变量的体系，相应地有 $dU = TdS - pdV + HdM$，对应的以强度量为变量的热力学势由 $dL = -SdT + Vdp - MdH$ 给出，可以在此基础上讨论相变。三维情况比较复杂，但可以照葫芦画瓢。

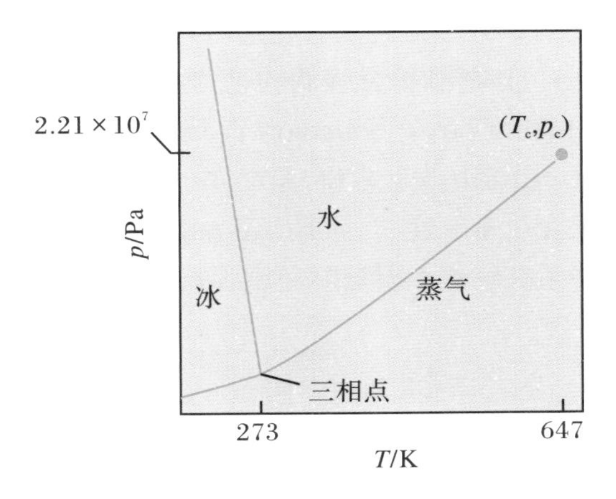

图 2　水的相图。(T_c, p_c)就是水的 critical point。

注意，水在(T, p)相图上的液－气边界在点(374 ℃，22.064 MPa)上走到了尽头；再往前，没有液气两相的区别了。这一点在图 2 上不太看得明白，从液－气共存曲线(coexistence curve)，即温度－密度曲线，来看则比较直观(图 3)。我们看到，温度在 647 K 以下时，每个温度对应两个密度值，分别对应相边界两侧蒸气和水的密度；当温度为 647 K 时，相变点(此时 $p = 22.064$ MPa)只对应一个密度值 $\rho = 0.322\ \mathrm{g/cm^3}$[2]，此时没有液气两相的区别，这一点就被称为 critical point。过了这一点，我们就进入了 supercritical region。当(T, p)从(T_c^{0+}, p_c^{0+})一侧接近(T_c, p_c)时，相当于来到了一个液－气两相的 turning point (crisis)，笔者猜测，这是这个点被命名为 critical point 的原因。从这个意义来说，汉译临界点也是相当准确的。如果(T, p)从(T_c^{0-}, p_c^{0-})一侧接近

① 无论是作为学生，还是作为教师和研究人员，我都反对这种扭曲物理图像的公式写法。如果这是为了某种计算的或实验的方便，则应该交代清楚。——笔者注

(T_c,p_c),显然是从有相边界的地区进入无边界的地区,临界的说法就有点勉强,但该概念偏偏强调的是这种情形(critical point specifies the conditions at which a phase boundary ceases to exist)。对于 critical point 这个概念我们这么 critical(吹毛求疵)是必要的,因为体系从哪一侧接近 critical point,其行为是完全不一样的。Critical point is where we should look upon critically,因为体系在临界点附近对环境参数的微小改变都极其敏感。

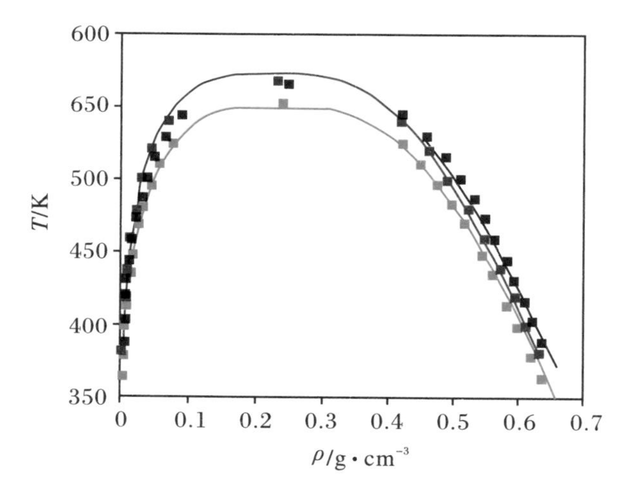

图 3　水的共存曲线。

发生在临界点上的物理,统称为临界现象(critical phenomenon)。接近临界点时,体系的相干长度发散;相应地,许多物理量,如比热、2D Ising 磁体的磁导率等,表现出发散行为。进入超临界状态的 CO_2 和水的溶解度大增,这一点正可以用于物质合成:在超临界一侧溶解离子,略改变一下体系状态将离子析出。另一个有趣的现象是临界乳光现象(critical opalescence,图 4),为 Thomas Andrews 于 1869 年在 CO_2 中首次发现。当将初始时为液体的物质加热(密封条件下,压力也随着加大)至接近临界点时,液体和气体区域的大小剧烈涨落。当密度涨落尺度可同光波长相比拟的时候,物质对光有强烈的散射,出现乳光现象。

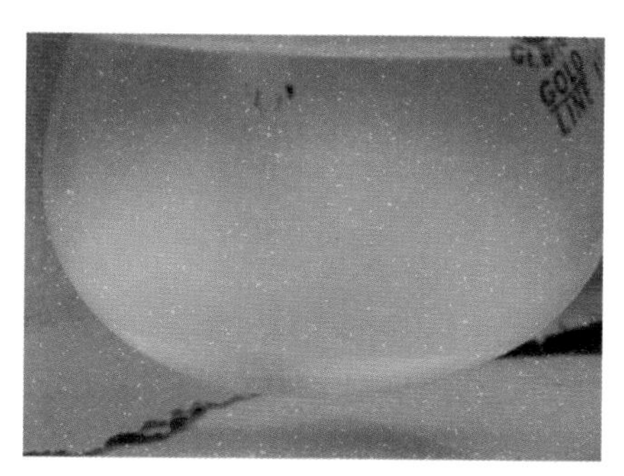

图 4　乙烷和甲醇混合物在 37 ℃下表现的临界乳光现象。

体系的临界行为常用临界指数描述。引入约化温度参数 $\tau=(T-T_c)/T_c$,当趋近临界点时,发散的观测量遵循一些 power law(幂律), $A(\tau)\propto\tau^x$。对于不同的物理量,指数用特殊的字母表示,如比热 C,指数用 α 表示;且对从 $\tau>0$ 一侧接近临界点的行为,临界指数带撇号加以区别。据说,对不同的物理体系,对应的幂指数取相同的值,即表现某种普适性。描述临界现象的理论,有重整化群和共形场理论,笔者不懂,故不作深入介绍,有兴趣的读者可参阅相关领域大家的著作[3]。不过,对于 $\tau\to0$ 附近的 power law, $A(\tau)\propto\tau^x$,笔者总是抱着一点点怀疑,总觉得因为参数变化本身太过微小(注意,$\tau\to0$),而在这种情形下可能测量是不够精确或者超然于测量体系的物理的($T\to T_c$ 对温度测量精度的要求是无止境的,而许多温度计所显示的由某个物理量换算而来的温度值同待研究的物理量所处的温度可能根本就没关系,或者这个换算关系本身是值得怀疑的。甚至有些研究者对温度测量是怎么回事根本就不关心)。此外,采用 power law 也可能与定式思维有关,因为这样的数学简单,关于这点大家只要想想物理学初期有多少线性定律就能明白。据说,目前测量最准确的临界指数是关于液氦相变(λ-相变)比热的指数,$\alpha=-0.0127$。不过,有必要提醒读者,这个精确值是在微重力环境下得到的,是花了血本的。为什么呢?当我们讨论液气相变时,我们认为(T,p)是控制参量,但实验上仅精确控制(T,p)是不够的。在临界点附近,密度强烈涨落,而密度的不同会使得实验体系受重力影响,则在这种条件下测得的临界指数不是太可靠,至少是不足以用来证明普适性的。

文章结尾,聊两句 critical thinking 的问题。批判性思考,是一种怀疑前提假设的高级思考能力(higher-order thinking that questions assumptions),是做学问者应该具备的基本能力,对物理学家来说尤其重要(critical thinking is critical to the career of a physicist)。然而,相当数量的国人甚至相信连洞察力都是一种招灾惹祸的本领,《东周列国志》云:"察见渊鱼者不祥,智料隐慝者有殃",就是这个意思。这话在这块土地上很有道理,是许多人遭殃后的智慧结晶。显然,对于欲察宇宙万物之理的物理学家来说,这样的智慧是与其事业的性质相抵触的。若是一个物理学家群体对于物理学的人与事缺乏判断力或者批评的勇气,任由谬种流传、骗子横行,则这样的物理学家群体对物理学能有何贡献,恐怕谁也不敢奢望。精神不立,学问何来?没有健康的批评环境的国度,一定是学术的荒漠。

Physicists，be critical!

补 缀

1. 红十字会作为慈善机构谁能预料会莫名其妙地死于一个傻女孩的炫富？这正是诚信缺失的社会走向临界点的危险表现。两百多年根基的大清皇权毁于武昌城内的几个新军士兵，也是统治者与被统治者之间的矛盾积压到临界点的表现。临界点的特征是相干长度的无限大，一点涨落可以在远处引起巨大的反响，果然。
2. Dan Brown 的小说 *The lost symbol*（Double day，2009）381 页上有一句：He would reach what was called the breath-hold breakpoint-that critical moment at which a person could no longer voluntarily hold his breath（他感觉他到了那个所谓的屏住呼吸的断点——一个人再也不能够有意屏住呼吸的临界时刻）。这里的 breakpoint 和 critical moment 都能用于临界现象的描述。

参考文献

[1] 曹则贤.《热力学、统计与统计物理》系列讲座 PPT，2009.

[2] Brovchenko I，Oleinikova A. Interfacial and Confined Water[M]. Elsevier，2008.

[3] Leo P. Kadanoff，Gordon Baym. Quantum Statistical Mechanics [M]. Westview Press，1994.

之 四十一

如何是直？

宁在直中取，不在曲中求。

——[明]许仲琳《封神演义》

摘要　什么是直的问题关系到物理学对运动和时空结构的理解。英文文献关于直线有 right line，straight line，direct line，beeline 等说法，分子轨道的记号 g，u 也与“直”有关。

商朝末年，渭水河边有处叫磻溪的地方，一位鬓须皆白的老者独坐垂杨之下，悠然垂钓。令人诧异的是，老先生用的鱼钩却不能算是“钩(勾)”，因为它是直的，说不定就是根缝衣针。用直钩(这个说法好像有点别扭)钓鱼这件匪夷所思的事情，符合信息的定义 $I=-p\log_2 p$ 所表达的精神，即人咬狗比狗咬人包含更多的信息，因而更有新闻价值。这件新奇事经樵夫、渔父散播出去，传到了当地领导的耳中，终于让老者实现了“非为锦鳞，只钓王侯”的海口。这位姓姜名尚号飞熊的老汉直钩钓鱼，借了俗人的口口相传向领导表达了当官的愿望，与其说是“直中取”，毋宁说是高明的“曲中求”，所以看到领导驾到，还是“忙弃杆一旁，俯伏叩地……”，猥琐状与俗人无异。元人张明善在小令《水仙子讽时》中称其为“三脚猫渭水飞熊”，与“两头蛇南阳卧龙”诸葛孔明先生并列，语气好像很有一些不恭敬。可见，这是非曲直不是很好评判的。

图1 铅垂。垂者,直也。

物理学中也随处有"直的"这个概念,且也是需要颠覆思维才能深入理解的一个概念。最常见的概念"直线"就不太好定义。倘若说平面上两点之间距离最短的路径为直线,这只是把问题推给了更难定义的"平面"和"距离"①。如何是直呢?我们中国人有垂直的说法:瓦匠为了保证能把墙砌得直,会从高处用细线垂下一个小重物块,俗称铅垂(图1),则细线此时的状态就是直的,为一垂线(plumb line)。在地面附近,"垂"意味着"直",这可是有深刻的物理内涵的。按照牛顿力学,地球附近的引力 $f \propto \frac{\boldsymbol{r}}{r^3}$:铅垂受重力下垂,plumb line 就是 $\boldsymbol{r}$ 的再现,认定 plumb line 是直的,其实就相当于认定地球表面附近的空间是平直的。质量不是很大的地球,其引力为我们定义平直空间提供了物理基础。汉语用垂直翻译 perpendicular,属于直译,其名词形式 perpendiculum② 就是 plumb line。

物理学的入门概念肯定应该包括直线运动。牛顿第一定律告诉我们,一个不受外来影响的物体保持其运动状态不变,即保持静止或者作匀速直线运动。牛顿第一定律的原文(拉丁文)为"Lex I: Corpus omne perseverare in statu suo quiescendi vel movendi uniformiter in directum, nisi quatenus a viribus impressis cogitur statum illum mutare",所谓的直线地(运动),这里用词为"in directum (directly)"。在如下的英文翻译中,"Law I: Every body persists in its state of being at rest or of moving uniformly straight forward, except insofar as it is compelled to change its state by force impressed"[1],所谓的直

① 如果您以为这样的概念很简单,恭喜您,物理学对您来说太简单了。——笔者注

② Perpendicular 的词干为 pendere,相关的词有 pendulum。Pendulum 汉译单摆,其实 pendulum 意在"垂"而不在"摆"。——笔者注

线地(运动)被表述为 straight forward。在另一种英文表述中,“Law I：Every body preserves in its state of rest,or of uniform motion in a right line，unless it is compelled to change that state by forces impressed thereupon”[2]，直线地(运动)则被表述为“in a right line”。如众所知,direct line，straight line，以及 right line 都可汉译为直线。

感觉上,牛顿第一定律中的惯性运动用 a right line 表述正规一些。Right，来自德语的 recht（权力、正确的），拉丁语词源为 legere（统治,to rule），有用 ruler(统治者、尺子)①规定好了的意思,所以是直的。Right,还有正、正派、正直、正当、正确、正义的、令人满意的、右侧的(法语的直朝前走,Tout droit,其中的 droit 和 right 的意义几乎完全重合)等意思。Right angle,直角,指的是垂线和地平面上的线(a horizontal base line)之间的夹角——若引力取有心力的形式且是在欧几里得空间中,则这个论断是有物理保障的。Right angle 是拉丁语 angulus rectus 的借用,rectus（upright），即有垂直之意。Straight line 也是数学和物理语境中关于直线的常用说法,如“to draw a straight line(划一条直线)”,“the equation of a straight line is usually written this way(直线的方程经常表达如下)：$y = kx + b$”,“to move along a straight line”,等等。Straight 还是一个比较生活化的词汇，如“set the matter straight（厘清关系)”,“go straight（循规蹈矩、直截了当)”等。Direct line 字面上是直线,其代表的事物表观上却可能是弯的,译为“直达(通)线”更恰当些,如“called direct line to Zhongnanhai”。这里,direct 强调的是 least action(最少动作)②,已经包含物理学的精义了。Direct（direction）出现在如下关于直线的循环定义中,如“a straight line having the same direction throughout its length；having no curvature or angularity”。Direct 这个词来自拉丁语动词 dirigere，有 to keep straight 的意思,强调一种努力。比如 direct current（直流电),并不是说电流是直的,而是说它一直努力保持其值的稳恒。

直线的英文表述还有 beeline,源于这样的认识:蜜蜂采花以后会直接飞回蜂房，例句有“make a beeline for an object（直奔某个目标而去)”。字面上看起来是“直线的”还有 rectilinear 一词,有沿着直线的、形成直线的、由直线围成

---

① Ruler(统治者)们认为他们有 Recht 决定老百姓的行为,都非常辛勤地为百姓制定行为的准则(ruler,尺子)。——笔者注

② Least action,译为最小作用量,有其不妥的地方,action is action，而不是什么量。容后议。——笔者注

的、能保直线的等意思。理想气体分子在容器中运动的径迹，就是 rectilinear，即除了因碰撞改变方向外，其他时间都沿 a right line 运动；在光学中，rectilinear 指的是能保持“线段”不变形的性质。Rectilinear 如果用汉语的“由线段围成的”来理解，可能做不到正确地望文生义，如 rectilinear polygon，是指顶角全是直角的多边形，这里“recti-”显然是取 upright（取直角）的意思。

Right line 对应的德语词为 die Geradelinie，其中的 gerade 对应英文的 straight。往前直走，straightforward，在德语为 gerade aus（法语为 tout droit，droit = right）。Gerade 也出现在英文物理学文献中，取的是英文 even 在“to get even（扯平了）”里的意思。谈及分子轨道的偶对称性（even symmetry）和奇对称性（odd symmetry）时，还是保留了使用德语词 gerade（even）和 ungerade（odd）的习惯。在分子轨道记号中，g（gerade）表示偶对称的，u（ungerade）表示奇对称的，比如关于 π-轨道的 π_u，π_g。因此，就有了 g↔g 或者 g↔u 之类的关于轨道间跃迁的记号。对于多光子激发过程，因为光子角动量 $\ell=1$，则偶数个光子激发过程对应的选择定则为 g↔g 以及 u↔u，奇数个光子激发过程对应的选择定则为 g↔u 以及 u↔g。

图 2　飞机航线——受球面约束的直线。

上面谈到 beeline 被理解为直线（a straight line），不过，如果采花地点离蜂房足够远的话，这蜜蜂的 straightforward 飞行径迹，一如飞机的航线（图 2），应该沿着以地心为中心之球面的某个大圆，因此是曲线的（curvilinear）。如果我们认定地球表面附近的空间是欧几里得的，则从地面上的一点到另一点的 straightforward 径迹在以地心为中心之球面的某个大圆上，这可以看作曲线，或者“球面约束下”的直线。我们完全有两种不同的态度来看待地球上两点沿大圆的连线。如果我们认定有一个平直的三维欧几里得空间，地球表面是嵌在（nest in）三维空间中的球面，则其上沿大圆的两点之间的连线是曲线（curvilinear）；但是，一个几何体完全可以依靠其本身得到描述，地球表面就是一个 self-defined 空间，其上沿大圆的两点之间的连线就是 a straight line——物理上一只蜜蜂就是这样 straightforwardly 从一点飞向另一点的。

1919年，关于直线的定义经受了一次震动。这一年，两支科考队对在日食发生时其光线经过太阳附近而到达地球的恒星位置进行了观测，确定恒星光线经过太阳附近时发生了弯曲(图3)。这是对爱因斯坦广义相对论的一个重要论断的支持，该论断称大质量物体周围的空间是弯曲的。这里，自然地带来了一个观念上的冲击：我们是认定光线被重力场弯曲了呢，还是认为重力场弯曲了时空，而看起来弯曲的光线只不过是弯曲时空里的 a straight line 呢？显然，后一种观点有个方便之处，就是光线保持同样的行为：在任何空间中，光线都沿空间的直线前行。而所谓的直线，不妨就认为是光线的几何化。

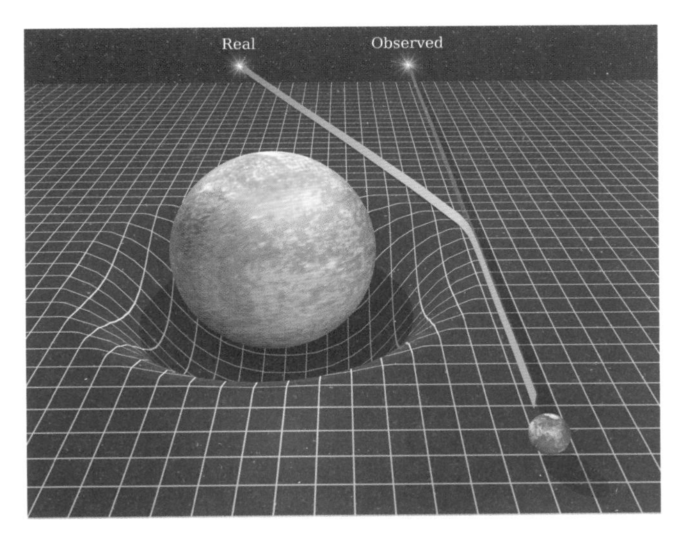

图3　恒星光线经过太阳附近时会被弯曲。此时在地球上的观测位置（observe. 我们的视觉习惯以为它应该出现的位置)并不是恒星的实际(real)位置[①]。

在非欧几何中，或者说在弯曲空间中，测地线(geodesic，来自土地丈量的实践)取代了"straight line"的概念。对于度规张量为 $\boldsymbol{g}$ 的黎曼流形 M，针对一条参数化形式为 $\gamma(t)$ 的曲线可定义能量泛函 $E(\gamma)=\dfrac{1}{2}\int g_{\gamma(t)}(\dot{\gamma}(t),\dot{\gamma}(t))\mathrm{d}t$，则关于能量泛函的 Euler-Lagrange 方程为

① 我们的眼睛以及我们对光学仪器成像的诠释一直下意识地认为远处光线是沿直线，想象中的 Euclidean 意义上的直线，到达我们的。我们的这种意识是那样地顽固，以至于我们宁愿认为广义相对论不好理解，而且甘愿让魔术师用几片镜子骗我们。——笔者注

$$\frac{d^2 x^\lambda}{dt^2} + \Gamma^\lambda_{\mu\nu} \frac{dx^\mu}{dt} \frac{dx^\nu}{dt} = 0$$

其中 $\Gamma^\lambda_{\mu\nu}$ 是 Christoffel 符号。这就是测地线方程，可看作流形上自由粒子的轨迹。此公式反映广义相对论的一个重要思想：在引力场中，粒子沿引力所决定的流形上的测地线运动。当然，在黎曼几何中，测地线并不完全等同于距离最短曲线，区别在于测地线只是局域意义上的两点间的最短距离，且是用“匀速”参数化的。球上的大圆被两点分成的两个弧都是测地线，但只有一个是最短距离。

关于粒子运动走最短路径的思想，古已有之①。早在人们对光的本性进行深入讨论之前，Fermat（1601～1665）就提出了 Fermat's principle of least time：两点间光束的路径是用时最短的路径，即最小化 $\frac{1}{c}\int_a^b n\,ds$ 的路径，其中 n 为折射率。Hamilton 将这个思想类比到力学领域，认为运动的轨迹是将 $\int_a^b mv\,ds$ 最小化的路径，此即所谓的最小作用原理（least action principle）。Hamilton，当然还有 Maupertuis，Euler 以及 Lagrange 等人，由此奠定了理论物理研究的范式。此话题太大，容以后讨论。最短路径，且不管是什么量最短，应该是直线的物理定义。直，就是不弯，不瞎耽误功夫（least action）！确定了目的（终点）和环境（流形的度规）之后，以最短路径直扑目标，此乃粒子以及粒子之上层建筑（比如看见骨头的狗）的基本行为模式。

人类对于运动轨迹，以及存在之外形，所表现的曲直有天然的敏感，这可能和我们是用眼睛观察世界，而光线在到达我们眼睛前的局域环境中基本上是处在均匀介质中因而沿欧几里得几何意义上的直线传播有关。人类本能地抽象出欧几里得几何意义上的直线的概念，且“直”是个被赋予了正直、正义、正当等内容的词。与直线偏离的各种曲线中，圆具有最为人们接受的品质（圆和直线就全局等曲率这一点来看，它们是等价的，可以以相同的方式由线段加平移构造出来），因而也得到了最深入的研究和最广泛的应用。实际上，欧几里得几何的对象就是 straight line，各种 rectilinear 的图形和圆。或许古人认识到直线

① 其实，如你观察人，或者狗，的目的明确的运动，会发现它们一定采取距离最短路径。这也是草地上插“禁止践踏”的标语牌往往少有效果的原因，因为它违反最基本的科学原理。——笔者注

和圆是世界之形象的代表性抽象，所以赋予了造物主以手持圆规（图 4）或者圆规加矩尺（图 5）的形象。

图 4 油画 *The ancient of days*（William Blake，1794）。构造天地的上帝手中所执的就是圆规。这暗示空间本来就是弯曲的？

图 5 新疆吐鲁番地区发现的伏羲女娲图。伏羲、女娲分别呈男女形象侧身相对，各扬举一手，伏羲执矩，女娲执规。

搁笔时忽然想到，爱因斯坦能够弄出广义相对论这种与空间曲直有关的理论，是否和德意志民族的较真性格有关？而懒得分辨是非曲直的地方，怕是很多大学里连广义相对论的课都开不出来吧。

补缀

1. 在 Johannes Kepler 的 Book V of *The Harmony of the World* 中，有一段关于从太阳光形象产生直线概念的描述。文笔太美，不敢造次翻译，照录如下："We come, therefore, to the straight line, which by its extension from a point at the center to a single point at the surface sketches out the first rudiments of creation, and imitates the eternal begetting of the Sun (represented and depicted by the departure from the center towards the infinite points of the whole surface, by *infinite lines, subject, to the most perfect equality* in all respects); and this straight line is of course an element of a corporeal form"。注意最后一句，直线是一个 corporal form 的元素。再抽象的概念也是 corporal 的。

2. Directrix（准线）是一条特殊的直线，和焦点、偏心率构成圆锥曲线的三要素。
3. Rectifying a circle，即用角尺（straightedge）和圆规作出一条长度等于圆周长的线段，即化圆为线。Rectifying a current，整流，即把交流电变成直流！
4. 线性变换就是把一条直线变换成另一条直线。一个 $n\times m$ 矩阵可以把一个 m 维线性空间中的直线变换成 n 维线性空间中的直线。

参考文献

[1] Newton I. The Principia[M]. A new translation by Cohen I B, Whitman A. Berkeley: University of California Press, 1999.
[2] Coopersmith J. Energy: the Subtle Concept[M]. Oxford University Press, 2010.

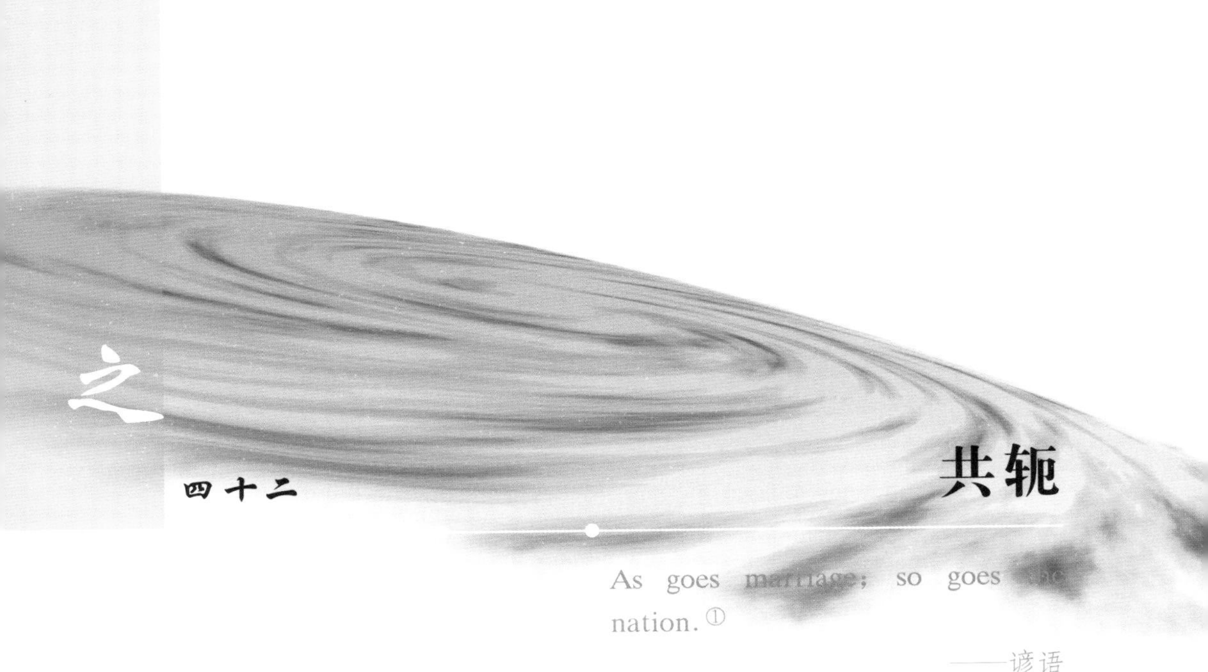

之四十二 共轭

As goes marriage; so goes the nation.①

——谚语

摘要　Physics organizes its variables following a conjugation principle, handling the variables in conjugate variable pairs. However, thermodynamics and classical (quantum) mechanics take heed to this same principle with regard to two different pivot concepts: energy for the former and action for the latter. Shall this inconsistency be taken as a shortcoming of current physics? Can statistical mechanics offer a remedy? 本篇讨论与 conjugation 有关的概念，顺便提及的还有 duality, coupling, adjointness, reciprocity, juxtaposition 等。

多年前某个模糊的时刻，我问自己一个问题：物理学是如何组织的？虽然我认同"物理学最终应该是关于自然之独立于人的客观描述"的观点，但我看不出达成这一观点的途径，眼前的物理学更多地是关于自然的以人类自身为出发

① 大意是"婚姻（conjugal relation）的方方面面反映一个国家的方方面面"。与 Conjugation 相关问题的重要性，由此可见一斑。——笔者注

点的智力构造。我发现,物理学家们①是以能量为支点(pivot)组织热力学的,那里的物理量,分为广延量和强度量,是关于能量共轭的,以共轭变量对(conjugate variable pairs)的方式出现。这包括 (p, V),(S, T),(μ, n),(A, σ),$(\boldsymbol{E}, \boldsymbol{P})$,$(H, M)$,等等。这样,从 $\mathrm{d}U = T\mathrm{d}S + p\mathrm{d}V + \sigma\mathrm{d}A + \sum_i \mu_i \mathrm{d}n_i + \boldsymbol{E}\cdot\mathrm{d}\boldsymbol{P} + \boldsymbol{H}:\mathrm{d}\boldsymbol{M} + \cdots$②出发,配合关于全微分以及 Legender 变换的知识,热力学的全部内容就都在这里了。除热力学以外的其他物理内容,我指的是力学,其是以作用(action③)为支点组织的,那里的物理量,是关于作用共轭的,这包括 (E, t),(x, p),角动量 J④ 等。实际上,这里的共轭变量对源自数学的 Fourier 变换对(Fourier transformation duals)的概念,那里一对变量 (x, k)各自表示的函数可以通过 $\mathrm{e}^{\pm ikx}$ 做积分变换,形成一种对偶的关系。在量子力学早期文献中,这个 Fourier 变换被称作 Jordan 变换,积分核被写成类似 $\mathrm{e}^{\pm \mathrm{i}px/\hbar}$ 的形式,即涉及的是一对积的量纲为作用量的变量对,因此引入了普朗克常数来无量纲化。这些共轭的物理量之间的所谓不确定性原理(uncertainty principle)在许多地方被人津津乐道,甚至被翻过来调过去地滥用——你一定既见过用不确定性原理从氢原子基态能量出发估算氢原子半径,也见过从氢原子半径出发估算氢原子基态能量的;甚至有人信誓旦旦地说粒子动量的不确定性越大,位置的不确定性越小,却懒得用方势阱的波函数验算一下[1]。围绕作用量 S,或者量纲为能量密度的 Lagrangian $\ell(\varphi;\varphi';x,y,z,t)$——$S = \int \ell(\varphi;\varphi';x,y,z,t)\mathrm{d}x\mathrm{d}y\mathrm{d}z\mathrm{d}t$,量子场论展开了对场的描述(注意,这里坐标不再是算符了)。考虑到 $\ell(\varphi;\varphi';x,y,z,t)$的量纲是能量密度,似乎这部分

---

① 我说的物理学家们是指参与了物理学的构建且其贡献哪怕是曾经被纳入了物理学建构的那些人,概念的内涵比日常生活中出现的 physicist 要狭隘很多。——笔者注

② 关于这个公式,有两点说明:(1)一般书本中,压力 - 体积这一项出现的形式为 $-p\mathrm{d}V$。这个沿袭旧习惯的形式妨碍了热力学之公理化表达的美感,实在看不出有什么死抱着不放它的理由。(2)关于磁场 - 磁矩一项的形式,如果考虑到它们是 bivector 的事实,其乘法应同标量乘积 $S\mathrm{d}T$ 和矢量乘积$\boldsymbol{E}\cdot\mathrm{d}\boldsymbol{P}$ 相区别。纯属个人观点,有兴趣的读者建议读读 Clifford 代数方面的内容。——笔者注

③ 上来就把 action 译成作用量,妨碍对许多文献中 action 的正确理解。Action is action。容另文讨论。——笔者注

④ 请注意,$[x, p] = \mathrm{i}\hbar$,$[J_i, J_j] = \mathrm{i}\hbar\epsilon_{ijk}J_k$,两者对应的代数完全不一样。据说还有相位和电荷之间的共轭关系,但那好像要在规范场论中讨论。此外,(E, t) 和 (x, p)也不可同日而语,因为量子力学中时间 t 不是算符,所以关于 E-t 的 uncertainty 关系式千奇百怪。——笔者注

物理学依然是用能量为支点组织的。且不管是关于能量还是关于作用量共轭的,物理学把物理量分成共轭变量对来处理这一事实在物理学文献中是得到了充分肯定的。那么,共轭是什么意思呢?

共轭是一个来自牛车的物理学概念①。所谓的轭,就是套在牛(ox)脖子处的枷具,一般为木制的。牛拉车时,脖子上就要套上轭,所谓负轭。《古诗十九首》有句云“牵牛不负轭”,言星既名牵牛,却不负轭拉车,不过徒有虚名而已②。笔者小时候见过的牛轭(图 1),为单拱的,套在一头牛的肩上。如果用两头牛拉车或犁地,两个轭或两头牛之间会用绳子软连接以确保牛力之间的夹角不会太大。英文牛轭的说法有 oxbow,地学界有 oxbow lake 的说法,指由弯曲河流因流速不均匀在河道旁边造成的 U 形湖,汉语就叫牛轭湖(图 2)。英文中关于轭的另一个说法为 yoke,这个字来自德语的 Joch,更远点来自拉丁语动词 jungere,大家可能看出来了它就是英语动词 join。Yoke(yugo)据信来自梵语

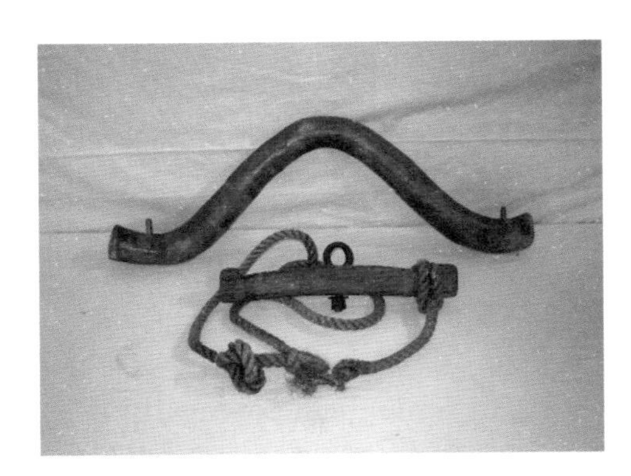

图 1 中式牛轭,单拱,其弯曲形状与牛的脖子共形(conformal)。

图 2 牛轭湖(Oxbow lake)的形成机理。

① 围绕一辆大车可以将物理学充分地展开。辐条(半径,辐射,射线,元素氡等),轴(轴对称),刹车(Bremsstrahlung,即轫致辐射)等,都是物理学概念的起源。共轭算是来自大车的外围吧。——笔者注

② 《小雅·大东》:“维南有箕,不可以颠扬;维北有斗,不可以挹酒浆”、“睆彼牵牛,不以服箱”。箕不能颠扬、斗不可以斟酌、牛不肯拉车,原来徒有虚名的事情古已有之。南箕北斗光芒万丈的天空,其中的事件一定不可以常理度之。——笔者注

的 yuga，中文简单地音译为瑜珈。Yoke 本意有连接的意思，字典里就说它是套在两头牛的脖子上的(fitted around the necks of a pair of oxen)，则作为牛轭它指的是双拱的结构(图 3)，其作用是在两头牛之间建立起一个硬连接，确保二者用力之间的夹角为固定值。在一些比较马虎的地方，yoke 不必是双拱的结构，用根木棒也能凑合①。Yoke (轭)的功能决定了它有控制、束缚的意思，这一点中西文皆同。谭嗣同所谓的"官以名轭民"，数学家 Hermann Weyl 的"the gods have imposed upon my writing the yoke of a foreign tongue that was not sung at my cradle"，都是采用"束缚"的意思。Weyl 感叹写作时受到了不是使用母语（母语：摇篮曲使用的语言，the tongue sung at my cradle)的 yoke，那是一种什么样的感受呢？Weyl 接着写道："Was das heissen will, weiss jeder, Der im Traum pferdlos geritten ist（这意味着什么，每一个梦见过自己胯下无马却一路驰骋的人都懂的)。"[2]一个试图获得国际影响力的中国学者，大约都是曾有过这种感受的，我猜。

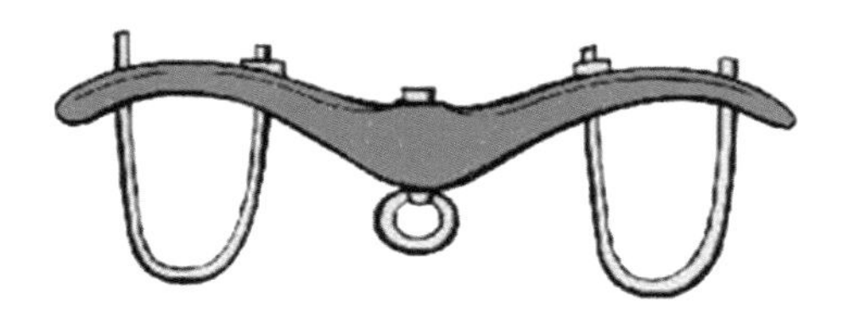

图 3　对应 yoke 的牛轭，在两头牛之间建立硬连接。

共轭(动词)是对 conjugate 的翻译，即 to join together in a pair, unite, couple 的意思。考虑到 yoke 的原始用途，我认为 conjugate 强调的是在两个对象之间建立某种硬连接，比如关于婚姻的法律，英文即为 conjugal law。Conjugation 在语言学中指动词的变格、变位(grammatical conjugation)。意大利语动词 èssere（中文为"是")的 conjugation 也不知道有多少种(英语的 future 就源于其变化之一)，这恐怕对绝大多数学西语的人来说都是梦魇。在数学和物理学语境中，conjugate 以及一些相关词汇出现在许多场合，对这些词的深入理解或许可为我们理解数学和物理提供一把方便的钥匙。

---

① 嫌麻烦，喜凑合，是一种感觉比较超脱的生活习惯。是不是不太利于做科学研究？——笔者注

Conjugate 在对象间建立起硬连接，可以想见在数学和物理学中会随处可见其踪影。我们遇到的最简单的共轭关系是数学上的复共轭(complex conjugate)，指的是一对复数 $x+\mathrm{i}y$ 和 $x-\mathrm{i}y$ 之间的关系。在复平面中，它们互为关于实数轴的镜像。考虑到复数是由一对实数决定的，因此可以看作一个二元(binary)数(a,b)，只要明确其加法为$(a,b)+(c,d)=(a+b,c+d)$，乘法为$(a,b)*(c,d)=(ac-bd,ad+bc)$，则无需引入不太好理解的"i"了①。既然复数是二元的，把 $z=x+\mathrm{i}y$ 和 $z^*=x-\mathrm{i}y$ 看作一对独立变量就好理解了。在二维实平面上，保持 x^2+y^2 不变的变换有两个，分别为 $\begin{pmatrix}x'\\y'\end{pmatrix}=\begin{pmatrix}\cos\theta & -\sin\theta\\ \sin\theta & \cos\theta\end{pmatrix}\begin{pmatrix}x\\y\end{pmatrix}$ 和 $\begin{pmatrix}x'\\y'\end{pmatrix}=\begin{pmatrix}\cos\theta & \sin\theta\\ \sin\theta & -\cos\theta\end{pmatrix}\begin{pmatrix}x\\y\end{pmatrix}$，前者为一转角为 θ 的转动，而后者中的变换矩阵则是前一个矩阵同 $\begin{pmatrix}1 & 0\\0 & -1\end{pmatrix}$ 的乘积。矩阵 $\begin{pmatrix}1 & 0\\0 & -1\end{pmatrix}$ 的作用是变换 $x\to x;y\to -y$，也即是复数语境下的共轭；它还是量子场论中的手征矩阵(chirality matrix) γ^5。复共轭是在一对复数之间通过一个操作建立的联系(connected by operation)，相应地，若函数、方程之间建立了某种联系，也算构成了共轭关系。比如，对全纯②函数 $f=f(x,y)$，若 $\mathrm{d}f=g(x,y)\mathrm{d}x+h(x,y)\mathrm{d}y$，则有 $\partial g(x,y)/\partial y=\partial h(x,y)/\partial x$（且此时必有 $-\partial h(x,y)/\partial y=\partial g(x,y)/\partial x$），此一关系被称为共轭方程(equation of conjugation)，其实就是 Cauchy-Riemann 条件，在求解二维静电场/流场分布时会遇到。

比 complex conjugate 稍微复杂一点的共轭操作是转置共轭(conjugate transpose, Hermitian transpose, Hermitian conjugate, transposed conjugate,

---

① 我总觉得"i"是物理学内禀的一个对象，蕴含许多物理学的奥秘。把物理学中的"i"简单地当作 $x^2=-1$ 的根，正如在流行的相对论文献中那样，宁愿写成 $\mathrm{d}s^2=-c^2\mathrm{d}t^2+\mathrm{d}x^2+\mathrm{d}y^2+\mathrm{d}z^2$ 而不是写成 $\mathrm{d}s^2=(\mathrm{d}(\mathrm{i}ct))^2+\mathrm{d}x^2+\mathrm{d}y^2+\mathrm{d}z^2$，可能流失了一些物理的内容。——笔者注

② Holomorphic function. Holo = whole, entire; morph = form，所以 holomorphic 形容晶体时指 having the two ends symmetrical in form，类似连体双胞胎。在数学中，holomorphic mapping $f(z)$是 $f'(z)\neq 0$ 处的保角变换，这与 holomorphic 的意义能联系起来，但是汉译"全纯"不知出于什么考虑。——笔者注

transjugate)，即对矩阵 A_{ij}，定义 $\tilde{A}_{ij}=(A_{ji})^*$，即将矩阵元行列指标调换后再取复共轭。转置共轭，或者厄米特共轭(Hermitian conjugate)的英文又称为 adjoint。Adjoint matrix (operator)，汉译伴随矩阵(算符)，似乎没能反映出 adjoint 的"合并"的意思，因为求矢量在变换后的模就会遇到操作 $\tilde{A}A$，这才是 adjoint 的本意。与 adjoint 同源的字有 conjoin，英语意思为连接的，如 conjoined twin (连体双胞胎)；法语作名词用，就是配偶的意思。如果一个矩阵满足 $\tilde{A}_{ij}=A_{ij}$，则我们说它是 hermitian 或者 self-adjoint (selbst-adjungiert，自伴随的)。这个自伴随的概念反映的是一种对称性，在量子力学中具有特别的意义。量子力学要求对应力学量的算符是 hermitian 的，或者说算符所对应的矩阵应是自伴随的，因为自伴随矩阵的本征值为实。复函数构成的矢量空间上的运算确保给出实值，从而在基于复函数的量子力学之数学描述和物理实在之间建立了不是很牢靠但好在不是一眼看起来就很矛盾的联系。可见所谓的"… adjointness is a concept of fundamental logical and mathematical importance "并非虚言。

在群论中，两个群元素 a 和 b，如果存在其他的群元素 g 使得 $gag^{-1}=b$，则 a 和 b 是共轭的(conjugate)。这样的共轭关系(conjugacy)实质上是一种等价关系。针对任意元素 a，所有操作 gag^{-1}(g 为群的任一元素)的结果和元素 a 等价，形成一个关于元素 a 的共轭类(conjugacy class)。共轭类的概念揭示了群元素间(相较于群的定义)更深层的等价关系。此外，最小多项式的复根也互为共轭元素(conjugate element)。

William Rowan Hamilton 爵士是物理学家，更是数学家，数学、力学和光学在他的手里似乎是一个有机的整体①。Hamilton 写过一篇文章"Theory of conjugate functions, or algebraic couples…"[3]，可见"共轭函数"又叫"代数偶"，这让人想起 thermocouple (热偶)，强调的是连接在一起具有某种功能的一对元素。在 Hamilton 力学语境中，对应于坐标 q 的共轭动量(conjugate momentum)为 $p=\partial H/\partial\dot{q}$，其中 H 为汉密顿量(Hamiltonian)②。运动方程由 Hamilton 方程 $\dot{q}=\partial H/\partial p$；$\dot{p}=-\partial H/\partial q$ 给出。提醒一下，共轭动量的概念在

---

① 本就该是个有机的整体吧。专业的概念是否被过分强化了？其实几个人的学问能熬到自称懂专业的程度呢。——笔者注

② 我总觉得 Hamiltonian 强调的是函数形式而不是什么量。——笔者注

Lagrange 力学中是没有的，在 Euler-Lagrange 方程中出现的变量对是广义坐标和广义速度。历史上，Noether 定理是从研究最小作用量原理得到的，但是用连续变换的语言描述可能比较易懂些：若体系关于某变量的变换是对称的，则变换之无穷小生成元，即共轭变量，为守恒量。Noether 定理的此种表述不必在意变量是否可以表示成算符；关于 Noether 定理和不确定性原理之间关系的问题，似应能揭示更多共轭变量对的内容，目前尚无系统的讨论。

利用一个关键概念把不同的领域统一起来，这让物理学显得很有条理。能量、作用量，就是这样的关键概念。进一步地，以这样的概念为支点，其他的物理量以共轭对的形式出现，则其同数学结构能“相当自然地”对应[①]。共轭关系似乎成了构造物理框架所秉承的重要原则。然而，存在两组不同的共轭关系，或者说热力学和(经典、量子、电动)力学至少是表面上遵循不同的组织原则，会是物理学的一个缺陷吗？将两种共轭体系统一起来是否必要，统计力学能完成这个使命吗？希望这个困扰笔者的问题并不完全是一个琐碎的问题。注意到，作用量和能量不在一个层面。在经典力学中，能量守恒是同时间平移对称性相联系的，是能量-时间之间关于作用量(或者明确地说是拉格朗日量)共轭的结果。在热力学中，能量是最高层面的概念，能量守恒定律是先验的，不以时间平移对称性为前提。考虑到热力学的一个延伸说法，即所谓熵增加和时间方向一致，则时间，类比于熵，相较于能量是下一个层面上的概念。有趣的是，能量守恒定律是在热力学中率先确定的(1840～1847，焦耳、迈耶和赫姆霍兹)，而在力学之拉格朗日量中的各种活力(vis viva，即动能)的概念，其形成要艰难的多(术语“势能”出现于 1853 年，术语“动能”出现于 1856 年。容另文讨论)。

数学和物理学关注对偶关系，不是习惯问题或者仅仅出于简单性的考虑。欲理解宏观大体系，则要先学会理解个体和相互作用，我们甚至以为弄懂了四种相互作用就可以完全理解这个物理世界，而相互作用本质上是两体或者两个对象(object)之间的问题。耦合、对偶、共轭、交互性(互反)等，都是描述两个对象间的简单关系。如何理解这些关系在数学和物理中的地位，不妨比照一下人类中的共轭关系——婚姻。婚姻不仅是组织财富与继承关系的结构，它还具有将不同家庭的亲戚网络联系到一起的功能。西方学者认为，婚姻这样的 conjugal 结构，是社会的支柱，也是政府、企事业、军事的支柱。

---

① 学会了二次型，二阶微分方程，各种 duality 和 reciprocity，binary (quaternion, octonion) number 等与“二”有关的数学内容，可能有助于学到一点物理的实质。——笔者注

关于共轭的概念，本文只提供一些粗浅的思考。不过从共轭出发，也许确实能让我们理解更多的物理内容。共轭的概念还可以推广吗？比如，是否粒子与反粒子是关于光子共轭的呢？看看类似 $e^+ + e^- \to \gamma$ 这样的反应，若将粒子和反粒子看作关于光子共轭的关系而非简单地具有电荷共轭对称性（charge conjugation symmetry），是否能有助于更好地理解物质世界？这样，因为粒子－反粒子是关于光子共轭的，粒子与反粒子数目上的不对称性也许就无需解释。

Conjugation，duality，coupling，juxtaposition，adjointness 等，作为词汇和科学概念，笔者隐约感觉是有一些关联的。比如，来自对偶空间（dual space）变量的内积 $\tilde{V} \cdot V$，形式上就是 juxtaposition（并列放置），热力学和力学中的变量对，都是以 juxtaposition 形式出现在公式中的。在 Dirac 的自旋理论中，出现 adjoint spinor（旋量），定义为 $\overline{\Psi} = \Psi^+ \gamma^0$，其中 Ψ^+ 就是 Ψ 的转置共轭。也有把 adjoint spinor 称之为 Dirac conjugate spinor 的，可见 adjoint 和 conjugate 意义接近到可以混用。又，当我们谈到耦合时，耦合意味着一个自由度的存在引起了另一个自由度的广义坐标之共轭变量的出现，则耦合项可写为两广义坐标之 juxtaposition 的形式 $\alpha q_i Q_j$，其中的耦合系数确保该项的量纲与其他项同。此中深意，或还有可深究的地方。最后提及一点，共轭这个词不可避免地还出现在化学、生物学等科学领域，例如 conjugated polymer（共轭聚合物），conjugating gametes（并合配子）等，此处不论。

补 缀

1. 笔者在写这篇文章时，想当然地以为 yoke 在古斯拉夫语的词源为 igo，把 Yugoslavia（南斯拉夫）中的 Yugo 当成联盟了。刘寄星老师指出：“……Yugoslavia 前面的词头是 Yugo（Юго）而非 Igo（Иго），Yugo 在斯拉夫语中的意思是‘南方’而非‘牛轭’，Igo 在现代斯拉夫语中仍然有‘枷锁’和‘轭’的含义，故‘Yugo’与‘Igo’是两个无关的词（无论是最权威的 Ушаков《俄语大辞典》还是最常用的 Ожёгов《俄语辞典》，都把这两个词作了严格的区分），不可把这两个不相干的字搞混，闹出笑话。”看看，学问浅，太危险了。
2. 我当年学习到泡利不相容原理时认为这个所谓的原理真是扯淡（请不要计较我的无知。这个原理在绝大部分未能阐述其深意的文献中就是显得很扯淡。物理学不是由不相容原理这样的字面描述承载的）。近读泡利，发现泡利自己对这个原理的评价是“My nonsense is conjugate to the nonsense which

has been customary to us”。这句话翻译成汉语是“我的扯淡是那些我们习以为常之扯淡的共轭!”。

3. 近读 *The Beautiful Invisible*(《至美无相》)一书,看到一句“Position and momentum in mechanics are conjugate variables in the sense that they propel each other in time”。“在时间上互相推进”是共轭变量的应有之义,有意思。
4. Frank Wilczek 在 *What is Quantum Theory* 一文中有句云:The most familiar commutation relation, $[p,q]=-\mathrm{i}\hbar$, conjoins linear momentum with position, but there are also different ones between spins, or between fermion fields. 注意 conjoin 描述共轭变量对之间的关系。Conjoin,adjoin 这些在物理中出没的词,与乘法有关。
5. 仍然是 *The Beautiful Invisible* 一书。第七章中的图 49 把电磁波描绘成电场和磁场的交错振荡。如果你注意到图 49 和图 57 之间有相似的地方,你没错。如果在图 49 中我选择在磁场的位置上画的是磁场的空间变化率,相似简直就是完美的。你无法看出两个图之间的区别。这令人惊奇,但是电磁波的电场和磁场可以解释为一个同波相联系的抽象谐振子的位置和动量。描述电磁场的麦克斯韦方程就是构成电磁场的抽象谐振子之运动的力学方程。这可不只是一个随便的类比。共轭变量对——场 E 和 B 是一个例子——包含着力学系统的基本信息,如同 DNA 的两股分子包含着无边数量之生命形式的秘密。在生物世界,是普适的基因密码,其不同组合产生了大量的动物和植物变种。在物理世界里,普适的关于共轭变量对的运动方程,由不同的哈密顿量所驱动,产生了大量的观测到的运动。
6. 为什么量子态的函数用复数表示?因为波函数携带两个共轭变量的信息,请注意所谓的量子化条件就是用共轭变量对的对易式给出的。实数是一元数,不够用,复数是二元数。当然,复数也不够用。
7. 复共轭同 Clifford 元素的一个共轭操作,也称为 Clifford 元素的 reverse,有 $(a+b\sigma_1\sigma_2)^*=a+b\sigma_2\sigma_1$。要让笔者这样数学不好的人说,这和复共轭 $(a+\mathrm{i}b)^*=a-\mathrm{i}b$ 就是一回事。
8. 谈论共轭应说清楚是如何共轭的,比如复共轭,厄米特共轭。电荷共轭,charge-conjugation,符号 C,指 $q\mapsto -q$。同样是正变为负,$t\mapsto -t$ 就叫 time reversal (时间反转)。而把空间坐标系的 determinant 为 -1 的变换,却叫 spatial inversion (空间反演)。用词的混乱反映物理学的心虚。电荷共轭 $q\mapsto -q$ 和空间反演$(x,y,z)\mapsto(-x,-y,-z)$或者宇称反演 (parity inversion)$(x,y,z)\mapsto(-x,y,z)$或者具有可操作性,时间反转 $t\mapsto -t$?时

间起源、时间的箭头在说什么？

把相对论性场方程的解 ψ 变到其复共轭(complex conjugate)ψ^* 的变换等价于电荷共轭(charge conjugation)。此语境下，电荷共轭操作 C 的表示为

$$\boldsymbol{C}=\begin{pmatrix}0 & 0 & 0 & -1\\ 0 & 0 & 1 & 0\\ 0 & 1 & 0 & 0\\ -1 & 0 & 0 & 0\end{pmatrix}$$

9. 对于拉普拉斯方程 $\Delta u=0$ 的解 $u(z)$，可定义微分 $\mathrm{d}u=\frac{\partial u}{\partial x}\mathrm{d}x+\frac{\partial u}{\partial y}\mathrm{d}y$ 之共轭微分为 $\widetilde{\mathrm{d}}u=-\frac{\partial u}{\partial y}\mathrm{d}x+\frac{\partial u}{\partial x}\mathrm{d}y$。如果拉普拉斯算符求关于 $\exp(x\cdot\zeta)$ 的共轭，所得算符为 $\Delta+2\zeta\cdot\nabla$。

10. 调和共轭。定义在 $\Omega\subset\mathbf{R}^2$ 上的函数 $u(x,y)$，$v(x,y)$是调和共轭的，如果它们是全纯函数(holomorphic function) $f(z)$的实部和虚部的话。我不相信哪位用中文读到这段话会不感到一头雾水，这都是胡乱汉译造成的。这句话的数学内容非常简单。所谓的和谐、调和，harmonic，原意是安装得当的意思。这里指 $u(x,y)$，$v(x,y)$的安装恰当得体(当然是就它们满足的关系而言)。至于全纯函数中的 holomorphic，物理上有 holomorphic crystal 的说法，指其形，morph，整体上是同一的。这句数学表述翻译成正确的大白话，大约应是“一个其形整体上同一的函数之实部和虚部，是按照一定关系安装得当的”。不知“纯”字何解。

Harmonic conjugate 是装配得当的共轭，可从其下一个应用情景看出来。两点 A 和 B 是关于另两点 C，D 装配得当共轭的，如果交叉比 $(ABCD)=-1$，这个问题和电磁学中求解镜像电荷问题有关。

参考文献

[1] 刘家福，张昌芳，曹则贤. 一维无限深势阱中粒子的位置-动量不确定关系：基于计算的讨论[J]. 物理，2010，38(7)：491-494.

[2] Weyl H. The classical groups[M]. Princeton University Press, 1946.

[3] Hankins T L. Sir William Rowan Hamilton[M]. The Johns Hopkins University Press, 1980.

之

左右可有别？

君子居则贵左，用兵则贵右。[①]

——老子《道德经》

摘要 左右是个常见的源自日常生活的科学概念。英文物理文献中同左右之分有关的概念有 handedness，helicity，spirality，chirality 和 parity，且关于左(left，link，gauche，sinister，nigh)、右(right，recht，droit，dexterous)的写法也是多样并存的局面。左右的对称性及其破缺在自然界得到了最广泛的表现。

有一种感觉，对事物的描述时常会用到贴近生活的概念或者形象，以便更多的人能够轻松地理解。不管是严酷的政治还是严格的自然科学，至少是到目前为止还都在遵循着这样的习惯。不过，很快我们会明白，贴近生活的概念如果被应用到太多不同的语境中，那么对其理解可能会变得不那么轻松。一个随“手”拈来的例子就是左、右的概念。

小时候(上世纪七十年代)念书，那时候在穷乡僻壤能见到的就那么几本书，常常遇到一些跟左右有关的概念，比如“左倾冒险主义”、“左倾盲动主义”、“左倾机会主义”，以及“右倾机会主义”、“右倾投降主义”、“右倾分裂主义”(毛

① 此处“左”意为谦卑、卑下，“右”则是老子不断强调的“不得已而用之”。——笔者注

泽东《实践论》,1937),等等。机会主义有左有右,有些人还竟然形左实右、假左真右,那么到底哪样是左,哪样是右,实在不是我们这些乡下穷孩子掰手指头能分清楚的。及至稍大一点学物理,又遇到了什么左手感应定则,右手螺旋定则,再后来又有了螺旋性(helicity 还是 spirality?)、手性(handedness 还是 chirality), polarization① 和宇称(parity),更是觉得这些关于左右的概念还真是个严肃的问题。

日常生活的左右,来自我们有两只手的事实。这两只手之间的关系,其实是相当微妙的。把两只手相对叠在一起,大致能重合,但是靠转动和平移不能让两只手重合,于是左右手被称为是镜面对称的。这说的是手的外观。其实我们知道我们两只手是很不一样的,大部分人的右手更有力、更灵活;左手灵活有力的人被当作另类,被称为左撇子。可见左右又是不对等的。对等、对称与否,要看着眼点在哪里,不过左右可用作一些二元体系或性质的标签(tagging),则是无疑的。

政治上左右派或者左右翼的说法源于大革命前的法国。1789 年,法国国民大会成立,开始掌管国家事务。国民大会开会时,贵族成员坐在大厅的右侧,观点偏保守;革命者成员坐在大厅的左侧,观点偏自由。两派观点分明,遂有左翼、右翼的分别。不过,细心的读者可能注意到,阅读相关的史料很难弄清楚那议事房到底哪边算右,哪边算左,因为从前看还是从后看,这左右可是调过来的。这是理解左右概念的关键处,值得关注。

左、右,相应的英文为 left/right,德语为 link/recht,法语为 gauche/droit,拉丁语为 sinister/dexter,在英文文献中都可能遇到。在这些词汇所寄生的文化中,左右又都有第二层含义(a secondary layer of meanings)。Right 常意味着正确、正义、正当的、灵活的,而 left 意味着不吉祥的、险恶的、邪恶的、笨拙的②,等等。

---

① Polarization 这一个词,在中文物理学中被分别翻译成了极化和偏振两个词,而且被用得好像井水不犯河水似的。此等翻译,贻害无穷!——笔者注

② 英语中会用不同词源的左右来体现不同的意思。左代表邪恶,由"Left hand serves the darkness"一句可见端倪(语出 Dan Brown. the Lost Symbol[M]. Doubleday, 2009: 446)。——笔者注

这两层意思交叠在一起，当然会引起一些误解①。当然，在科学文献中，左右的概念应该是清晰的。

各种文化中左右概念的差别，源于人类左右手之间在灵活性、力度等方面的差别。左右概念在不同文化中的意义延伸，有区别，但更具相通的地方。中国人认为左的不正，处于低级的地位，所以说“旁门左道”，“辅佐”；右为正，地位高，所以说“一时无人能出其右”，“天佑之”，等等。南亚一些地方，左手是拿来专门做龌龊事的，右手专门用来拿吃的，右手被认为是洁净的！在这个地方左右手用法不对，可能会引起麻烦。西方人也以右为正，所以右总是具有褒义，如“at right place, with right people, doing right things（在正确的地方和合适的人做一些正当的事情）②”。在Michaelangelo的名画《创造亚当》中，上帝通过将右手食指碰触亚当左手的食指而赋予后者以生命（图1）。

图1 油画《创造亚当》(The Creation of Adam, Michaelangelo)。

英文文献中提及左右多种语言混用，可能不太容易察觉。英文的 left, right 就是德语的 link, recht，在左旋的表达之一 levorotatory 中还能看到 link 影子。法语的左，gauche，在英语中意味着 lacking grace, esp. social grace; awkward; tactless。即不优雅，糟糕。好像还有脾气古怪，不合群的意思，比如“He (von Neumann) was somewhat gauche and not quite the type of ‘leader’（他（冯・诺依曼）有点不合群，不是那种领袖类的人物）”。法语的右，droit，也出现在英文中，取权利、法律层面的意义。Droit 使用形式之一是

---

① 有个英文的驾校学员和教练的对话，可供一笑。学员：Turn left（左转）？教练：Right（是的/往右）！学员：Right（往右/对吗）？教练：Yes, turn left（对的，左转）。两层意思是很容易给弄拧的。另一个利用 left, right 两层意思的例子是关于“脑残”的定义：Your brain has two parts: one is left, and another is right。Your left brain has nothing right, your right brain has nothing left（您的大脑分成两部分：一部分为左（left），一部分为右（right）。您的左脑没有一点 right 的（右的，对的）地方，您的右脑啥也没 left（左的，留下））。——笔者注

② 这句话实在是不好 rightly 翻译。——笔者注

adroit,取从容、灵活之意,如 adroit handling of an awkward situation(灵活掌控糟糕局面)。另一个词为 maladroit, mal + adroit,意思是糟糕、笨拙(awkward, clumsy)。这容易让人想起汉语的不正即是歪。源自拉丁(希腊)语的左右后面再说。

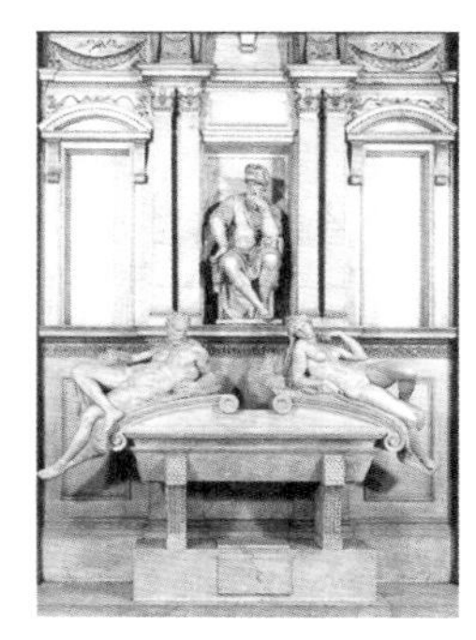

图 2 Michelangelo 雕塑里的二值世界(左与右,男与女,欢乐与忧愁,神界与尘世)。

一些性质有二值特征(图 2),可以用左右来加以区别,此即为手性(手征),英文为 handedness。Handedness 在日常英语中指左右手在力度、灵活性方面的偏颇。一般人的右手更好使(dexterous. 拉丁语,本意是右侧的。名词 dexterity 有些词典里干脆就说是灵活性),属于 right-handed,希腊语为 δεξιόχειρας(dexterous + chiral, right-handed)。也有一些人左手更好使一些,是 left-handed(αριστεόχειρας)。还有人左右手都好使,这是 ambidexterous(两手皆右)。左右手都行,那能耐可就大了,中文里有"左右局面"的说法也许就是这个道理。有人两手都挺灵活,不过能干的事情各有不同,这称为 mixed-handedness。两手都不好使的那叫 ambisinister 或者 ambilevous(两手皆左)。这时的 handedness 和 chirality(手性,来自希腊语的手,χειρ, χέρι), laterality(侧重)同义。人类两手不对等,也许是故意打破左右对称性的。进化会强化动物占优势的行为,而淘汰居于劣势的特点。人类保持一部分"左撇子",一定有它的道理,或者进化不同层次上有很多的破缺机制在起作用吧。

自然界中二值特征很普遍,因此 handedness 是个非常重要的概念。首先遇到这个概念是在中学物理课上,关于电磁学一些现象的描述会用到手性的概念。学生们不明白,是因为书里没写明白。我们生活在三维空间中,需要三个线性不相关的矢量才能完备地描述空间中的几何关系。两个非共线的矢量可以决定一个平面,若这个平面也要加上方向标签的话,则有两种可能。由此,我们明白了矢量叉乘的奥义,$\boldsymbol{A}\times\boldsymbol{B}$ 和 $\boldsymbol{B}\times\boldsymbol{A}$ 正好是用顺序给矢量叉乘的两种可能贴上了标签,且有 $\boldsymbol{A}\times\boldsymbol{B}=-\boldsymbol{B}\times\boldsymbol{A}$。对矢量叉乘结果 $\boldsymbol{A}\times\boldsymbol{B}$ 之方向的约定,沿用的是右手定则,即将右手拇指直立,其他四指沿从 $\boldsymbol{A}$ 到 $\boldsymbol{B}$ 的方向弯曲,则

拇指所指方向为 $\boldsymbol{A}\times\boldsymbol{B}$ 的方向。高中电磁学中学到的右手螺旋定则实际反应的是 Biot-Savart 定理，即 $\boldsymbol{B}\propto\frac{\mathrm{d}\boldsymbol{I}\times\boldsymbol{r}}{|\boldsymbol{r}|^3}$，此处 $\boldsymbol{B}$ 是磁场，包含矢量叉乘的事实①。而左手定则涉及的是通电导线在磁场中的受力，因为电荷在磁场中的力由 Lorentz 公式 $\boldsymbol{F}=q\boldsymbol{v}\times\boldsymbol{B}$ 给出，而在金属中造成电流的是电子，带负电荷，因此就方向来说，$\boldsymbol{F}\propto-\boldsymbol{I}\times\boldsymbol{B}$，所以遵循左手定则（图 3）。这里的左手定则和右手定则，英文为 left-hand rule 和 right-hand rule。

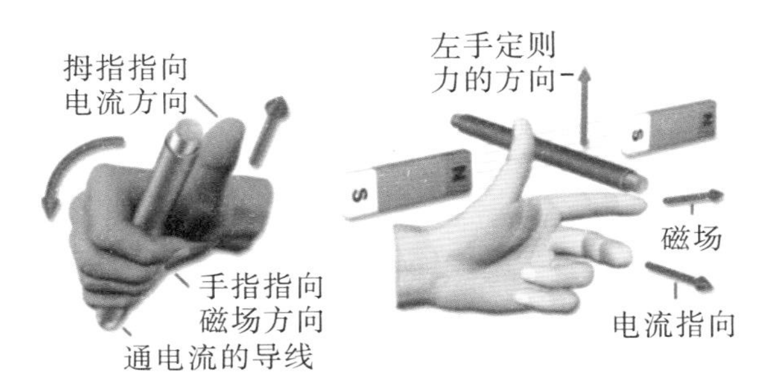

图 3　关于电流产生磁场的右手定则和导线在磁场中受力的左手定则。

描述电磁波也是用到右手定则的一个地方：电磁波的电矢量、磁矢量和传播方向（Poynting 矢量）构成右手定则的关系，电磁波沿 $\boldsymbol{E}\times\boldsymbol{B}$ 方向传播。在一般的材料中，电磁波的电矢量、磁矢量和传播方向满足右手定则（form a right-handed system）。光从真空进入这样的材料，入射方向和出射方向在法线的两侧（图 4）。1967 年，Veselago 理论上研究了具有负折射率的材

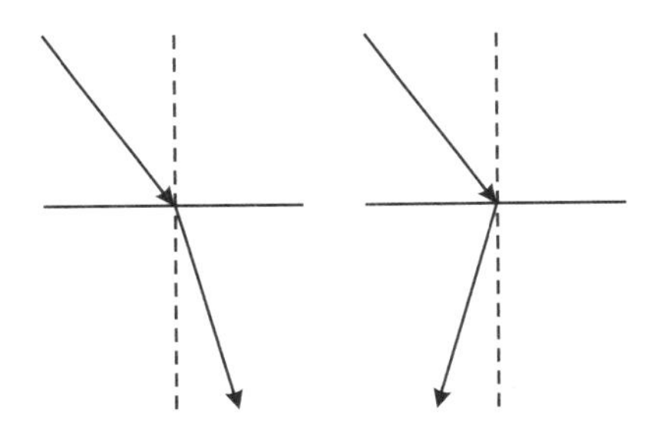

图 4　光在正常材料（左图）和左手性材料（右图）表面上的折射。

① 用矢量表示磁场是物理发展过程中的阶段性认识。实际上，它不是矢量，因为空间反演下磁场的方向符号不变，而作为矢量的电场却是要变号的。有些地方把磁场称为轴矢量（axial vector）。电场和磁场空间性质的不同说明在 Maxwell 方程中的电场和磁场不具有可类比性。基于同电荷类比得来的磁单极的概念，显然不是 on sound footing。再者，矢量分析不具有数学上的严格性，对物理学的表达也带来一些其他负面影响，提请读者注意。——笔者注

料,其后在1996年前后具有负折射率的结构被制造出来[1,2]。这种光学材料被称为左手性材料(left-handed materials)。光从真空进入这样的材料,入射方向和出射方向在法线的同侧(图4)。手性材料(chiral material)是近年得到关注的metamaterial(日后会另文介绍)之一。

电磁学意义上的handedness,除了电矢量、磁矢量和Poyting矢量之间的右手定则,它的另一个意义是同polarization相联系的,这时的描述可以用helicity(螺旋性)这个词。电磁波的偏振(polarization)可用电场矢量在(x,y)平面上的变化表示。采用Jones矢量形式,一束光波可表示为$|\psi\rangle = \begin{pmatrix} |\psi_x\rangle \\ |\psi_y\rangle \end{pmatrix} \propto \begin{pmatrix} \cos\theta\ \mathrm{e}^{\mathrm{i}kz} \\ \sin\theta\ \mathrm{e}^{\mathrm{i}kz+\alpha_0} \end{pmatrix}$,偏振态取决于两个分量模的相对大小(由参数$\theta$决定)和相位差$\alpha_0$。若分量的模相等($\theta=\pi/4$),且相位差为$\alpha_0=\pi/2$,则$|\mathrm{R}\rangle = \frac{\sqrt{2}}{2}\begin{pmatrix} 1 \\ \mathrm{i} \end{pmatrix}\mathrm{e}^{\mathrm{i}kz}$和$|\mathrm{L}\rangle = \frac{\sqrt{2}}{2}\begin{pmatrix} 1 \\ -\mathrm{i} \end{pmatrix}\mathrm{e}^{\mathrm{i}kz}$分别为左旋圆偏光和右旋圆偏光,英文为left-handed (right-handed) circularly polarized light。当然也可以用逆时针和顺时针来贴标签。偏振光通过一些介质如石英晶体时偏振面会偏转,这是旋光(optical rotation)效应;当然,造成的偏振面偏转有逆时针和顺时针方向两种可能性,因此这旋光晶体就分为左旋光的(levorotatory)和右旋光的(dextrorotary)。在植物学上,一些植物器官如卷须也被标记为左旋的和右旋的,不过用词为sinistrorse和dextrorse。左旋糖(levulose)、右旋糖(dextrose),和左旋形式(laevo-form)、右旋形式(dextro-form)这些词中都是用的拉丁语词头。Sinistrodextral意思是从左到右。

在一些书本中,光波的偏振和光子的偏振的说法都有。光子的角动量为$\ell=1$(单位Planck常数),但因为是无质量粒子的原因,它只有两个([+1,-1])而不是三个([+1,0,-1])角动量分量,因此可以用手性(这里是helicity,汉译螺旋性)描述,即光子具有左旋和右旋两种状态,对应helicity的本征值分别为1和-1。1924年,玻色证明若光子的能量简并度为2,则从经典统计能导出Bose-Einstein分布。光束的偏振态和光子的手性(helicity)之间是什么关系,笔者没弄明白,不敢妄言。

与光子相似,中微子也有helicity。中微子的哈密顿量为$H=c\boldsymbol{\sigma}\cdot\boldsymbol{p}$,算符$\boldsymbol{\sigma}\cdot\boldsymbol{p}/|\boldsymbol{p}|$明显和哈密顿量对易,是守恒量,且本征值为$\pm1$,因此可作为中微

子的 helicity 算符。我们知道,helicity 和观测方向有关,如果中微子是有静止质量的,则其速度低于光速,就存在从前面和后面观察一个中微子螺旋性的理论可能,那么一个中微子的螺旋性就会随着观察者角度不同在 +1 和 -1 之间变换。也就是说,中微子螺旋性是否反转,是同中微子是否具有静质量相关联的[3]。当然,这样来看螺旋性也和中微子的速度(最近所谓的中微子超光速测量引起了一些讨论)表达有关[4]。赶上中微子的接近光速以看到中微子的螺旋性反转是不可能的,但如果中微子是它自己的反粒子,则间接测量有可能。

对自旋 1/2 粒子来说,螺旋性(helicity)和手性(chirality) 是不同的两个性质。螺旋性是粒子自旋在动量方向上的投影,即上文的 $\boldsymbol{\sigma}\cdot\boldsymbol{p}/|\boldsymbol{p}|$;而手性是四分量 Dirac 旋量在粒子波函数之和或差之上的投影,由专门的手性算符

$$\boldsymbol{\gamma}_5=\begin{pmatrix}0&0&1&0\\0&0&0&1\\1&0&0&0\\0&1&0&0\end{pmatrix}$$

表示。对于反中微子,手性和螺旋性的本征值是相反的。

上文提到的 helicity, 源自 helix,汉译螺旋、螺线。但英文的 helix 和 spiral 中文有时都会随意地被称为螺旋,它们之间是有差别的。柱状弹簧那样的结构是 helix。所谓的 DNA 双螺旋结构 (double helix),就是这样的形象 (图 5)。Helix 可以由带电粒子在磁场中的运动描述,注意到 Lorentz 力的形式 $\boldsymbol{F}=q\boldsymbol{v}\times\boldsymbol{B}$,粒子的运动实际上可分解为 $\boldsymbol{v}_{\perp}\times\boldsymbol{B}$ 平面内的旋转和 $\boldsymbol{v}_{/\!/}$ 所决定的匀速直线运动,而 $\boldsymbol{v}_{/\!/}$ 和 $\boldsymbol{B}$ 是同向还是逆向就决定了运动造成的螺线的两种

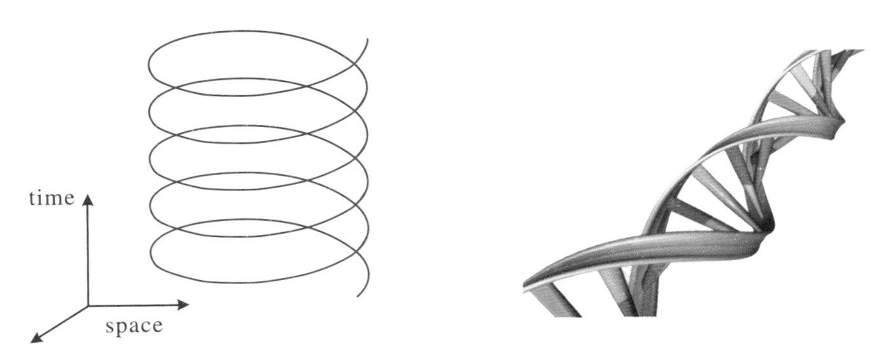

图 5 螺旋 helix 的数学形象与 DNA 双螺旋 (double helix)结构。

$helicity, \eta = \dfrac{\boldsymbol{v}_{/\!/} \cdot \boldsymbol{B}}{|\boldsymbol{v}_{/\!/}||\boldsymbol{B}|} = \pm 1$。

数学上 spiral 是从一点向外旋转着渐行渐远的曲线，spiral 作为动词就是盘旋的意思。大自然中生长的许多事物，大到星系，小到一个蜗牛甚至微米大小的自组装点阵[5,6]，都可能表现出 spiral 结构（图 6）。在三维空间中存在的近一维（线状的）和近二维（带状的）物体，低维结构占据高维空间，折叠（folding）或者卷曲是必然，甚至是生存的智慧（不弯腰，易折断呀）（图 7）。Folding，spiral 以及图 5 中的 double helix，都因此获得了一定的刚性，增加了存在下去的可能。这一点，好像没得到充分的认识。

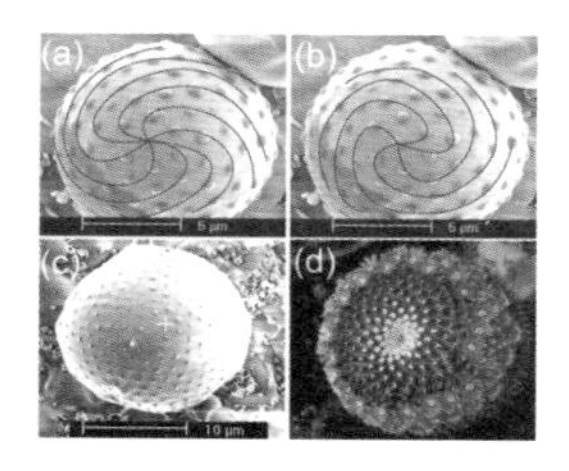

图 6　Spirals. 从星系、厘米大小的蜗牛到微米大小的应力自组装点阵[5,6]都表现出螺旋结构。

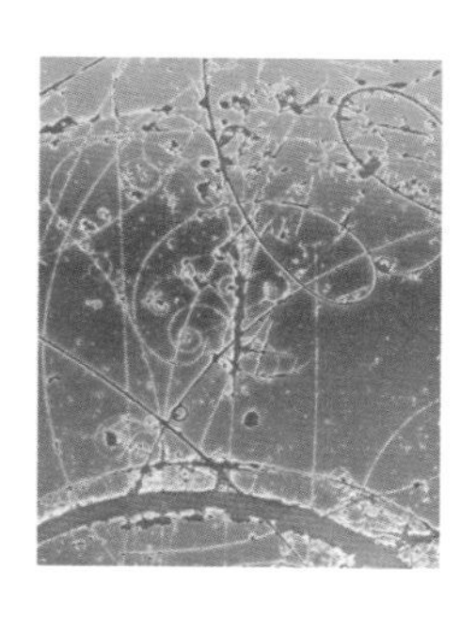

图 7　卷曲成螺旋，一种存在的智慧。左图：粒子径迹；右图：植物的卷须。

一个单纯的 spiral 可以是顺时针的，也可以是逆时针的。一个平面上的 spiral 其实无所谓顺时针还是逆时针的，因为换到另一侧看顺时针就变成了逆时针的。一些蜗牛身形是关于平面对称的，它们的螺线本质上是二维的，所以无所谓其螺线是顺时针还是逆时针的，左旋的还是右旋的（图 6）。具有锥形 spiral 外观的蜗牛就不一样了，它的螺旋性具有了绝对的意义（图 8）。按说，

$\eta=\pm 1$ 两种螺旋性是对称的，没什么差别，蜗牛应该左旋、右旋各半才对，而实际情况是一种蜗牛大多只有一种螺旋性，不同种的蜗牛会两种螺旋性都有。什

图 8　具有(+1，-1)两种 helicity 的蜗牛。一种蜗牛会偏好一种螺旋性。

么使得螺旋对称性破缺了呢？有趣的是破缺机制不在生长层面之下，而在其上。不同手性的蜗牛的器官是镜面对称的，这使得不同手性的个体之间的生殖力学变得艰难。这样经过自然选择以后，一种蜗牛就差不多剩下一种螺旋性了。如果是植物的话，就没这个问题。与动物不同，植物的生殖行为不会受其个体对称性(matching 的需求)影响，因此其左旋和右旋出现几率各半，如松果的斜列螺旋(图 9)和微纳米自组装的斜列螺旋[6]。

图 9　具有斜列螺旋结构的松果，两种手性的发生几率各半。原图的说明很有意思：Something **sinister**: the pine cone on the **left** is in the "**lefty**" form; that on the right is dexter, or "**righty**"[7]。

斜列螺旋，即 parastichous spirals，这是一种同 Fibonacci 数列(1,1,2,3,5,8,13,21,34,55,89…)相联系的结构，结构由分立的单元如向日葵的种子，雏菊的小花(floret)，菠萝、松果的鳞片等构成。它们既可看成是一组顺时针的螺旋，又可以看作一组逆时针的螺旋，因此是 parastichous spirals。这样的螺旋结构，螺旋数必须是 Fibonacci 数列中相邻的两个数，如 5 和 8，可以记为 5×8。若5×8 表示顺时针螺旋数为 5，逆时针的螺旋数为 8，则 8×5 表示顺时针螺旋数为 8，逆时针的螺旋数为 5。若将 5×8 的花样标记为左旋的，则 8×5 的花样为右旋的；当然，也可以反过来。这就说，这也是一类有手性的结构。目前关于 parastichous spirals 哪样算左旋的，哪样算右旋的，没有定论。对于微纳米结构

和植物，这样的左旋和右旋之间没有区别，因此从种群的角度看会以大致各半的几率出现。但是对于一个具体的菠萝、向日葵，或者应力花样，它们可不会像量子存在那样取两种状态的叠加；必须作二选一的抉择。到底是什么原因决定了它选择了两种手性结构之一，即 what tips the chirality，还一直是个谜。在粒子物理、手性分子合成、手性晶体生长方面，研究者都会问这个问题[8-11]。可以肯定的是，是在生长单元或者更低一点的层次上的一些难以控制的偶然性因素决定了生成物左旋的或右旋的形式。这种情形和量子力学的隐变量(hidden variable)理论有些共通的地方。

用 chirality 表示的手性，是非常普遍的概念，数学、物理、化学、生物中都能见到（图 10）。数学上有专门的手性代数(chiral algebra)[12]。Chiral algebra 源于数学物理，是共形场论的核心。手性代数研究的对象是量子的，相应的经典对象称为 Coisson 代数，由经典场空间上的局域泊松括号定义。在化学领域，存在许多分子的或晶体的结构，其不等同于它们的镜像，因而是手性的。虽说左右旋的分子结构是对称的，但在环境中它们和其他物质间的相互作用可能是不同的（人体偏好用右旋糖），因此有必要给这些物质贴上明显的手性标签，如左旋肉碱、右旋葡萄糖等。手性结构的研究在化学和生物化学方面具有重要的地位，2001 年度的诺贝尔化学奖就授予了这个领域的科学家。

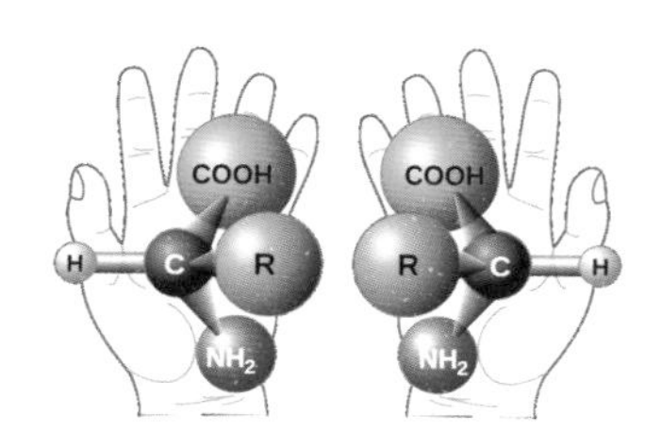

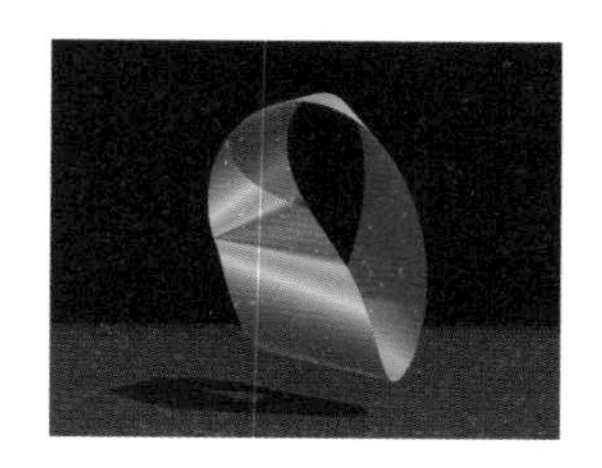
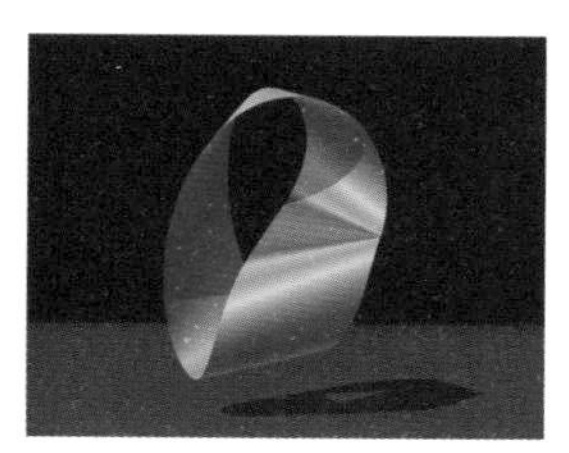

图 10　手性的存在(chiral objects)。氨基酸属的两种对映体①和 Möbius 带及其镜像。

手性问题曾在物理学史上写下了重重的一笔。有文献指出手征性是弱相互作用的特征。不过弱相互作用里面提到的粒子遵循的对称性是宇称守恒，宇称(parity)的本征值为 ±1，这一点和 helicity，chirality 一样。但是，parity 涉及的是粒子波函数的时空变换，$P^2|\psi\rangle = e^{i\varphi}|\psi\rangle$，即两次宇称变换给波函数最多带来一个相位上的改变，从这一点来看，它和 helicity，chirality 还是有区

① 对映(结构)体，enantiomer，来自 *enantios*，希腊语，opposited 的意思，正好用手性描述。——笔者注

别的。1954～1956 年间，出现了 θ-τ 之谜，其实 θ，τ 是同一种粒子，但是它衰变成不同数目的 π 粒子，$\theta \to \pi + \pi$，$\tau \to \pi + \pi + \pi$①，这里两个 π 的宇称是 $+1$，三个 π 的是 -1，宇称不守恒了。1956 年，李、杨提出弱相互作用宇称不守恒的设想，后来为吴健雄女士于 1957 年用 Co60 的 β-衰变实验所证实。宇称不守恒的提法，对物理学家的冲击是非常大的。Pauli 坚持时空对称性，他在写给 Weisskopf 的信中写到[12]："我不相信上帝是一个软弱的左撇子，我可以跟任何人打赌，做出来的结果（电子的角动量分布）一定是左右对称的。我看不出相互作用的强度和镜面对称性之间有什么逻辑联系。"Pauli 坚信时空对称性，让人想起 Buridan 的驴子②。可怜的 Buridan 的驴子（图 11），因为面前的草料放置具有严格的宇称，它无法决定从哪里下口，竟然只能挨饿（其实一旦它决定了从哪里下口，就能给草料带来对称破缺）。所幸的是，大自然不是 Buridan 的驴子，它允许对称的破缺，从而表现出惊人的多样性③。或者，也许就不存在对称性，就像不存在数学的圆一样。用数学的理想的概念束缚了对自然的理解，算是一种作茧自缚（自然可以不受人类所提炼的自然规律的约束吧！）。标准模型通过把弱相互作用表达为手性规范作用从而纳入了宇称不守恒。据信超弦理论在找到 Calabi-Yau 紧致化后，可以具备手征性，笔者不懂，恕不多言。

图 11　可怜的 Buridan 的驴子，因为草料具有严格的左右对称性，无从下口。

本文讨论了和手之左右有关的一些概念如 handedness，chirality，helicity 和 parity，也给出了一些英文文献中左右的不同写法，希望有助于读者。限于

① 这里忽略了 $\tau^{\pm}$，$\pi^{\pm,0}$ 等细节。——笔者注

② J. Buridan 是法国哲学家，提倡道德决定论的哲学。Buridan's ass，或者 Buridan's donkey，就是为了讽刺 Buridan 的哲学提出来的——如果驴子按照"选择离它最近的草料"的原则生活的话，则它面对两堆对称的草料时会饿死。这实在说明了对称性破缺对物理学家和驴是多么重要。——笔者注

③ 弱相互作用 parity 不守恒和蜗牛偏向单一 helicity，其机理出现的相对层面不一样，也许是个有趣的话题。机理既可能出现在对象 sub-层面，也可能出现在 superb-层面。——笔者注

水平,不足之处甚多。比如“the nigh horse”中的 nigh,除了表示“时空上的近”以外,它还有“on the left”的意思,不知和它对应的“on the right”是哪个词,盼有识者告知。

补 缀

1. 关于光子的自旋和光束的偏振之间的关系,诺贝尔奖得主 Wilczek 的一段话(Wilczek F. Fantastic Realities [M]. World Scientific, 2006:161.)或许有助于大家对此问题的认识。原文照抄如下:“First, if light is to be made of particles, then they must be very peculiar particles, with internal structure, for light can be polarized. To do justice to this property of light, its particles must have some corresponding property. There can't be an adequate description of a light beam specifying only that it is composed of so-and-so many photons with such-and-such energies; those facts will tell us how bright the beam is, and what colors it contains, but not how it is polarized. To get a complete description, one must also be able to say which way the beam is polarized, and this means that each photon must somehow carry around an arrow that allows it to keep a record of the light's polarity. This would seem to take us away from the traditional ideal of elementary particles. If there's an arrow, what's it made of ? And why can't it be separated from the particle? ”
2. Buridan 的驴子遭遇的对称性困境,可以由以下机制打破:(1) 来了一阵风,把草料吹得不对称了,这相当于引入一个不对称的外部相互作用;(2) 草料自己变得不对称了(草料自己急疯了),这相当于自发对称破缺(spontaneous symmetry-breaking);(3) 驴子认识到了把两堆草料当成对称的,太过理想化了些,分明左边草堆里有棵草同右边对应的一棵草在长度上差了 $0.\sqrt{2}$个玻尔半径嘛;(4) 驴子随便咬一口,草料立马就不对称了,这相当于模拟计算时计算者 put-by-hand 的随机驱动。
3. 野史上说,宋朝的杨继业令公和王子明令公两家交好,杨家要把杨家的闺女许配给王家的公子王英,让王英自己从杨家的八姐、九妹中挑一个。这就让王英陷入了 Buridan 的驴子的困境。王英没办法,就放弃了选择,做了杨家的干儿子,杨家的八姐、九妹也因此终生未嫁。倘若有对称自发破缺机制,或许故事不该这么悲切。其实,对称自发破缺算个什么机制,实在没辙了的时候的一个遁词而已,是 Buridan 的驴子在贵州的表亲的无奈!也许根本就没有那么个理论意义上的对称性,对称性只是个 idealisation per Nous(思维理想化)而已。笔者持这种观点,是因为相信大自然不为难自己。

4. 关于左右对称破缺,有个说川军的笑话或许有助于理解这个问题。当年川军训练,军官喊一二一不好使,因为要把号令"一"落在左脚,士兵们分不清左右。于是军官想了一个办法,让每个士兵左脚穿草鞋右脚穿布鞋,口号也变成了:草孩(鞋)布孩(鞋)、草孩布孩……左右不对称了,问题就解决了。
5. 在 $2k$ 或 $2k+1$ 维空间中,Dirac spinor 可表示为 $2k$ 维复数矢量。若是在偶数维空间中,这个表示是可约的,可约化为一个左手性的和一个右手性的 Weyl spinor 表示。
6. Jones 多项式可以区分互为镜像的纽结(knots)。对于右旋和左旋的三叶草形纽结(right-handed and left-handed trefoil),Jones 多项式分别为 $\boldsymbol{J}(t)=-t^4+t^3+t$ 和 $\boldsymbol{J}(t)=-t^{-4}+t^{-3}+t^{-1}$。
7. 看到一幅漫画(附图 1)。看来手性不匹配(mismatch of handedness)真是个问题。

附图 1

8. 拥有足够大规范对称性(从而可以容纳标准模型)的理论通常不具备手征性,手征性是弱相互作用的特征。

9. M. C. Escher (1898～1972)于 1948 年画的 *Drawing Hands*(附图 2)。

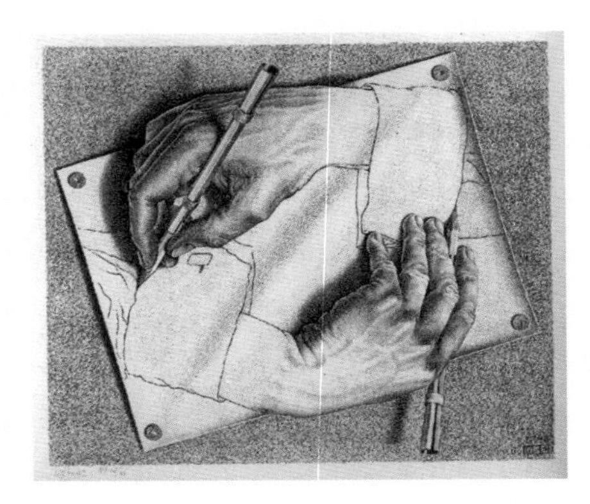

附图 2

10. Chiral algebras (手征代数)是量子事物,是共形场论的核心内容。

11. 法语有 maladroit (糟糕的右)的说法,即 dexterous 的反面,不灵活。

参考文献

[1] Veselago V G. The Electrodynamics of Substances with Simultaneously Negative Values of ε and μ[J]. Sov. Phys. Usp., 1968, 10 (4): 509-514.(俄文原文发表于 1967 年。)

[2] Pendry J B, Holden A J, Stewart W J, et al. Phys. Rev. Lett., 1996, 76.

[3] Goldhaber A S, Goldhaber M. Physics Today, 2011: 40.

[4] Wang K L, Cao Z X. Wave Packet for Massless Fermions and its Implication to the Superluminal Velocity Statistics of Neutrino. arXiv: 1201.1341v1 [hep-ph].

[5] Li C R, Cao Z X. Triangular and Fibonacci Number Patterns Driven by Stress on Core/Shell Microstructures[J]. Science, 2005, 309: 909-911.

[6] Li C R, Ji A L, Cao Z X. Stressed Fibonacci Spiral Patterns of Definite Chirality[J]. Appl. Phys. Lett., 2007, 90.

[7] Fleming A J. Nature, 2002, 418, 723.

[8] 孟杰.原子核是否存在手性[J].物理,2009,38(2):108. What breaks the left-right symmetry?

[9] Weyl H. Symmetry[M]. Princeton University Press，1952.

[10] Amouri H，Gruselle M. Chirality in Transition Metal Chemistry [M]. Wiley,2008.

[11] Amabilino D B. Chirality at the Nanoscale [M]. Wiley-VCH,2009.

[12] Beilinson A，Drinfeld V. Chiral Algebras[M]. The American Mathematical Society，2004.

[13] Atmanspracher H. Recasting Reality[M]. Springer,2010.（原文是 I do not believe that God is a weak left-hander and would be prepared to bet a high amount that the experiment will show a symmetric angular distribution of the electrons (mirror symmetry). For I cannot see a logical connection between the strength of an interaction and its mirror symmetry(January 17，1957).）

之四十四 Uncertainty of the Uncertainty Principle

Que sera, sera! Whatever will be, will be![1]

——美国通俗歌曲

A powerful imagination generates the event.

——Michael de Montaigne[2]

There is no picture-or theory-independent concept of reality[3].

——Hawking & Mlodinow

摘要 许多人以为 uncertainty principle 是量子理论的一个基本原理，但它不足是。它来自对任何正定空间都成立的 Schwarz 不等式，不过反映物理学中变量通过乘法或者某个方程耦合到一起的一个推论，同各种境遇中的两难选择产生了联想。量子力学中的 uncertainty relation 基于算符的非对易性，没有任何测量可以精确到能强

---

① 美国通俗歌曲，电影 *The Man Who Knew Too Much*（1956）的插曲。其中的重复段为 Que Sera，Sera，Whatever will be，will be. The future's not ours，to see. Que Sera，Sera，What will be，will be."Que sera，sera"就是"Whatever will be，will be"，中文大意为"爱咋地咋地"。"Que sera，sera"据说是根据电影 *The Barefoot Contessa*（1954）中的一句意大利语铭文"Che sarà，sarà"按照西班牙语改造而来的，不过两者都有语法问题。——笔者注

② 出自法国哲学家蒙田的散文，意为"强劲的想象产生事实"。这句话为古代学者的拉丁语语录"Fortis imaginatio generat casum"。——笔者注

③ 意为"没有不依赖图像——或者理论——的关于实在的概念"，语出 Stephen Hawking and Leonard Mlodinow 的 *the Grand Design*（《大设计》）。小说《三体》里有句话：世界上除了人之外难道真的还有什么东西会计算吗？一切以为有一个独立于要验证之理论的实验的朋友，不妨仔细想想这些话。——笔者注

化其正确性的地步。从经典扩散方程也能得出 uncertainty relation 关系。关于 uncertainty principle 有大量的错误诠释和滥用，中文语境下是翻译成"测不准原理"还是"不确定性原理"也值得商榷。

1995年当我把博士论文提交以后，人忽然变得无所事事起来。为了打发无聊时光，我一边试图阅读 Balzac 的 *La Comédie humaine*[①]，一边试图理清关于 uncertainty principle 的方方面面。Uncertainty principle 是个在物理学文献中随处可见，在物理学以外也时常能遇到的概念。在中文语境中，它到底该是翻译成"不确定性原理"还是"测不准原理"据说也一直存在争论。有趣的是，争论尽管很激烈，却很少有人注意到西文的 principle 和中文的原理之间的巨大区别。我的关注 uncertainty principle 的无聊举动一直持续到现在，因此觉得有写点什么的必要。关于 uncertainty principle，笔者个人的感觉是，这是一个被"粗心地证明，大胆地滥用和草率地诠释了(incautiously proven, boldly misused and carelessly interpreted)"的一个 principle。它的所谓成功应用之处或者有明显拼凑的痕迹，或者实际上有物理的必然或者别样的更合理的解释。这样的说法，当然需要大量文献和分析的佐证。

在英文中，所谓的 principle 指的是同 prince, principal, prime 等词相关的一个表述，它没有中文的"原理"那么吓人[②]。Prince 是指比王(king, König；低于 Emperor, Kaiser)管辖范围还小的一级统治者(a ruler whose rank is below that of king；head of a principality)，中文所说的王子是 prince 的另一个意思，指统治者家中还未掌权的男性成员(a nonreigning male member of a royal family)。一个莱茵河畔的 prince(图1)或者他爹，其能管辖的也许不超过3 000人[③]，刚够中国皇子他爹的后宫人数。因此，西语中的有些 prince 和 princess，大约相当于中国乡长的儿女，是无法同中文的王子、公主相对

图1 欧洲遍地开花的 prince 与 princess 之间的爱情故事，可以作为 principle 一词分量的参照。

---

① 当时借的是29卷本的全集，可惜一本也没读完。——笔者注

② 原理意味着是出发点。当然，在一个理论框架中被当作原理的东西，在更大、层次更高的理论框架中可能只是别的原理的一个推论。不过，原理的帽子可能就不摘了。——笔者注

③ 你明白了为什么格林童话中都是王子与公主的爱情故事了吧。——笔者注

应的。对 principle 也应当作如是观。这一点，我们中国人在读到 uncertainty principle 或者 complementary principle（互补性原理）时应该注意。

1927 年，Werner Heisenberg 发表了一篇题为“关于量子理论之动理学和力学的直观内容”的文章[1]（图 2），这标志着 uncertainty principle 作为一个重要概念被正式引入了物理学。这个原理在物理学家中间引起了一场复杂的，情感上的和形而上学的，骚动，并在长期处于争论的情形下被广泛地滥用着。读过这篇文章的人①可能都注意到，Heisenberg 在提到他发现的 $\Delta x\Delta p \sim \hbar/2$（具体什么意思，押后讨论）这个问题时，用到了三个不同的词，Unbestimmtheit（Indeterminacy，Indeterminateness），Unsicherheit（Uncertainty）和 Ungenauigkeit（Inaccuracy，Imprecision）——英文翻译见文献[2]——可以想见他当时是三重困惑的（triply puzzled）。为什么这样说呢？因为使用 Unbestimmtheit，Unsicherheit 和 Ungenauigkeit 这三个德语词时，讨论的对象是在切换的。为了理解这一点，试分析如下一句歌词“女孩的心事你别猜，你猜来猜去也猜不明白”，这里就有对象切换的问题。注意：(1) 不可捉摸、猜不透是女孩的品质（character）；(2) 你猜不明白那是你笨；而(3)“猜不明白”这个事情说的是男女世界里存在的一种客观的灾难，这三种表述的对象是不一样的。显然，Unbestimmtheit（不可确定），Unsicherheit②（拿不准）和 Ungenauigkeit（不精确），这三种表述的对象也是不一样的。Heisenberg 这篇

Über den anschaulichen Inhalt der quantentheoretischen Kinematik und Mechanik.

Von **W. Heisenberg** in Kopenhagen.

Mit 2 Abbildungen. (Eingegangen am 23. März 1927.)

In der vorliegenden Arbeit werden zunächst exakte Definitionen der Worte: Ort, Geschwindigkeit, Energie usw. (z. B. des Elektrons) aufgestellt, die auch in der Quantenmechanik Gültigkeit behalten, und es wird gezeigt, daß kanonisch konjugierte Größen simultan nur mit einer charakteristischen Ungenauigkeit bestimmt werden können (§ 1). Diese Ungenauigkeit ist der eigentliche Grund für das Auftreten statistischer Zusammenhänge in der Quantenmechanik. Ihre mathematische Formulierung gelingt mittels der Dirac-Jordanschen Theorie (§ 2). Von den so gewonnenen Grundsätzen ausgehend wird gezeigt, wie die makroskopischen Vorgänge aus der Quantenmechanik heraus verstanden werden können (§ 3). Zur Erläuterung der Theorie werden einige besondere Gedankenexperimente diskutiert (§ 4).

图 2 Heisenberg 1927 年论文的原文。

① 我敢打赌，很多参与过 uncertainty principle 争论的人曾未想过要读这篇文章。——笔者注

② Unsicherheit 的词干是 sicher。若用德语说“sicher?”，这相当于英语的“are you sure?”。你确定吗？Ja，sicher！——笔者注

文章的本意是因为注意到量子力学的直观诠释充满内在的矛盾(Die anschauliche Deutung der quantenmechanik ist bisher noch voll inner Wildersprüche),有讨论的必要。他认为,在经典力学里,位置和动量是清楚定义的、独立的量,而在量子力学中,位置与动量有了关系 $pq-qp=h/2\pi\mathrm{i}$ (原文写成这样的形式)①,因此有理由对位置、动量概念之不加批判的应用(kritiklose Anwendung)存疑②。解决量子力学概念上的内在矛盾如广为讨论的 incompleteness(不完全性)应该在理论框架上下功夫,“简单地说就是试图用科学的方法找出科学的局限性”,而这一点,没有一个称为实验的东西能够胜任。但是不知怎么有些人偏偏试图从测量问题上下功夫,以为测量是挽救或者证明理论的工具,比如宣称测量的某物理量是如何地同理论预测相吻合,甚至宣称是在小数点后十多位上吻合。实验从不会自动运行,也从来不试图解释什么。没有 presumed(预设的)一些理论概念,实验什么都不是。Einstein 所谓的“it is the theory which decides what one can observe”,不是说你构造的理论决定了那理论里有什么可观测的,而是说所谓的观测总是多少依赖于我们头脑里隐含着的一些理论成分。这一点连小说家都体会很深。测量是一个既不同于理论也不可能独立于理论的、要认真理解的物理问题。相当多的人甚至不知道温度是不可测量的量③,可见关于测量的理论探究的重要性。但在 uncertainty principle 的讨论中依赖于测量问题,却是用错误的概念转移了对更本质性问题的关注。

Heisenberg 1927 年的文章到底讨论了什么问题呢?原来,Heisenberg 注意到,对任意如下形式的波函数 $S(\eta,q)\propto\exp\left[-\frac{(q-q')^2}{2q_1^2}-\frac{\mathrm{i}}{\hbar}p'(q-q')\right]$,

---

① 此为所谓的正则对易关系(canonical commutation relation),据说这个关系式归功于 Max Born。经典力学里力学量的对易式为零,在量子力学中对易式被替换为 Poisson 括号。可以将 $[x,p]=\mathrm{i}\hbar$ 推广到所有的正则坐标和正则动量算符之间,用于经典系统的量子化。进一步地,关于算符函数的对易关系,有 $[x_i,\boldsymbol{F}(\boldsymbol{p})]=\mathrm{i}\hbar\partial\boldsymbol{F}(\boldsymbol{p})/\partial p_i$;$[\boldsymbol{F}(\boldsymbol{x}),p_i]=\mathrm{i}\hbar\partial\boldsymbol{F}(\boldsymbol{x})/\partial x_i$。——笔者注

② 在 Feynman 发展的量子力学的路径积分形式表达中,笔者感觉那里的位置和坐标同经典的可没什么两样。笔者学浅,没理解到精髓吧。——笔者注

③ 温度计从来测量的都不是温度,而是别的物理量。对于一个温度无从定义的体系,温度计一样可以给出一个被粗心的实验家当成温度的读数。一定意义上来说,温度有点 Fermi 能级的味道,它似乎是可触摸的,但却是个统计量,更多地具有数学性存在的性质。——笔者注

则通过基于 $S(q,p)=\exp(\frac{\mathrm{i}}{\hbar}qp)$ 的 Jordan 变换①,得到用 p 表示的几率幅为 $S(\eta,p)\propto\exp[-\frac{(p-p')^2}{2p_1^2}-\frac{\mathrm{i}}{\hbar}q'(p-p')]$,值得注意的是,$p_1q_1=\hbar$。若 q_1 是 q 可被知道的(bekannt)精确度(q_1 ist etwa der mittlere Fehler von q),p_1 是 p 被确定的(bestimmbar)精确度,这意味着在碰撞之类的实验中,粒子的动量和位置是不能同时被精确地确定的(提请注意:一个测量结果呈某种分布的物理量,其分布上的每个数据点还是要精确测量的,其误差至少要远小于分布的方差)。1930 年,Heisenberg 的这个发现在英语文献中被表述为 uncertainty principle。还有文献称之为 indeterminacy relation[2]。Certain,来自拉丁语动词 cernere,to distinguish,to decide,to determine;作为形容词,意为 not to be doubted,unquestionable,fixed。汉语的形容词"确定性的"同样是和动词相联系的,不确定性应该是对 uncertainty 很恰当的翻译。

$\Delta x\Delta p$ 不确定关系的论证

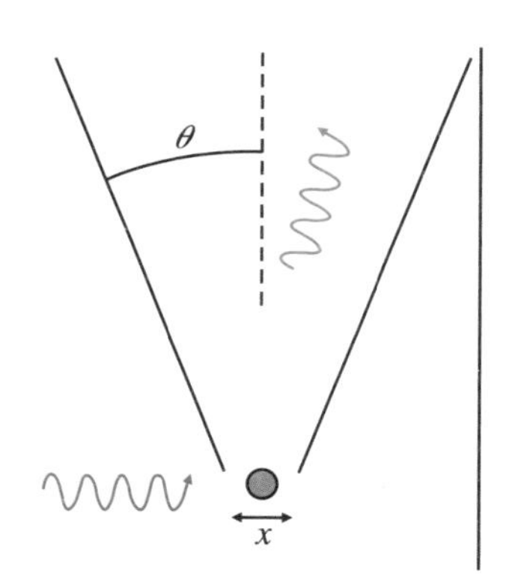

图 3 用于诠释 uncertainty principle 的显微镜实验。

阐述 uncertainty principle 的一个图解式的工具是所谓的 γ 光子显微镜观测电子实验(图 3),Heisenberg 原文中给出的只是文字上的叙述,后来发展出来的典型推理过程如下[3,4]:

考察一用显微镜观测电子的实验,若一个水平入射的、给定波长的光子和电子碰撞后被散射到垂直方向上 2θ 角度的锥内,这可以理解为电子被探测到。已知显微镜的分辨率为

$$\Delta x=\lambda/(2\sin\theta) \quad ①$$

若散射后的光子从前端进入显微镜,光子动量应该等于 $p'_x+\frac{h}{\lambda'}\sin\theta$;若散射后的光子从后端进入显微镜,光子动量应该等于 $p''_x-\frac{h}{\lambda''}\sin\theta$;因此有

① 其实就是傅立叶变换。此处采用原文的表示。——笔者注

$$p'_x + \frac{h}{\lambda'}\sin\theta = p''_x - \frac{h}{\lambda''}\sin\theta \qquad ②$$

对于非常小的 θ，有

$$\lambda' \approx \lambda'' \approx \lambda \qquad ③$$

因此测量给出的电子动量误差为 $\Delta p_x = p''_x - p'x = \frac{2h}{\lambda}\sin\theta$，因此有 $\Delta x \Delta p_x \approx h$，QED。

这个粗看一切顺畅的证明出现在许多文献中，特别是教科书中，误导着一代又一代的年轻学子。其实，这个看似正确的证明过程的每一步都包含着错误：

(1) 式①中的显微镜分辨率公式是基于 Rayleigh 判据（主观地为人类定义的）的远场光学的结果，不具有客观性和普适性，用这样的公式讨论 fundamental physics 是不合适的。大家熟识的式①的一个推论是所谓的半波限制，即分辨率最好不好于所用波长的一半——所以用可见光的显微镜，其分辨率不会好于 200 nm。这个结论在今天随着近场光学的发展早已成为陈词滥调，用可见光的近场光学显微镜的分辨率已经达到 20 nm 以下了。此外，这个公式是经典透镜关于光束远场成像的情形，而非针对单光子（量子概念）的[①]。

(2) 更不合适的是，所谓分辨率中的 Δ，其意义是间隔，它和 Heisenberg 使用 Jordan 变换倒腾的波函数中的 q_1 绝不是一回事。在证明一个严肃问题的时候，偷换概念是不可原谅的。

(3) 式③想当然地假定散射后的波长约等于入射波长。对应于很小 θ 角的散射实际上对应的是偏转角约为 $\pi/2$ 的 Compton 散射，属于大角散射事件，散射后的光子波长决不能近似等于入射波长。熟悉 Compton 散射内容的读者应该早想到了这一点。

上述的所谓 γ 光子显微镜观测电子实验阐述 uncertainty principle，在稍

---

① 关于 γ 光子显微镜的分辨率该如何表示，笔者不知。不过，笔者倾向于认为不会有什么 γ 光子显微镜。波粒二象性，如果参照 M－理论的解释，愚以为不是说光在某些情境下它表现为波，在某些情境下它表现为粒子，而是说某些电磁辐射，比如 γ 光子，更多地像粒子，而某些电磁辐射，比如微波，更多地像波（你好意思管你微波炉里的辐射叫粒子?）。关于光还有一个麻烦，光子和光束至少不总是一回事。——笔者注

微认真一点的学物理者①那里肯定是过不了关的。1929 年,Robertson 提供了一个形式上的数学证明[5],证明的出发点是对任意正定空间都成立的 Schwarz 不等式。所谓的 Schwarz 不等式,在欧几里得矢量空间中的形式为 $|\boldsymbol{a}+\boldsymbol{b}|\leqslant|\boldsymbol{a}|+|\boldsymbol{b}|$,即三角形任意两边之和不小于第三边;在复数域上的线型函数空间 $L^2(Z)$ 中,其形式为 $\left|\int_a^b f^*(x)g(x)\mathrm{d}x\right|^2\leqslant\int_a^b f^*(x)f(x)\mathrm{d}x\int_a^b g^*(x)g(x)\mathrm{d}x$。由此出发,对任意的两个力学量(观测量)算符 $\hat{A},\hat{B}$,可得到关系式

$$\Delta A^2\Delta B^2\geqslant\frac{1}{4}\langle[\hat{A},\hat{B}]\rangle^2+\frac{1}{4}\langle\{\hat{A}-\langle\hat{A}\rangle,\hat{B}-\langle\hat{B}\rangle\}\rangle^2 \quad ④$$

其中 Δ 符号是严格定义为力学量在指定态函数下的方差的,$\Delta A^2=\langle(\hat{A}-\langle\hat{A}\rangle)^2\rangle$,$[\hat{A},\hat{B}]=\hat{A}\hat{B}-\hat{B}\hat{A}$ 为对易关系,$\{\hat{A},\hat{B}\}=\hat{A}\hat{B}+\hat{B}\hat{A}$ 为反对易关系。

忽略④式中右边第二项(凭什么?为什么不去忽略第一项?),注意到 $[\hat{x},\hat{p}]=\mathrm{i}\hbar$,于是得到

$$\Delta x\Delta p\geqslant\hbar/2 \quad ⑤$$

这里,Δ 符号代表力学量的方差。貌似严格的——因为是从 Schwarz 不等式推导而来的——⑤式具有极大的欺骗性,它成了讨论或应用 uncertainty principle 的基点。

⑤式中的 $\Delta x\Delta p\geqslant\hbar/2$ 是以一种不体面的方式得到的,推导过程忽略了④式中的反对易项。反对易项对高斯函数型的波函数为零(是特例,不具有普适性),也就是说 $\Delta x\Delta p=\hbar/2$ 只对高斯函数是严格成立的。但是对一般意义上的波函数,反对易项可能比对易项的值还大,也就是说 $\Delta x\Delta p$ 可能比 $\hbar/2$ 大得多!由于我们的测量误差远高于使得 $\Delta x\Delta p$ 能同 $\hbar/2$ 相比拟的水平,这掩盖了 $\Delta x\Delta p$ 取值可以比 $\hbar/2$ 大得多的事实。

在许多场合,人们以 $\Delta x\Delta p\sim\hbar/2$ 作为论证的基础并推演出一些有趣的故事。一个八十年来广为流传的说法是位置测量得越准确(位置的不确定性越小),则动量的测量就越不准确(动量的不确定性就越大)。我们会看到这种说法远不如统计物理中的"越接近临界点,涨落越大"的说法来得真实和科学,甚

① 学物理者,物理学者,其间可能有些差别。——笔者注

至同文学中的“近乡情愈怯”相比，它都缺乏科学性。2009 年，笔者在作关于 uncertainty principle 报告的时候，刘家福先生计算了一维无限深势阱中粒子的位置和动量的不确定性问题[6]。结果是

$$\Delta x = \sqrt{\frac{1}{12} - \frac{1}{2n^2\pi^2}}\, a, \quad \Delta p_x = \frac{n\pi\hbar}{a} \qquad ⑥$$

也就是说随着量子数 n 的增大，Δx 渐增至一个常数值，而 Δp 则一直增加。这很好理解，能量(动量)越大的粒子，越活跃，表现为粒子位置更不确定，但总还是被限制在势阱内(图 4)①。我奇怪的是，为什么几十年来就没人计算一下 $\Delta x \Delta p$ 在具体体系中的数值呢？它本来就该依赖于具体的波函数的呀？另，也许该问的问题是，假设 Δx，Δp 有相反的趋势的话，那它要求什么样的状态波函数？

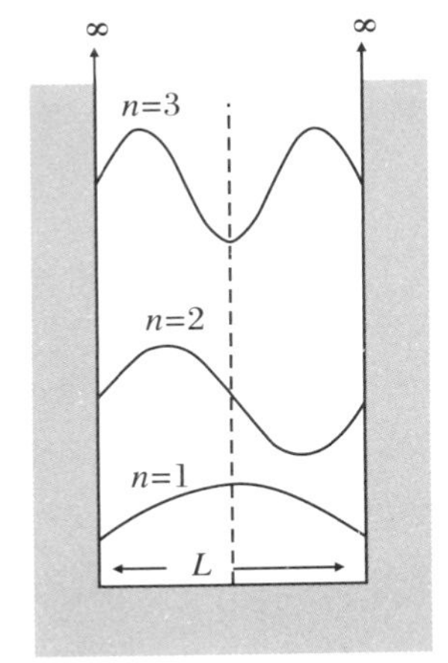

图 4　一维无限深势阱中的电子波函数。随着量子数 n 的增大，动量不确定性(均方差)趋于无穷大，位置均方差渐增趋于固定值。

量子力学是基于波函数(几率幅)描述物理事件的，其给出的力学量分布依赖于具体的波函数按说应该是个常识。$\Delta x \Delta p$ 的值当然也依赖于粒子的波函数的形式，对于一维无限深势阱，粒子位置－动量的不确定性之积为

$$\Delta x \cdot \Delta p_x = \sqrt{\frac{n^2\pi^2}{3} - 2} \cdot \frac{\hbar}{2} \qquad ⑦$$

不同状态下的不确定度之积是不一样的。关于时间－能量不确定性关系(详细讨论见下)也有类似的尴尬。人们曾为时间－能量不确定性关系中的 Δt 和 ΔE 附会上各种不同的解释，其中之一是 ΔE 是跃迁能量而 Δt 是能级寿命或者谱线的频宽。随处可见的时间－能量不确定性的诠释认为能量宽度(或者差别)越大，相应的寿命应该越短。2003 年夏天，在笔者讲完 uncertainty principle 报告的第二天，日本关西大学的小山泰(Yasushi Koyama)教授敲开了笔者的办公室，讲述了他在研究中的遭遇。在研究一类复杂分子的发光时，他们注意到谱线能量越高，而谱线寿命却增加的现象。当小山泰教授在一次会议上报告他们的测量结果时，他遭到了以“能量宽度(或者差别)越大，相应的寿

① 想起《南征北战》中的一句台词：“他还能往哪里退呢？”就算你无限精确地测量了粒子的动量，粒子在势阱中的位置不确定性还能大于势阱的尺寸不成。——笔者注

命应该越短”为基本出发点的一通乱批，被指责缺乏起码的常识。这种以对非严格知识的似是而非的诠释之漫无节制的推广为基本出发点的态度，甚至强大到怀疑严肃的测量结果。小山泰教授后来将结果发表在 *Chemical Physics Letters* 上[7]，但是审慎地不触及所谓的时间－能量不确定性问题。关于不确定性原理的“此一量不确定度越大，彼一量不确定度越小”式的描述之威力，由此可见一斑。其实，不同能量的发光过程，涉及的是不同的一组波函数间的交叠问题，为什么不能发光能量和谱线寿命同步增减呢！

$\Delta E\Delta t$ 的困境

注意到 $x\cdot p$ 的量纲是作用量，$E\cdot t$ 的量纲也是作用量，存在 $\Delta x\Delta p\sim\hbar/2$ 式的 uncertainty relation，自然人们也希望存在 $\Delta E\Delta t\sim\hbar/2$ 式的 uncertainty relation。不过，麻烦的是，在量子力学中，位置、动量和能量都是算符，分别为 $\hat{x}$，$\hat{p}$ 和哈密顿量 $\hat{H}$，而 t 不是，它是参数。也就是说，t 和 E 的身份不对等，无法使用 Robertson 的形式证明存在其中 Δ 为力学量方差的关系式 $\Delta E\Delta t\sim\hbar/2$。在人们讨论 $\Delta x\Delta p$ 时可以诠释为“不能同时(simultaneously)①精确地测量位置和动量”，但是说“不能同时精确地测量能量和时间(Pauli 还真这么说过)”就莫名其妙了。

于是，我们看到物理学家们费力地构造各种版本的 $E-t$ 不确定性关系，其花样之翻新，令人瞠目结舌。(1) Δt 被解释为观测时间，ΔE 为实验误差；(2) ΔE 为粒子凭空获得的能量，Δt 被解释为可拥有额外能量的时间，这个诠释被用来解释隧穿现象(量子电动力学的虚过程)，以及量子过程中不能满足能量守恒的部分；(3) Δt 被解释为能级寿命，ΔE 为谱宽度；(4) Mandelstam-Tamm 诠释[8]：Δt 被解释为力学量 $\hat{A}$ 的平均值划过其方差那么大的范围所需的时间，定义为 $\tau_A=\Delta A/[\mathrm{d}\langle\hat{A}\rangle/\mathrm{d}t]$；(5) 粒子看作波包，$t$ 是波包通过某位置的时间；ΔE 是波包能量宽度，而 Δt 是到达时间的方差；(6) Gislason 用 decaying state 得到了关系式 $\tau\Delta E\geqslant\frac{3\pi}{5\sqrt{5}}\hbar$，$\tau$ 是 decaying state 的平均寿命[9]；(7) 基于混合态振荡的讨论[10]，设有混合态 $|\psi(t)\rangle=c_1\mathrm{e}^{-\mathrm{i}E_1(t-t_0)/\hbar}|\psi_1\rangle$

① 关于同时和同时性，问题更麻烦。将另文讨论。——笔者注

$+ c_2 e^{-iE_2(t-t_0)/\hbar} | \psi_2 \rangle$，则观察到对应本征态$|u_m\rangle$的本征值 b_m 的概率包含振荡项 $\mathrm{Re}[c_1^* c_2 e^{i(E_2-E_1)(t-t_0)/\hbar} \langle \psi_1 | u_m \rangle \langle u_m | \psi_2 \rangle]$，定义特征时间 $\Delta t = h/|E_2 - E_1|$，则有 $\Delta E \Delta t \sim h$；(8) 印象中还有基于 Raman 过程的讨论，因为那里涉及虚能级的概念；(9) 基于泵浦过程的讨论[11]。跃迁几率表示为

$$p(t,\omega) = 4 |\langle f | V | i \rangle|^2 \frac{\sin^2[(\omega_{i,f} - \omega)t/2]}{\hbar^2 (\omega_{i,f} - \omega)^2} \tag{8}$$

其中，$\omega_{i,f}$对应初态和终态间的能量差，ω 为泵浦频率。有人把这个公式图解成图 5(a)中的样子——时间不变跃迁几率随泵浦频率的变化，发现主峰的宽度为 $\Delta\omega = 2\pi/t$，于是凑出一个 $\Delta E \Delta t = h$。问题是，“时间固定不变跃迁几率随频率变化”是哪个世界里的物理学？谁能固定时间观测物理量随泵浦频率的变化？这个公式的正确的图解是，对不同的频率，画出跃迁几率随时间的变化(图 5(b))。我们看到当 $\omega = \omega_{i,f}$时，几率最大，此即所谓的共振现象。

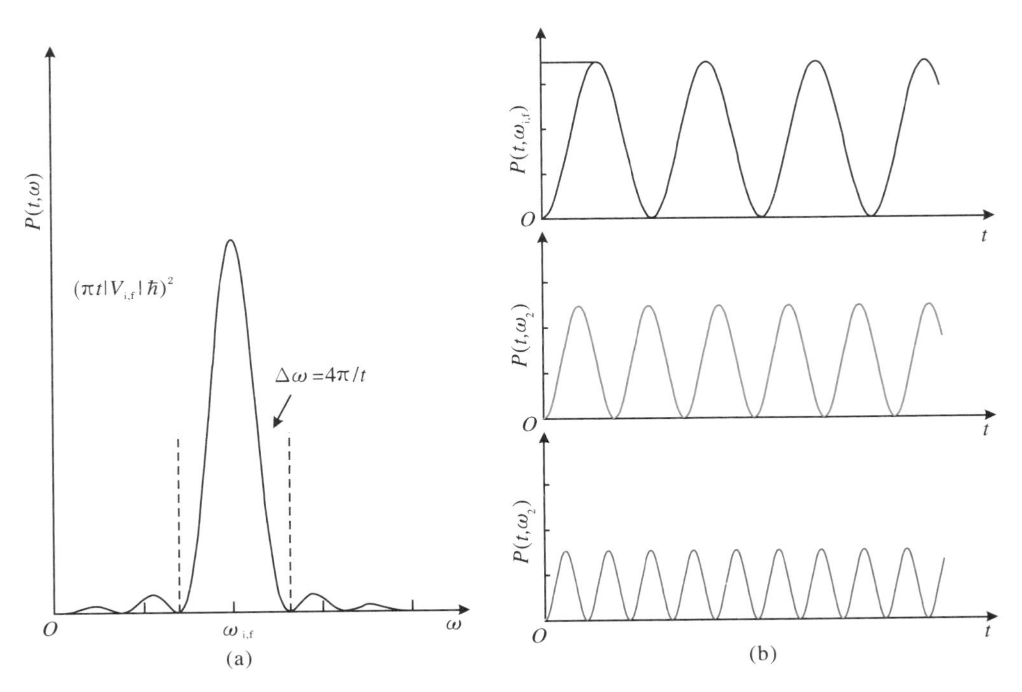

图 5　泵浦过程跃迁几率的图示。(a) 时间不变，跃迁几率随泵浦频率的改变；(b) 使用不同的泵浦频率时，跃迁几率随时间的变化。

我想，我已经列举了足够多的 $\Delta E \Delta t$-uncertainty relation，其得来途径的诡异令人眼花缭乱，其夹杂的各种思想混乱对于初学量子力学者是极具误导性

的。这些混乱的根源都是因为要构造 $\Delta E\Delta t$-uncertainty relation 的心情太急切了，但 t 在量子力学中的身份（参数）却和能量不一致。那么，有什么方法能克服这种不一致吗？在量子场论中，时间 t 和坐标获得了相同的身份，都是坐标，是参数而非可观测量，其结果是我们觉得还算可靠的 $\Delta x\Delta p \sim \hbar/2$ 关系式也失掉了基础[12]。听过一个报告“时间作为变量的物理学”，不过目前还没有实现的迹象。

海森堡之前的 $\Delta\varepsilon \cdot \Delta t$

许多人认为 uncertainty relation 始于海森堡 1927 年的文章，其实不是。为量子力学中的对称性理论奠基的 Eugene Wigner，其博士论文研究的是化学反应速率，导师为 M. Polanyi。Eugene Wigner 在论文中提到“可以推论，由结合得到的分子，其激发态有能量展宽 $\Delta\varepsilon$，它同平均寿命 Δt 通过关系式 $\Delta\varepsilon \cdot \Delta t = h$ 相联系”（It postulates that the excited states of the molecule obtained by the association have a finite energy spread $\Delta\varepsilon$ [first assumption] and that $\Delta\varepsilon$ is related to the average life time Δt of that molecule by the relation $\Delta\varepsilon \cdot \Delta t = h$, that is, Planck’s constant [second assumption]）[13]。相关论文发表于 1925 年的 *Zeitschrift für Physik* 杂志上[14]，工作可能始于 1922 年；不过，可以肯定的是，$\Delta\varepsilon \cdot \Delta t = h$ 关系式的出现早于 1927 年。

Uncertainty principle 的心理冲击

Uncertainty principle 的提出被看成是量子力学的大事件。Pauli 谈到关于导致 1927 年波动力学最终建立之发展给他留下最深印象的是“real pairs of opposites, like particle versus wave, or position versus momentum, or energy versus time, exists in physics, the contrast of which can only be overcome in a symmetrical way. This means that one member of the pair is never eliminated in favor of the other, but both are taken over into a new kind of physical law which expresses properly the complementary character of the contrast”[15]。笔者不解的是，Pauli 为什么会有“为了一个变量排除另一个（eliminate one in favor of the other）”的想法。他不会不知道物理学的共轭结构，物理量是以 adjoint（本质上还是乘法）变量对的方式出现的，不管是热力学

中 pdV 形式的，还是经典或者量子的 Poisson 括号，实际上都是让变量发生关系的最简单方式——乘法，人们显然不该有 eliminate 其一的冲动。

关于 $\Delta x \Delta p \sim \hbar/2$ 关系式的诠释，注意它还叫 indeterminacy relation[2]，Heisenberg 就认为这意味着不能够无限精确地确定（beliebig genau zu bestimmen）一个物理量[1]。Schrödinger 也有专文讨论"自然科学是环境决定的吗?"[16]。据说 Bohm 也曾为调和他的马克思主义信条和量子理论的不确定性而头疼(David Bohm was struggling to reconcile his Marxist beliefs with the maddening indeterminism of quantum theory…)[17]。事情远比头疼严重，不确定性在欧洲物理学家中引起的情感，仿佛 Milton 在《失乐园》中描述的那种逐出天堂的感觉（The certainty lost roused a feeling of paradise lost in the European physicists as described by Milton in Amissam Paradisum）（图 6），事关"为了科学灵魂的挣扎[18]"。今天返回头来看，这个量子 uncertainty relation 带来的惶恐，更多地是因为太过习惯于本不存在的经典 certainty 或者 determinism，亚当、夏娃式的如丧家之犬实在没有必要。

图 6　逐出伊甸园。

经典不确定性

所谓的"不能够无限精确地确定一个物理量"给欧洲的物理学家们带来了惶恐，但是经典世界里存在 exact positioning 的说法似乎也是毫无根据的。确定公路上一辆汽车的位置，精确到毫米量级都是没必要的、原则上不可能的(用汽车的哪个部位标定它的位置呢，部位又如何定位呢?)，遑论无限精确。观察过程中光子对车子的位置当然也是有扰动的，但这丝毫不影响确定车子(locating the car)这个物理事件。一个有必要问的问题是，远小于物体尺度的位置精度有意义吗？笔者以为，科学定律可能本身就有可容忍的不确定性，比如描述种群数量演化的 logistic 方程，本身就是处理大数目的群体演化的。而无限精确地描述物理世界的想法只是理想化的愿望，数学的理想不可以用来取代或否定现实的世界——一只足球对运动员来说等价于数学家的 S^2 - 流形

图7 这样的足球已经是很完美的球了。

(图 7)。对 uncertainty 的恐惧是相当非理性的。

对 uncertainty 的恐惧源于由来已久的经典决定性的信条要被抛弃。经典决定性(determinism)认为:给出了某个时刻的初始条件,就能够确定地知道系统的未来。经典世界里真的可以让人“feel certain”吗?如果这样,为什么满大街在唱“Will you still love me, tomorrow?”其实,认为经典世界存在确定性是,按照 Uhlenbeck 的用词,是浪漫的幻觉(romantic illusion)[19]。首先,对于一个包含 10^{23} 量级粒子的宏观体系,谁有能力获得初始条件,哪怕只是位置和速度(且不论速度如何测定),于是在经典理论中就有了各种小妖(demon)的引入。再者,谁告诉你所谓的初始条件是 $S(x_0, v_0;\ t_0)$ 而不是 $S(x_0,\ v_0;\text{color, smell},\cdots;\ t_0)$ 呢?很显然是你当前拥有的关于物理事件的理论。你确定你的这个理论是“确定、一定以及肯定”①的吗?Karl Popper 继续对经典确定性加以批判[20],他引入了同样属于经典物理的相对论来佐证。他认为狭义相对论就堵死了通往决定论的路。如图 8 所示,在 S_1 点能够测到的物理事件在 S_1 点的未来光锥内;而能影响到 S_2 点上事件的物理事件在它的过去光锥靠 S_1 未来一侧的部分,显然前者大于后者。也就说,在此时空点上我们不可能接近影响未来某时空点的全部事件,当然也就不可能测量之以作为初始条件。

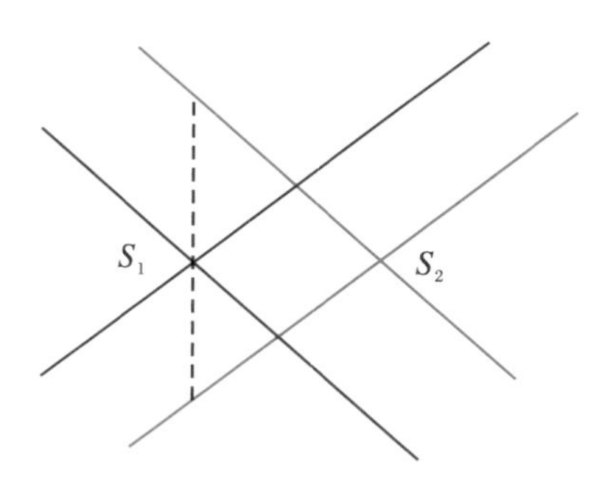

图 8 S_2 的过去不全部都在 S_1 的未来光锥内。

① 《武林外传》中郭芙蓉的口头禅。——笔者注

关于基于光锥概念对经典确定论的批判,可以用个小故事加以说明。一个小和尚煮粥的时候,看到一粒灰尘落入锅里,赶忙用勺子把灰尘舀出来。但是,他又舍不得倒掉,于是把有灰尘的粥给喝了。偏巧方丈路过,认定小和尚煮粥时偷喝。小和尚万般委屈,却无法辩解。这里的问题出在哪里呢?这里的问题就在于灰落入粥里的这个事件,可能不在方丈的过去光锥里。他是真不(可能)知道。

测量能给出所有的初始条件吗?愚以为也不可能。所谓测量,就是给物理量赋值。除了测量原理上的一些限制,从数值上来看测量只能给出有理数值,而我们的理论可从来没排除无理数的出现。假如你此时的位置是$\sqrt{2}$,咋办?还有,若你所在的空间几何是分形的(设想你沿着大不列颠海岸线开着一辆尺度可变的车子),空间距离(长度)可能是测量标尺依赖的,尺子越小,数值越大,原则上你是弄不清大不列颠海岸线的长度的。再者,即便你可以非常非常精确地接近$\sqrt{2}$这样的数值,若你的系统的动力学是混沌的,再小的偏离也会导致完全不同的结果。混沌体系可是相当普遍的存在,试着研究一下小球同放置在正三角形顶点上的三个等尺寸大球的碰撞实验会给你一些关于混沌行为的感觉。

对经典世界的决定性图景的最重的一击来自 Gödel。Gödel 认为:(1) 没有一个自洽的公理体系,其定理是可以通过有效的程序罗列的,能够证明所有的自然数的关系(No consistent system of axioms whose theorems can be listed by an "effective procedure" is capable of proving all truths about the relations of the natural numbers)。(2) 这样的体系不能表明它的自洽性(Such a system cannot demonstrate its own consistency)。用白话说,数学是不完备的。数学尚且有不完备性,是 uncertain 的,那关于自然世界的物理描述哪里去祈求确定性呢?决定性的经典世界的图像,垮了。

于是有了这样的一幕:Sir James Lighthill,在任国际力学联合会主席期间为用确定性误导了公众而代表力学界同仁向公众道歉,大意是"在 1960 年以前,我们认为世界是可预测的,但我们现在认识到我们散播的决定性的思想错了"[21]。

对把 uncertainty relation 当作量子世界的景观,认为因此失去了经典世界中的确定性,薛定谔似乎不以为然。早在 1931 年,薛定谔就写道:存在于经典概率理论和波动力学之间的表面上的可类比性,不可能逃过对这两者都熟悉的物理学家的注意（L'Analogie superficielle qui existe entre cette théorie de probabilité classique et la mécanique ondulatoire，interprétée d'une manière statistique n'a probablement échappé aucun physicien qui le connaît toutes des deux. —Schrödinger 1931，May）。[2]薛定谔是量子时代物理学家中的另类，其思想之深刻鲜有其匹。既然两者有可类比性，Reinhold Fürth于1933年进一步地从扩散方程$\frac{\partial W}{\partial t}=D\frac{\partial^2 W}{\partial x^2}$，也推导出了一个不确定性方程$\langle x^2\rangle\langle v^2\rangle\geqslant D^2$，其推论是，扩散范围展开的越宽，扩散速度越慢——当然这是容易观察到的事实[2]。这一工作表明，uncertainty relation不是量子理论里的专利。

关于 uncertainty principle 的迷信与滥用

在习惯了uncertainty principle的出现带来的失乐园的心情后，物理学家忽然又把它当成了解释许多事情的法宝。J. D. Jackson写道[22]：所有的量子效应（对碰撞来说，带电离子的能量损失）的数量级，如下文所见，都可以很轻松地从uncertainty principle得到（All the orders of magnitude of the quantum effects（for collision，energy loss of charged particles）are easily derivable from the uncertainty principle，as will be seen）。还有，Dirac曾就早期宇宙学中量子跃迁的角色作了一些推断，不过Lemaître更早，他写道[23]：显然最初的量子不可能在其中就隐含了演化的全部进程，但是，根据不确定性原理，那是不必要的（Clearly the initial quantum could not conceal in itself the whole course of evolution，but，according to the principle of indeterminacy，that is not necessary）。太神奇了点吧？更有甚者，uncertainty principle成了为一些明显不满足能量守恒的虚过程（virtual processes）的借口："由于不确定性关系，存在任意量的能量和动量供给各种物理过程（如涉及从真空中产生粒子的过程）（…owing to the uncertainty relations，that arbitrary amounts of energy and momentum are available for various physical processes（involved in generating particles from a vacuum））。"[24]就算这是真实的，那么谁是因，谁是果？是因为有虚过程这档子事我们认为uncertainty principle在起作用，还是因为有人提出了uncertainty principle，世界就得乖乖地有不符合能量守恒的虚过程？这个具有额外能量的过程中欠缺的能量部分被称为是"借的"，并且还有人煞有介事地给出了可以"借贷"的时间："假设它（电子）还要'借'2.48 eV的能量，它可以借这些能量的时间段为$\Delta t=h/2.84\ \text{eV}\sim1.5\times10^{-15}$ s。在这

段时间内,它可以轻松地从一个原子转移到另一个原子(Assume that it wants to 'borrow' the same amount of energy (2.84 eV) again. It may borrow that much energy for an interval $\Delta t = h/2.84\ \text{eV} \sim 1.5 \times 10^{-15}$ s. In this time interval, it can get comfortably from one atom to the next)”。[25]

笔者不理解,为什么电子要借能量才能越过一个势垒。能量势垒不是刚性的墙,即便电子能量比势垒低,也会以一定的几率隧穿过去。薛定谔就谈到粒子本身可以看成具有形(form)[26],而form的尺寸,或曰刚性(rigidity)①,取决于外在世界用多大的努力接近它。所使用接近它的粒子能量越大,则粒子form的尺寸就越小。我们关于电子半径的认识大约可以作为一个例证。这个世界本身就是可穿透的、能量不均匀分布的网格。

自从 $\Delta x\Delta p \sim \hbar/2$ 和 $\Delta E\Delta t \sim \hbar/2$,或者 $\Delta x\Delta p \sim \hbar$,$\Delta E\Delta t \sim \hbar$,$\Delta x\Delta p \sim h$,$\Delta E\Delta t \sim h$ 被发明以来,且不管 Δ 是什么意思,它们就被人们用于各种场合。有人用 $\Delta x\Delta p \sim \hbar/2$ 从玻尔半径大小估算氢原子的基态能级,或者反过来;有人用发光能量估算能级寿命,或者反过来。其实这些共轭量的数据,多是从不同途径独立得来的。看看 Fraunhofer 拍摄的可见光光谱中的700多条谱线,谱线的能量和宽度(对应能级的寿命)哪里有什么成反比的规律。有趣的是,粒子物理学家是用粒子大小来证明研究其结构所需能量的合理性,其所依赖的 uncertainty relation 是沿着位置-动量-相对论能量的路子[27]:$\Delta x\Delta p \geqslant \hbar/2$,从而有 $E > \Delta p \cdot c > \hbar c/2\Delta x$。其实,应该反过来理解才对:用来感知的粒子(比如X射线光子,Compton 散射)的能量决定被感知粒子(电子)的尺度。

关于 $\Delta E\Delta t \sim \hbar/2$ 的诠释可能比 $\Delta x\Delta p \sim \hbar/2$ 更离谱。有人把 Δt 理解成脉冲宽度,ΔE 被理解成能量展宽。但是,如今人们可以把可见光激光的脉冲压缩到飞秒甚至阿秒长短,也没见颜色的改变,更不会因为担心 uncertainty principle 所导致的X射线成分而添加额外的防护措施。一段正弦波,不管时值多长,都是单色的。傅立叶变换不会引出新的谐波,因为什么 uncertainty principle 也不会引出新的频率(正弦也好,锯齿波也好,都给出同样的时间序列计数,是一样的时钟。这才是时间的本质。此处不作深入讨论)。还有人把 Δt 理解成观测时间,ΔE 被理解成能量展宽,或者“借得”的能量,所谓观测时间越

① 刚性是 Anderson 定义固体的出发点。——笔者注

短，能量范围越大。不过，不幸的是，LHC 中粒子的能量来自用 microwave wigglers 之类的复杂设备能量注入的结果，而不能依赖测量时间的减少。没人会借给它们任何能量。

对 uncertainty relation 的滥用和曲解有时会以很不严谨的方式引用数学。Heisenberg 用高斯函数型的波包来推导 uncertainty principle，是因为高斯函数 $f(x)=\frac{1}{\sqrt{2\pi\sigma^2}}\exp\left(-\frac{(x-x_0)^2}{2\sigma^2}\right)$在傅立叶变换下是形式不变的。这样的函数目前已知只有几个。但是，并不是所有的分布都像高斯分布这样用方差这样一个参数 σ 就能描述的（再次强调，不可以拿特例来论证一般性的问题）。把高斯分布的参数 σ（即 Heisenberg 论文中的 q_1）当作高斯分布型分布的测量精度，则是因为十足的对实验无知。做过实验的人都知道，若某个量的分布为高斯型的，则要想测到一条高斯型的分布曲线（图 9），在$[x_0-\sigma, x_0+\sigma]$范围内至少要测 20 个点，也就是说测量步长（精确度，不确定度，或者别的什么）至少要好于 0.1σ。对于实际的分布，要确定其近似地是高斯型的，测量范围至少要大于 6σ，可见把测量的范围混同于参数 σ 同样是不合适的。当然，数学好一点的读者可能知道，对高斯函数来说，求 σ 可以有比 $\sigma^2=\langle(x-\langle x\rangle)^2\rangle$条件更宽松的算法。此外，我们时常见到讨论，说（经典地）重复测量一个量得到一个高斯分布，会得到一个方差。这只是对一个粗糙问题的理想化，实际上你应该不会得到图 9 中那样好的高斯分布曲线。测量应该要求测量精度远好于数据分布的方差，好的测量得到的数据应该分布在它该出现地方的一个很窄的范围内，是

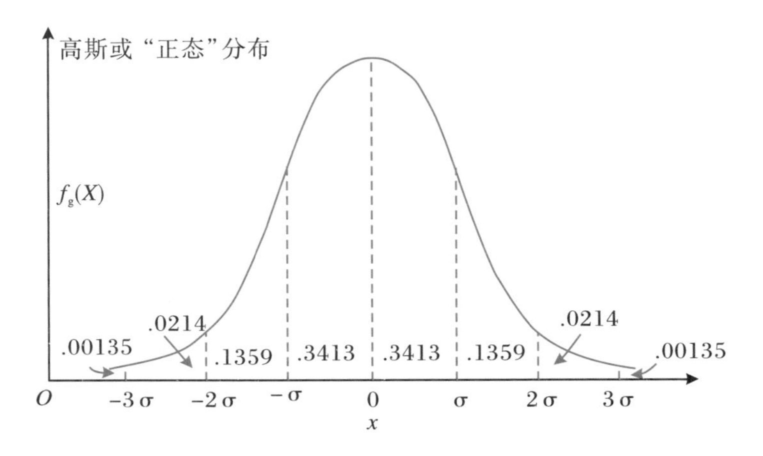

图 9 高斯分布函数。

不足以得到一条高斯曲线的。数据自身源于随机过程的是另一回事。

注意一个事实，对于像高斯分布那样的连续、在无穷大空间的分布，方差的定义是严格定义的、正当的。但是，对于粒子数 N 这样的变量，ΔN，尤其是在 $N=0$ 处，其定义在数学上是否行得通，都没有讨论。而 $\Delta N \Delta \theta \geqslant 1$ 关系式，即所谓的粒子数同波函数相位角之间的 uncertainty principle[4]，却竟然被用来作为讨论真空性质的理论基础，未免难以服人。真空中的粒子数为零，粒子数在 $N=0$ 附近的涨落，N 又不能为负，为这样的过程寻找严格意义上的数学描述（Robertson 式的证明显然不合适），着实让数学为难。

哲学呢喃

注意到，所谓 uncertainty principle 除了有一些经常改换 Δ 的含义且互为前提的使用外，一些科学家从物理上、形而上学上对它的辩护也比较有意思。Hans Bethe 就把 uncertainty principle 说成是"certainty principle（Many people believe that uncertainty principle has made everything uncertain. It has done the exact oppose. Without quantum mechanics and the related uncertainty principle there couldn't exist any atoms and there couldn't be any certainty in the behavior of matter whatever. So it is really the certainty principle)"。Feynman 在其量子力学讲义中提到[28]：不确定性原理保护了量子力学（Uncertainty principle "protects" quantum mechanics），似与 Bethe 的观点有相通之处。Wolfgang Pauli 认为 uncertainty principle 意味着以统计的因果律代替决定论的因果律（The simple idea of deterministic causality must, however, be abandoned and replaced by the idea of statistical causality. For some physicists…this has been a very strong argument for the existence of God and an indication of His presence in nature)[15]。在讨论用确定能量－动量的粒子研究基本粒子这样的短时间、小体积事件——这似乎和 uncertainty principle 的精神相违背时，Wilczek 的辩护非常有趣。Wilczek 写道[29]："认为在极短的时间、极小的体积内不会发生太多事情的观点看起来有点幼稚（…the expectation that nothing much can happen in a short time in a small volume comes to seem very naïve)。" 为什么呢？当然又乞灵于 uncertainty principle。不过，Wilczek 认为 $\Delta E \Delta t \sim \hbar/2$ 作为 $\Delta x \Delta p \sim \hbar/2$ 的补充是因为狭义相对论的要求（an addendum to Heisenberg's original uncertainty principle is required by the theory of relativity, which relates space to time and momentum to energy)。这个说法可能不确切。Heisenberg 是直接引用的与 $[x,p]=\mathrm{i}\hbar$ 相类比的关系式 $Et-tE=h/2\pi\mathrm{i}$ 和 $JW-WJ=h/2\pi\mathrm{i}$①(J 是作用量,W 是角变量),虽然这种类比在量子力学语境中可能是站不住脚的。Wilczek 接着发挥:"Combining the two principles, we discover that to take high-resolution, short snapshots, we must let momentum energy float"。在 Friedman-Kendall-Taylor 给质子内部照相的尝试中,他们要做的恰恰是测量能量和动量。Wilczek 接着写道:"But there is no contradiction. On the contrary, their technique is a wonderful example of Heisenberg's uncertainty principle cleverly harnessed to give certainty. The point is that to get a sharply resolved space-time image you can-and must-combine results from many collisions with different amounts of energy and momentum going into the proton. Then, in effect, image processing runs the uncertainty principle backwards. You orchestrate a carefully designed sampling of results at different energies and momenta to extract accurate positions and times. (For experts: you do Fourier transformation.)"这真是奇了,用不同动量-能量做多次散射实验,通过傅立叶分析图像处理从而提取精确的时间和位置信息,这怎么成了逆用 uncertainty principle。难道 uncertainty principle 不是关于单个事件成立的原理,而要在系综的概念上为其辩护?笔者不懂,留与读者讨论。

关于 uncertainty principle 的认识,Roger Penrose 在 *the Emperor's new mind* 一书中总结了三种观点[30]:(1) 测量的内禀误差。这是误导性的(An error intrinsic to measurement; misleading);(2) 粒子的内禀属性,粒子在量子层面上不可预测的。这种观点是错的(An intrisic property of particles, on the quantum level the particles are unpredictable; wrong);(3) 量子粒子是不可理喻的,位置和动量这样的经典概念不适用。这种观点未免太悲观(Quantum particles are ridiculous, classical concepts such as position and momentum are invalidated; pessimistic)。Pauli 有另一种说法[15],可看成是第四种说法,他认为因为有了 uncertainty 这样普适的原理,使用波和粒子的图像不再是冲突的了(This universal principle of indefinition or uncertainty enables us to understand that application of the wave and particle pictures can no longer

---

① 原文如此。Heisenberg 文章中的 W 指的是原子定态的相角。——笔者注

conflict with each other…)。Pauli 认为,通过观测原子目标获得的任何知识都是以其他知识之无法弥补的损失为代价的(Every gain in knowledge of atomic objects by observation has to be paid for by an irrevocable loss of some other knowledge)。但 Pauli 这样说的时候,可能没太细考虑他在说什么,他的下一句露了馅:the laws of nature prevent the observer from attaining a knowledge of the energy and momentum of an object, and at the same time of its localization in space and time. 如何 at the same time 获得 location in time? Time 的角色跟动量、能量和位置相比很特殊的呀,尴尬!

Uncertainty principle 提出至今已八十余年,它依然是个热闹的话题和研究课题。有研究分立矢量空间中 Heisenberg's Relations 的[31],有研究时间-温度之间不确定原理的[32],有探索利用量子增强型测量打破量子限制的[33],有基于纠缠态讨论非局域授时和定位问题的[34]。2010 年的一篇文章表明,uncertainty principle 和超距作用(spooky action at a distance)是不可分的[35]。这个超距是否就是坐标和时间耦合到一个方程里的数学形式上的限制而与物理无关呢?还有一类研究角动量测量中的 Heisenberg relation,文献很多。不过,笔者想提醒各位读者,应该看到,角动量之间的 Poisson 括号 $[J_\alpha, J_\beta] = \mathrm{i}\hbar\varepsilon_{\alpha\beta\gamma}J_\gamma$ 同位置-动量间的 Poisson 括号$[x_\alpha, p_\beta] = \mathrm{i}\hbar\delta_{\alpha\beta}$就完全不是一回事,具有不同的代数结构。类比式的研究难免带入数学错误,而这是我们实验物理学家时常会忽略的问题。

其实,这个世界上有各种各样的 uncertainty,有了耦合的一对变量因为相互作用(相互约束)而产生某种意义上的 uncertainty,应该是不言而喻的事情。不管是经典理论中,还是量子世界中,都有这样的问题。一些 uncertainty 背后可能有其独特的原因,不必从某个原理出发拼凑解释,而要等待对问题研究的工具的出现,理论的或者实验的——照相机的出现就结束了关于马儿如何奔跑的 uncertainty[36]。

因为关于 uncertainty principle 的讨论时常提到测量一词,在中国,uncertainty principle 甚至也被翻译成测不准原理,因此有必要说说测量。什么是测量(measurement),可不是个容易的问题,可能许多人当了一辈子实验物理学家不知道什么是测量,什么不是①。经典的测量,如温度的测量,已是非常吊诡,关于量子世界的测量更应该谨慎对待[37]。测量,总要求你最后能看(听)到点什么,这就要求测量的结果是广延量(酒精温度计的酒精高度)、数值,或者是颜色(也有将入射光子转换成毕毕剥剥声(bip)的。不过若进行处理,还是转化成一个时间序列)。一些物理量的测量,从待测事件到你看到的测量结果,中间经过十万八千道我们可能根本不懂的中间过程。能弄懂中微子探测器涉及的各种名词就足以唬人了,遑论其中涉及的复杂中间过程。关于 uncertainty principle,读者应注意到这样的事实:共轭的一对变量,并不都是可以测量的。

Uncertainty relation 本质上到底是在谈论什么事情?笔者以为,一句话,uncertainty relation 表明在耦合的关系里(in coupling)不可能让双方的"利益"同时最大化,这跟经典或者量子没关系。若是两个变量能耦合到一个方程里有了关联,则它们的行为就不再是独立的,而是 mutually exclusive。从经典扩散方程推导的 uncertainty relation 就说明了这一点。Pauli 为 uncertainty principle 作辩解时曾写道[14]:"…In order to measure exactly the position on one hand, and the momentum on the other hand, mutually exclusive experimental arrangements must be used, since every exact measurement of this sort involves an interaction between measuring apparatus and object measured, which is in part essentially undetermined and undeterminable."这里透露的"时空之间的 delimitation(设限)"不可避免地同不可确定的能量和动量转移相联系,应该也是这种思想的模糊表述。

本篇是关于 uncertainty principle 的一个简单的批评性的介绍。Uncertainty relation 被捧为量子力学的一个 principle(原理),并广泛地滥用和误用,实在是个有趣的科学现象,容专文论述。客观地说,有外行的因素,也有科学家自己的因素。外行本能地对真实科学采疏远的态度,而对于一些怪念

---

① 想起一个小故事:新疆军阀盛世才亲审丁慰慈,查问他贪污多少卢布。丁不堪拷打,于是自诬说5万。盛嫌少,继续毒打,卢布数由5万升到10万、20万、30万,盛还是不满意。丁索性自诬拿了100万,盛又嫌多,于是丁又从90万、80万、70万一路往下降。直到体无完肤时,丁说出50万,盛这才满意,说:"丁慰慈!你早说实话,不就少吃那么多苦头了吗?"有些所谓的物理测量,比如关于"引力质量与惯性质量"的测量,基本上也是这种德行,让人有"物理学家"拷打物理世界和仪器设备的嫌疑。——笔者注

头，如时空穿越，平行宇宙，量子泡沫等，则格外狂热①。关于科学家自身的因素，此处援引关洪先生的一句话——“……而且玻恩从来没有脱离物理学故弄玄虚地发表一些抽象议论，或者像玻尔和海森堡那样，试图构造什么新的哲学原理”[38,398]，或可作为比较中肯的评价。向 uncertainty principle 里灌入许多反常识、反科学的内容，或许来自对未来是不确定的的恐惧。不过，一切都敲定了的未来，还有意思吗？

后　记

关于 uncertainty principle 问题的考虑始于 1995 年，其间积累了不少资料。鉴于篇幅限制，这里只是一个粗略的介绍。我总以为，在科学概念的传播中，科学家对概念的字面意思与内在含义不能严肃认真地对待，是造成许多不必要误解的重要因素。而中文语境下的物理学，因为在未来相当长的时间内我们还将不得不面对物理学纯粹是自其他文化舶来品的现实，严肃认真地对待物理学文献中的字词怕是一种必须。近日看到一幅名为 *precision is not accuracy* 的漫画（图 10），正可以用来理解与 uncertainty principle 相关的一些现象，因为 precision 和 accuracy 是关于 uncertainty principle 讨论中常见的且被混为一谈的词汇。是呀，精度（precision）并不是准头（accuracy）。能以“凤凰夺窝”的方式射出几支箭，却未必有一支中的的。精确的、分布很尖锐的测量结果，可能远远偏离实际的待测量量（OPERA 2011 年曾信誓旦旦地宣称其中微子速度测量是多么地精确可信，2012 年 2 月底却解释是接口导致的60 ns 飞行时间超前量，不幸为这句话添了个绝佳的范例）。在文献中关于 uncertainty principle 的讨论，很少有人注意到这一点。指望所谓的机械、(光)电子的设备获得的结果，如单电子经过有两个狭缝的板在后面的显示屏上不断累积起来的明暗相间条纹（你要是愿意多等一会，衬度就消失了），能够解决量子力学的内在困难，无异于缘木求鱼。

图 10　漫画 *precision is not accuracy*（取自文献[40]）。

---

① 俺觉得，Fantasies，in particular those very nonsensical ones，propagate faster and easier than true science.——笔者注

补缀

1. 关于 EPR paradox 有那么一句："Heisenberg's principle was an attempt to provide a classical explanation of a quantum effect we call non-locality（海森堡的原理是试图为我们称为非局域性的量子效应提供一个经典的解释）。"如何做到这一点？两种语言的交叠，自然会产生 paradox！
2. 见到一张德国 2001 年的 Heisenberg 纪念邮票（附图 1），其上写着 Heisenbergsche Unschärferelation。Scharf，即英文的 sharp，（刀）锋利、（谱线）明锐的意思，则 Unschärferelation 字面意思是（测量分布）不明锐关系。还记得 Heisenberg 关于矩阵力学的第一篇文章，就是构造电子没有清晰轨道的量子理论（quantum theory without *sharp* electron orbits）。

附图 1

3. 我常常想，Heisenberg 写论文时，到底是否知道 Ungenauigkeit，Unsicherheit，Unbestimmkeit 之间的关系？用显微镜的图像来论证 uncertainty principle 是支持他还是嘲讽他当年因为说不清楚 microscope 工作原理而差点没拿到博士学位？
4. Looking at the canonical Hamiltonian equation

$$\frac{\partial q}{\partial t}=\frac{\partial H}{\partial p}$$

$$\frac{\partial p}{\partial t}=-\frac{\partial H}{\partial q}$$

it strikes me the idea that the fundamental for the uncertainty principle, i. e. , $[q,p]=\frac{\partial H}{\partial q}\frac{\partial H}{\partial p}-\frac{\partial H}{\partial p}\frac{\partial H}{\partial q}\neq 0$, tells us that the uncertainty principle may imply a nontrivial structure of the phase space, and this form of the equation also indicates that there is no uncertainty for energy and time, or more precisely, for Hamiltonian and time. There is never a $[H, t]$ parallel to $[q, p]$.

5. 量子力学之Copenhagen诠释的风行，固然为Copenhagen派成员当时的强势所致，但后世学习者不动脑子可能也要负很大一部分责任。
6. 压缩相干态是使得uncertainty principle饱和的量子态。
7. W. Pauli曾写道："What has impressed me most in the development which in 1927 eventually led to the the establishment of present wave mechanics is the fact that real pairs of opposites, like particle versus wave, or position versus momentum, or energy versus time, exists in physics, the contrast of which can only be overcome in a symmetrical way. This means that one member of the pair is never eliminated in favor of the other, but both are taken over into a new kind of physical law which expresses properly the complementary character of the contrast" (Pauli W. Writings on Physics and Philosophy[M]. Springer-Verlag, 1994). 确实如此。在物理学中我们为变量对选择的是 $r\times p$, SdT, $[x, p]$ 等形式，都不过是乘法而已。

参考文献

[1] Heisenberg W. Zeitschrift für Physik, 1927, 43: 172.
[2] Max Jammer. The philosophy of quantum mechanics[M]. John Wiley & Sons, 1974.
[3] Neuser W, Oettingen K Neuser-von. Quantenphilosophie (Spektrum der Wissenschaften)[M]. Springer, 1996: 168-175.
[4] Heisenberg W. The Physical Principles of the Quantum Theory [M]. Translated by Eckart C, Hoyt F C. Dover Publications, 1930.
[5] Robertson H P. Physical Review, 1929, 34: 163-164.
[6] 刘家福，张昌芳，曹则贤. 一维无限深势阱中粒子的位置-动量不确定关系：基于计算的讨论[J]. 物理，2010, 38(7): 491-494.
[7] Fujii R, Fujino T, Inaba T, et al. Chemical Physics Letters, 2004, 384 (1-3): 9.
[8] Mandelstam L, Ig. Tamm. J. Phys. (USSR), 1945, 9: 249.

[9] Home D. Conceptual Foundations of Quantum Physics: An Overview from Modern Perspetives[M]. Plenum Press, 1997.

[10] Ta-You Wu. Quantum Mechanics[M]. World Scientific, 1986.

[11] Cohen-Tannoudji C, Diu B, Laloe F. Quantum Mechanics[M]. Wiley-Interscience, 2006.

[12] Sakurai J J. Modern Quantum Mechanics[M]. Addison Wesley, 1993.

[13] Wigner E. Obituary of Polanyi[J]. Obit. Not. Fell. Roy. Soc., 1977,23:413.

[14] Polanyi M, Wigner E. Zeitschrift für Physik, 1925,33:429.

[15] Pauli W. Writings on Physics and Philosophy[M]. Springer-Verlag, 1994.

[16] George Johnson. Strange Beauty[M]. Vintage Books, 1999:84.

[17] Schrödinger E. Über Indeterminismus in Der Physik: Ist Die Naturwissenschaft Milieubedingt[M]. Leipzig, 1932.

[18] David Lindley. Uncertainty: Einstein, Heisenberg, Bohr and the Struggle for the Soul of Science[M]. Ankor Books, 2007.

[19] Uhlenbeck G E. Statistical Mechanics and Quantum Mechanics[J]. Nature, 1971,232:449.

[20] Karl Popper. Unended Quest: An Intellectual Autobiography[M]. Routledge, 2002.

[21] Lighthill J. The Recently Recognized Failure of Predictability in Newtonian Dynamics[J]. Proc. R. Soc. Lond., 1986, A407:35-50. (道歉内容原文照录如下: Here I have to pause and speak once again on the behalf of the broad global fraternity of practitioners of mechanics. We are deeply conscious today that the enthusiasm of the forebears for the marvelous achievements of Newtonian mechanics led them to make generalizations in this area of predictability which, indeed, we may have generally tended to believe before 1960, but which we now recognize to be false. We collectively whish to apologize for having mislead the general educated

public by spreading ideas about the determinism of systems satisfying Newton's laws of motion that, after 1960, were to be proved incorrect.)

[22] John David Jackson. Classical Electrodynamics[M]. 3rd ed. John Wiley & Sons, 1999:624.

[23] Lemaître G. Nature,1931,127: 706.

[24] Cao T Y. Conceptual Foundations of Quantum Field Theory[M]. Cambridge University Press, 2004.

[25] Solymar L, Walsh D. Electrical Properties of Materials[M]. 8th ed. Oxford Science Publications,2009.

[26] Schrödinger E. 'Nature and the Greeks' and 'Science and Humanism'[M]. Cambridge University Press, 1996.

[27] 李政道.对称与不对称[M].北京:清华大学出版社,2000.

[28] Feynman R. The Feynman Lectures on Physics [M]. Addison Wesley, 1989.

[29] Frank Wilczek. The Lightness of Being [M]. Basic Books, 2008:46.

[30] Penrose R. The Emperor's New Mind: Concerning Computers, Minds, and the Laws of Physics [M]. Oxford University Press, 2002.

[31] Carbó-Dorca R. Heisenberg's Relations in Discrete N-Dimensional Parameterized Metric Vector Spaces[J]. Journal of Mathematical Chemistry 2004,36:41-54.

[32] Gillies G T, Allison S W. Experimental Test of a Time-Temperature Formulation of the Uncertainty Principle Via Nanoparticle Fluorescence [J]. Foundations of Physics Letters, 2005,18: 65.

[33] Giovannetti V, Lloyd S, Maccone L. Quantum-Enhanced Measurements: Beating the Standard Quantum Limit[J]. Science, 2004,306:1330-1336.

[34] Shih Y. Beyond the Heisenberg Uncertainty[J]. J. modern Optics, 2004,51:2369.
[35] Oppenheim J, Wehner S. The Uncertainty Principle Determines the Nonlocality of Quantum Mechanics[J]. Science,2010,330:1072.
[36] Schlain L. Art & physics[M]. William Morrow, 2007.
[37] Aharonov Y, Rohrlich D. Quantum Paradox[M]. Wiley-VCH, 2005.
[38] 关洪. 测不准关系的意义:上[J]. 大学物理,1983(9):6-9.
[39] 关洪,范瑞方. 测不准关系的意义:下[J]. 大学物理, 1983(10):1-3.
[40] Rothman T, Sudarshan G. Doubt and Certainty [M]. Helix Books,1998:39.

之四十五

此同时非彼同时

海上生明月，天涯共此时。

——[唐] 张九龄《望月怀远》

刚才最后一响，是北京时间二十点整。

——上世纪中央人民广播电台报时

……革命的教职员工们，我们应该认清爱因斯坦相对论的反动本质……

——刘慈欣《三体》

摘要 At the same time，meantime（meanwhile），coeval，contemporaneous，contemporary，isochronal，synchronic，synchronous，synchronistic，simultaneous 等都有同时(刻、段、代)的意思，但此同时非彼同时，不可以总按照中文的同时来理解。同时性简直是物理学最深刻的概念——放弃 simultaneity 的绝对性是狭义相对论的关键，量子力学在随意地谈论同时测量的问题，而统计物理中的系综(ensemble)概念也和 simultaneity 有关。这些词之间的差别是微妙的，容不得任何含糊。

谈论同时性是个非常麻烦的事情，因为按照常识这应该以我们知道什么是时间为前提。但不幸的是，虽然讨论时间本性的文献汗牛充栋，时间也几乎出现在每一本物理学书中，但时间是什么依然是一个难以回答的问题。笔者自然也不知道时间是什么，这一点笔者曾坦白过[1,2]。笔者愿借机重复一遍此前文章中的观点:物理学的大统一理论,至少应该表现为时间观念包括时间标度的统一[2]。而此一目标当前还没有实现,没从这个方向上着手可能是原因之一。

时间是物理学最基础的概念。空间和时间是表述自然规律所用之语言的“词汇(words)”,其唯一目的就是为了方便对自然规律的表述[3]。提及时间,一个也许容易忽略的地方是忘记强调在讨论的是时刻(moment)还是时段(interval),而这一点未必不具有重要性。若将时间看作一个用实数表达的量,则有时刻的说法(the point in time, die Zeitpunkt),对应的是实数轴上的一个点,这是一个数学上零维的存在。其起始点引起了哲学家和宇宙学家的极大兴趣。如若谈论的是 time interval,英文的 minute 和 second(与 sequence 同源)都暗示了这一点,则其对应的是实数轴上的一段,是一个有量纲的物理量。注意,dimension(汉译量纲、维度、规格等)这个词和 time(注意 dimension 的前部)根本上就是一个字[4]。在阅读汉语科技文献时能记起维度和量纲与时间是同源字,或许有助于对因翻译造成的错误与疏漏的避免。

英文中谈论时间,用到的词有 time,tempus,chrony 等。英语的时间单位小时,hour,来自希腊语的 time,ώρα,如ώρες αιχμής,就是 rush hour(高峰时间)。Time 的希腊语对应还有 χρήση(chrisi)。Era,我们习惯上把它翻译成时代,其对应的希腊语为 χρόνια(chronia),这个词根出现在许多英文词中,如 synchrotron radiation(同步辐射),chronic pain(慢性疼痛),chronicle(编年史)等。拉丁语的时间为 tempus,可见于著名的拉丁谚语 tempus fugit,即 time flies(时光飞逝)。英语中源于 tempus 带时间意义的词如 temporary,temporal 为形容词,暂时、短时刻的意思。在英语中出现的 tempo 是 tempus 的意大利语形式,转义为节奏,节拍,如 the tempo of modern life(现代生活的节奏),in tempo(合拍),等。

谈论同时是再自然不过的事情了。英文最常见的说法有 at the same time。不过这有点模糊,因为我们未指明到底是时刻意义上的相等还是时段意义上的相等,用数学表示,前者为 $t \approx t'$,后者为 $[t, t+\Delta t] \sim [t', t'+\Delta t']$。我们注意到在日常生活中,我们用“同时”这个词时更多地是指后者那种情景。如果表述为 at around the same time,对时间“相同”的意义显然放宽了一点。Meantime,现在也写成 meanwhile,在一些字典里被解释为 at the same time,但更多地是 in or during the intervening time(其间)的意思。这是因为 mean

的这个意思来自法语的 median，moyen，就是中间的意思①。有趣的是，at the same time 的法语表述为 en même temps，可是明显给时间加了复数形式的。其根源可能还在拉丁语，拉丁语用 tempus 的复数形式表示时代，如名句 Tempora nostra nunc sunt mala（我们的时代如今病了）。而德语同时的说法是 gleichzeitlich，gleich 是相等的意思，这使得用德语讨论相对论同时性（Simultanität，Gleichzeitlichkeit）问题时与中文的同时性有些不同；此外德语的 gleich 本身也可以表达时间，如 ich komme gleich（我马上到）。对于一些同时出现（to appear at the same time）的如科学上的发现或文学艺术上的成就，我们习惯上称之为时代的精神，但用 the spirit of the times 显得啰嗦，也没有文化，英文文献中仍用德语词 die Zeitgeist[5]。

意义更大的表示同时的词有 coeval，contemporary 和 contemporaneous，这里的前缀 co（con）来自拉丁语 cum（相当于英文的 with），与、和的意思。Coeval = cum + aevum（age），同时代的、同时期的（人与事）的意思，一定程度上和 contemporary 同。如下一句中“Yet land and sea are contemporaneous and complementary in some traditions…So too in Chinese myth are land and sea coeval aspects of a primal being…”，这句要说的意思是：在许多传说中，一般地都认为大地是从大海里升起来的，但是大地和海洋是同时期存在的（contemporaneous）、互补的……在中国神话中大地和海洋是原初同时存在的（coeval）不同侧面[6]。个人以为 contemporaneous（coeval）是比 contemporary 更大时间尺度上的同时。如下句“It（a meteorite impact）is not associated with any noticeable contemporaneous major distinction（它（陨星碰撞）并没有与任何同时期明显的生物大灭绝相联系）”。这里的同时期是地质学年代意义上的同时期。而 contemporary 的同时期，是和人的寿命可比拟的同时期，二十年左右的多不过百年而已，如“The claim is made by many contemporary physicists that the time change is not a scale change-that it is a real，physical change（许多（和我们）同时代的物理学家宣称（狭义相对论带来的）时间变化不是尺度变化而是真实的、物理的变化）[3]”，“The original text（*Protogaea*）would have been readily comprehensible to his（Leibnitz's）contemporaries（《原初大地》一书的文本对他（莱布尼兹）的同时代人来说是易懂的）”以及

① Mean 在英语中的几个意思的来源不同。在 meantime 和 mean value（平均值）中的 mean，意思是一致的。——笔者注

“Leibnitz was well ahead of most of his contemporaries(莱布尼兹远远走在他的大多数同时代人的前面)”。Contemporary 还可以理解为与时代同步的，如 His humor was literate, urbane, intelligent, and contemporary (他的幽默文雅、睿智、紧扣时代脉搏)。显然，contemporary 中的 temp (time)指的是一个时间间隔，它肯定不是严格的在同一时间点上。当然，有人偶尔也会把 contemporary 理解成某个时间点上的同时性，如在其《相对论原理》一书中，Whitehead 指出关于 potentiality and actuality(潜在可能性与现实性)的误解是因为忽视了如下的原理所造成的：单就物理关系来说，同时事件(contemporary events) 以相互间不存在因果关系的方式发生[7]。

图 1 海上生明月，天涯共此时。

我们注意到，在一般的文化语境中，关于同时性的概念并不严格，因为之前的时代我们关于时间就不是严格的。近代以前的同时性，大概都可以按照唐诗“天涯共此时”的标准来理解(图 1)。对同时性概念变得挑剔，是在对时间把握精度提高了才有需求和变得可能的。也就是说，关于时间和同时性是一个越来越精确、越来越挑剔的过程。对时间和同时性要求的提高，是为了应对更高特征速度下的物理现象，包括社会现象，因为在给定的空间距离上对应的时间间隔更短了。村后小河边半夏、夜来香加莱菔子式①的约会，比开车打手机者的会议对同时性的要求要宽松得多。速度越快的世界，对同时性的考察就越苛刻，直到狭义相对论涉及了时空连接问题，对同时性的理解就成了最根本的问题。这强化了笔者的一个认识，就是时间相对于速度来说是第二位的②。2011～2012 之间闹腾的中微子超光速测量，问题不在于哪个实验环节造成的错误，而是对于光速附近的速度，就不是 $\Delta x/\Delta t$。相对论中的同时性为 simultaneity，涉及钟表的校准方案 (coordination scheme)问题，因此在讨论 simultaneity 之前，应该深入讨论 synchrony，synchronization 等词的含义。

---

① 莱菔子就是萝卜子。半夏 + 夜来香 + 莱菔子，其藏头与“半夜来”谐音。参见电影《黑三角》。——笔者注

② 纯属个人浅见，没有争论的必要。——笔者注

Synchrony 等词的一般性意义

Synchrony 即希腊语的 together + time 的直接拉丁化。如同汉语的同时一样，这些早就根植于日常生活的词汇其意思是多方面的。其一是长时期的同步(调)，比如“…Levels of greenhouse gases in atmosphere…have risen and fallen in near-perfect synchrony with temperature changes (大气中温室气体含量的起伏同温度变化几乎完美地长时期同步(调))”[8]。这个涉及气象概念的 in synchrony 显然是长时期内的同调。Synchrony 当然也可以是短时期的同调，这时的同时性就显得严格点，如“Many biological system-from cells to tissues to whole organisms-exhibit rhythmic or oscillatory behavior. And those oscillations can synchronize. Fireflies can flash in unison, and neurons and heart cells operate in synchrony (萤火虫可以群飞，而神经元和心脏细胞可以同步运行)”，这里的 in synchrony 肯定是短时刻的。当我们说两个钟表 Two hands clicked in synchrony (指针同步地滴答)，这是时间在时刻意义上的严格同步，因为这个同步是计时方式显示的同步，是相对论意义同时性在钟表上的表现。当人们谈论“Design a philosophy that would be in synchrony with the art and physics of the age[5]”，哲学与同时代的艺术和物理学当然不能象钟表指针那样同时，in synchrony 在这里只能是大面上的相契合而已。有人更愿意把 in synchrony 翻译成同步。把同时说成是同步有物理上的必然，因为时间是以对事件的计数为基础的。同时性还有一个名词形式为 synchroneity，在两人绑腿跑步的游戏中，synchroneity 是实实在在的同步。艺术家同观众间笼统的节奏上的合拍也称为 synchroneity。由动词 synchronize 而来的名词 synchronization 当然与 synchrony 意义有些不同(详见下文)，在一般用语中 in synchronization 就是同步、同调、相协调的意思。不过 synchronization 太长了，可简写，故有 in sync (in synch，协调) 和 out of sync(out of sync，不协调)的说法。

与 synchrony 同源且意思几乎相同的另一个名词是 synchronicity。虽然 synchronicity 也被翻译成同时性，但我们不可想当然地简单理解它。Synchronicity 是瑞士心理学家荣格(Carl Gustav Jung①) 率先引入的概念，它指的是关于两个或多个事件的体验，这些事件看起来因果上没有关系或不可能

① 正确的音译应该是庸。这是用英语对付一切的翻译方式的产物。——笔者注

碰巧同时发生，但却又被观察到同时发生了（Synchronicity is the experience of two or more events, that are apparently causally unrelated or unlikely to occur together by chance, that are observed to occur together in a meaningful manner）。但似乎 synchronicity 确实又除了时间上的相同以外还有其他内容上的相同，让我摘录 Dan Brown 的小说 *The lost symbol* 中的一段："在每个文化、每个时代、世界的每一个角落①，人们的梦想都痴迷于一个概念，就是将人类的思维转化为他们的真正行为能力。如何解释这样的信仰的 synchronicity?"[9] 这里的 synchronicity 有比同时性更多的内容，比如某种意义上的"同质性"。

荣格宣扬同时性(synchronicity)，认为其是量子力学互补性原理之于人类经验的必然结果。荣格拒绝接受因果性。他认为所有的人类的事件都是在我们所不知情的平面上交织在一起的，因此除了平淡无味的因果性以外，人类的事件在更高的维度上由意义联系在一起。同时性和互补性原理，既是将物理和心理联系在一起的桥梁，也同样将艺术和物理联系起来[5]。

Synchrony 对应的形容词为 synchronous，也有用动词完成式 synchronized 的。所谓的花样游泳（synchronized swimming，图 2），双人跳水(synchronized diving)，因为动作是靠音乐协调的(coordinated by music)，用动词完成式比较更合适。但也可以用 synchronous，比如 synchronous diving。虽然英文少用 synchronous swimming 而偏爱用 synchronized swimming，但俄语 синхронное плавани 却是形容词形式的说法。花样游泳和双人跳水，虽然强调的是动作在时间上的同时性，但是对 synchroneity 的判断，比如在事后根据录

图 2 花样游泳（synchronized swimming）。

① 此乃谈论人类社会问题的恰当的三参数空间，不知社会学者们注意到了没有。——笔者注

像评分的时候，依据的却是空间上的一致性！关于同时性的这个特性，或许有助于我们理解时间的本性以及消解芝诺的“飞矢不动”[①]的悖论。Synchronous 有些时候其同时性的色彩可能已经淡化了，只是强调某种协调而已，如“Somebody's words are synchronous with his images（语言与形象相一致）”。

Synchrony 的形容词形式还有 synchronal，synchronic，synchronistic 等。Synchronal 与 synchronous 同；synchronic 除了与 synchronous 用法相同外，它还特指语言、风俗等研究方面只取一时之形态而不考察其历史联系的研究方法，其对立面为 diachronic[②]，即一种用历史（历时）的眼光看问题的方法。国内有人把 synchronic linguistics 和 diachronistic linguistics 分别译成共时语言学和用时语言学，从中还真看不出专业语言研究者的专业、语言或者研究的水平。关于教学，自然也有 synchronic teaching 和 diachronic teaching 的区别。愚以为，如着眼于培养能做物理研究的物理学家，则物理学的教育应该是 diachronic 的，笔者曾开设的《经典力学：从思想起源到现代进展》或许可算是对这一思想的膜拜。Synchronistic 很少用，笔者以为这是比较文绉绉的、与 synchronicity 对应的形容词。物理学上有泡利效应的说法——据信泡利这位不做实验也不太瞧得起实验物理学家的家伙只要是参观某个实验室，该实验室的设备一定会坏掉。泡利现象可以理解为 synchronistic 现象（It is quite legitimate to understand the “Pauli effect” as a synchronistic phenomenon），这里强调的是泡利的到访或者对实验的态度同实验设备的坏掉没有因果关系。不过，以笔者的经验，我倒觉得这两者之间是有关联的：相当多的实验是经不住任何挑剔的（比如中微子超光速测量、低温核聚变实验等），更别说泡利这号人的挑剔了，一个避免尴尬的解释大概就是实验设备不 work 了。

还有一个与同时有关的形容词是 isochronal (equal + time)，等时，是指时间段的相等，如对半导体材料的 isochronal annealing，就是指在不同温度下保持同样时间间隔的退火方式。对两个可作为时钟的体系，如单摆，以其他时标为基准协调（synchronization）其振荡行为，可分为延迟校准、前期校准（anticipatory synchronization）和 isochronal synchronization，这里的

---

① 用连续曝光的形式获得同一物体的一组不同位置或不同构型的照片。此同一张照片上的图像当然是静止的，但它却在诉说着关于时间的定义。——笔者注

② Diachronic，贯时？历时？其译法待议。——笔者注

isochronal 就是零延迟(zero-lag)的意思[10]。

提及“同时发生”的事情,当这个“同时”用得比较含糊的时候,它可能就是关于因果性的描述,这一点在物理学文献中也常见,如“synthronously with the application of the voltage and with the starting of the avalanche, the gas mixture is expanded adiabatically by (15~20)% so that the vapor becomes supersaturated (在施加电压、引发雪崩的同时,气体体积绝热地膨胀(15~20)%,从而使得蒸汽变得过饱和)”[11]。

动词 synchronize 强调的是保持同步、同时的动作,因此用处颇多。图 3 中的两位滑雪者一直在动态地协调各自的动作动态(synchronize),追求在身后划出周期性的、镜面对称的轨迹。源于 synchrony, synchronize 的一个非常重要的物理概念和物理大设备是 synchrotron,汉译同步加速器①。同步加速器是回旋加速器(cyclotron)的改进型,其导引磁场是随时间变化的,与粒子束不断增加的动能相 synchronized (being synchronized to a particle beam of increasing kinetic energy),故由此得名。根据电动力学,一个遭遇加速度的带电粒子会产生电磁辐射,辐射光在与粒子运动轨迹相切的方向上的一个锥角内,此为 synchrotron radiation (同步辐射,图 4)。同步辐射只是同步加速器中加速带电粒子的伴随现象,它本身不涉及 synchronization 的内容,切勿望文生义。

图 3 两位滑雪者动态地协调各自的动作,以划出周期性的、镜面对称的轨迹。

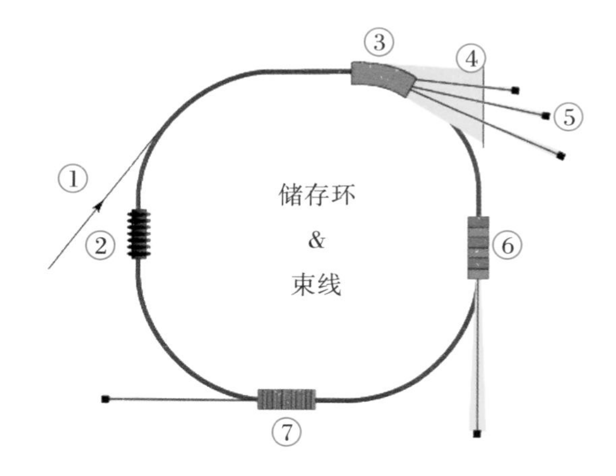

图 4 同步辐射原理示意图。储存环中的电子在加速过程中不断在束线的切线方向上的一定空间角内辐射出不同能量的光。

① 我国已先后在北京、合肥和上海建设了同步辐射光源。——笔者注

计时器是依据一个器件的某种行为来标定时间的，如日晷或者钟表指针指向一个我们标定的数值。然而不同的钟表，在日晷的指针刚指向某个特定的标记（比如卯时）时，却可能各自指向不同的时刻，也许是 5：57，也许是 6：04。因此钟表是需要校准的（The watches should be synchronized），校准也用 coordinate 的说法。任何人只要注意到手表都有校准旋钮（adjusting mechanism）（图 5），就能明白这同时性是个问题，但把同时性引向物理深处是庞加莱和爱因斯坦这样的大科学家不同于一般意义上的物理学家的地方。钟表如何校准（synchronize）的问题，涉及相对论意义上的同时性（simultaneity），这带来了一场物理学的彻底变革。

图 5　手表都有一个用来对表的旋钮，提醒我们同时性不是一个简单的问题。

Simultaneity 与狭义相对论

相对论中的同时性，英文为 synchrony 和 simultaneity，后者较常见。Simultaneity，形容词形式为 simultaneous，来自拉丁语 simultas，本意有 competition（竞争），rivalry（对手）的意思，指 together 或者 at the same time 的存在或者出现，有那种"既生瑜何生亮"的情意结。Simultaneous 不能简单地翻译成同时，如 simultaneous equations 就被译成"联立方程组"，表示变量既要满足这个方程，又要满足那个方程。在量子力学中所谓不可对易变量不能被 simultaneously 精确测量，就是强调这种竞争的关系。常见的"在同一个态上不可能既有精确的坐标又有精确的动量"就是这个意思，与测量的时间上安排无关。对于一对对易的算符，哪怕今年测量算符 $\hat{A}$ 的分布，明年测量算符 $\hat{B}$ 的分布，它们依然具有 simultaneous eigenstate，是可以被 simultaneously 精确测定的。

Simultaneous 用作竞争性的案例随处可见，如"The trouble encountered with the appearance of two simultaneous theories, rather than one at a time, is that each requires an incorporation of the other for its completion（同时而

不是分别遭遇两种竞争性理论(指相对论和量子论)带来的麻烦是,每一方都要求另一方的融入来达成自身的完备)[3]"。但是,这里所谓的竞争,不是"三士争二桃"式的竞争,而是指相对论和量子论都是完备物理学所需的侧面,但却不融洽,存在互不兼容的地方。有时,simultaneously 就是 "既是……也是……"的意思,如"This is simultaneously an indispensable book for the specialist, and a wonderful 'read' for anyone (这既是一本专家们不可错过的书,也是任何人都可阅读的美妙作品)"。在 "if some groups are simultaneously a manifold"和"G is at the same time a differential manifold"两句中,这里的 simultaneously, at the same time 字面上都是同时,在一些中文文献中也是这样翻译的,但它们强调的不是同时刻,而是"一些群既是群,也是(微分)流形"的事实。

有时,simultaneously 也强调某种排斥性的意思。在 *why beauty is truth*[12]一书中,作者举个例子讲述规范对称性,或曰局域对称性,说:有个国家,叫 duplicatia, 货币为 Pfunnig (仿德国的 Pfennig),两个 Pfunnig 兑换一美元;另有个国家,叫 triplicatia, 货币为 Boodle,三个 Boodle 兑换一美元;有个国家,叫 quintuplicatia①, 顾名思义,当然是五个当地货币兑换一美元。所有这些对称操作(兑换)可以 simultaneously 被采用,但只在各自对应的国家内进行(All these symmetry operations (commercial transaction) can be applied simultaneously, but each is valid only in the corresponding country)。显然,这里的 applied simultaneously 指的各种货币"都"可以用,且只能在自己的国家用,不是强调使用的时刻。这是我见过的关于规范变化的最简单又贴切的比喻。

在一般当作同时理解的用途中,simultaneous 代表的同时也似乎不那么严格,可以是时断时续的,也可是同处于一大段时间内的意思。如"My mind can run on two simultaneous tracks(我的思维可以同时在两股(竞争性的)道上运行)[13]","to play several chess games simultaneously (一对多的象棋赛)",都是在一个时间段内交叉进行的。而在 "Simultaneously with them, quaternions were discovered, and then other 'hypercomplex systems' (与此同时,四元数被发现,接着是别的超复杂数系)[14]"一句中,这个 simultaneously 所指代的同时则相当模糊。

---

① Duplicatia, triplicatia, quintuplicatia 说不上是哪种语言,但它们是二倍、三倍和五倍的意思却是很明显的。——笔者注

但是,物理意义上的simultaneity,即两个事件的发生在某个计时器件上对应相同的读数,$t_A = t_B$,随着节奏的加快变得越来越严格了。重复强调这一点有助于对相对论产生的历史必然性的理解。“月上柳梢头,人约黄昏后”和“待月西厢下”之类的活动,同时性是依照个人步行速度为特征的时间估算,两人到达约会地点相差半小时应该不算过分。中国古代协调同时性用的是晨钟暮鼓,其特征速度为声速。由于声音传播的范围不远,在其工作范围内这实际上构成了很好的同时性协调。但这依然是农业社会的时间协调,是没有数字上的比较的。等到西方出现了钟表和火车,以及战争中的人员、物资派遣进一步提高了对同时性的要求,同时性就变成了需要严肃对待的问题。正好在这个时刻(十九世纪末),电报被发明了,于是电报就被用来协调各火车站的钟表①以及帮助建立时区。如今,利用光速的导航设备要达到厘米的精度,对时间同时性要求则达到10^{-10} s或者更高,这些需要依靠激光和电子学技术提供更快速计数才变得可能。扯远了。

相对论的发展与铁路和电报有关。铁路职工在某个时间点(他自己的时钟测量到的local time)收到了两个地点发来的火车已经发车的电报,他就得出结论两列列车同时发车了。他们是同时发车的吗？你可能有这样的疑问,因为你知道电报因为距离的不同有不同的延迟。今天的你,看到有几位朋友在你手机显示的同一时刻(local time,本机时间)发来生日祝福,你可以说他们是同时发来了祝福。但你也可能非常含糊到底这些祝福是否是同时的,因为你和朋友们间的信号路径连直线都不是,而且不知道在哪些中继站被缓存了多长时间。但是,你关于它们是否是同时发出来的怀疑是基于一个别的钟表,基于你自己的local time的同性性判断则是确切无疑的。同时性(simultaneity)就是以参考点的local time为依据的,只能依赖自己的钟,因为这是你唯一拥有的可靠依据②。这一点是我们学习狭义相对论时先要接受的观念。

Simultaneity是狭义相对论的关键概念。那么同时性是如何变成了相对论的理论与实践都要围绕之进行的关键(how simultaneity became the hinge around which the theory and practice of relativity came to turn)的？这是通

---

① 早年的钟表,其精度之差,据说巴黎的火车站和市政厅的时间都是不同的。——笔者注

② 你只要看看钟表的结构,你就不敢相信任何钟表以及建立在钟表上的时间概念。真正时间是绝不可能由钟表来揭示的(True time would be never revealed by mere clocks)。——笔者注

过钟表的 synchronization 得以实现和体会到的。时间只能是局域的，我们只能指望手中的表告诉我们此处的时间。设在 A 点，有钟表 A 按其特有的方式给出时间 t_A。如果自 A 点向某方向上的 B 点发射信号，发出时间 t_A 和接收到反射信号时间 t'_A 之差 $t'_A - t_A$ 恒定，则 B 是相对于 A 静止的。在很多关于相对论的书上，所谓的时钟校准方案是这样的：若有 $t'_A - t_B = t_B - t_A$，其中 t_B 为信号被反射时钟表 B 给出的时间，则两个钟表被 synchronize，给出同样的时间。笔者以为，这样的钟表校准方案没能构成一个完整的操作方案。实际的钟表校准，应该是自一个标准钟去调整所有其他的钟，校表的动作应该发生在各个钟表 B 的所在地，且钟表 B 的读数不应该参与此过程（它是需要校准的）。笔者建议如下时钟校准方案①：钟表 A 向钟表 B 发射一个信号，告知钟表 B 此时刻（钟表 A 的读数）为 T_0；待信号从钟表 B 反射回来的时刻，再向钟表 B 发射一个信号，告知钟表 B 此时时刻（钟表 A 的读数）为 $T_0 + \Delta T$。钟表 B 在接收到第二个信号的时刻将自己的指针调到 $T_0 + 1.5\Delta T$。校准过程完毕（图 6）。

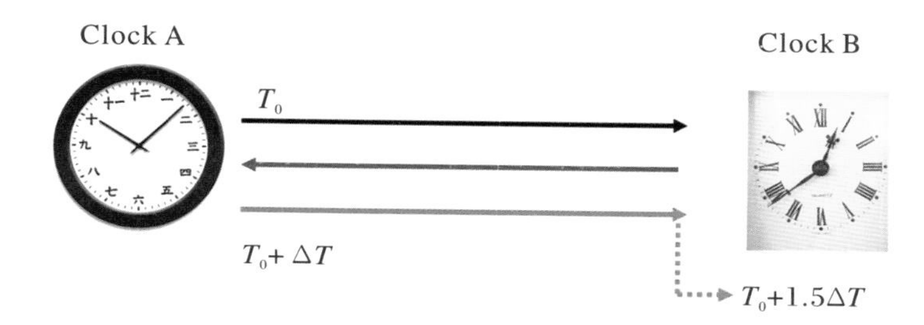

图 6　我的钟表校准方案。钟表 A 向钟表 B 发射一个信号，告知钟表 B 此时刻（钟表 A 的读数）为 T_0；待信号从钟表 B 反射回来的时刻，再向钟表 B 发射一个信号，告知钟表 B 此时时刻（钟表 A 的读数）为 $T_0 + \Delta T$。钟表 B 在接收到第二个信号的时刻将自己的指针调到 $T_0 + 1.5\Delta T$。校准过程完毕。

---

① My clock coordination scheme can be stated as follows: Clock A sends at the moment T_0 (its own reading) a signal to clock B, telling the latter that the moment is T_0, and at the moment of receiving the reflected signal from clock B it sends the second signal to tell the latter that the current moment is $T_0 + \Delta T$. At the moment of receiving the second signal, the clock B is adjusted to the reading of $T_0 + 1.5\Delta T$. Over. The advantages of this schemes include, besides "no privileged 'master clock', and an ambiguous definition of simultaneity" as Einstein may have put it, also the dispensability of knowing the distance between AB or the speed of the signal. 如有读者朋友在文献中见到这样的方案，盼告知。——笔者注

这个校准方案的好处除了“no privileged ‘master clock’, and an ambiguous definition of simultaneity”以外，重要的是无需知道 A,B 两者之间的距离和信号的传播速度，也不需要钟表 B 此前的任何读数。

爱因斯坦与庞加莱

同时性的问题，其重要性超越相对论，它是理解时间这个概念的重要基础，正如爱因斯坦所说：“我们必须计及我们关于时间在其中扮演角色的判断总是关于同时性事件的判断(we have to take into account that all our judgments in which time plays a role are always judgments of simultaneous events[15])”。虽然爱因斯坦也必须从头考虑同时性问题，但他绝不是第一个。狭义相对论的核心描述，那个所谓的 Lorenz 变换，是法国人 Voigt 首先给出的。但爱因斯坦最先放弃了同时性的绝对性，在放弃同时性的绝对性的同时，又要求光速的不变性。1905 年，爱因斯坦在写作他的论文时，据他自己说并不知道 Michelson 的实验。看来，爱因斯坦缺少光速不变的证据，光速不变可看作他的一个信念。

关于爱因斯坦，文献给人们传递的形象是一个对自己所处世界浑然不知的 other-worldly thinker (天外来的思想者)。实际上，随着交通(铁路)和通讯(电报)技术使得联系到达了更旷远的空间，钟表校对(clock-synchronization)就成了各国竞相研究的问题，而在伯尔尼专利局工作的专利审查员爱因斯坦先生没少审查这类的专利。从时代的政治经济学得到关于同时性暗示的并非爱因斯坦一人 (it was not only Einstein who took his cues about simultaneity from the political economy of time)[15]。庞加莱，法国著名的数学家、物理学家和哲学家，出身工程学校(Ecole Polytechnique)，在长度局(Bureau des Longitudes)扮演着重要角色。那时的法国和美国、英国正在竞争设立计时网点，使用电报协调不同地点的时间，这当然也需要依赖电报来建立同时性。在从事这些事业时，地图成了他分析方式中的中心。这也再次向我们表明，时空是关联的。把对时代技术的参与同其哲学事业和物理学相结合(merged his deep involvement with the technology of time with his philosophical commitments and his physics)，爱因斯坦和庞加莱都是其中的翘楚，这也是他们都参与了相对论创生的原因①。关于这一点，文献[15]把同时性(synchrony)、庞加莱的地图、爱因斯坦的钟、世界的报时点建设以及世界的电报连接图串联起来，一部相对论的诞生图像就呈现在我们面前了。

相对论是同时性问题来到了物理学、哲学和技术的岔路口(simultaneity at the crossroad of physics, philosophy and technology)[15]的时候被发展起来的，是高度抽象同工业现实(lofty abstraction and industrial concreteness)的完美结合的产物。爱因斯坦构造狭义相对论时，是个操作主义者(operationalist)，对同时性抱持操作主义的观点(operational view of simultaneity)，这可从他本人关于相对论的表述中看出来[16]。Popper认为爱因斯坦1905年的论文，人们既可以用现实主义的眼光阅读，对那个观测者毫不在意；也可以用实证主义或者操作主义的观点，把注意力放到观察者及其行为上[17]。但是，爱因斯坦后来抛弃了操作主义的观点②："He told me (Karl Popper) in 1950 that he regretted no mistake he ever made as much as this mistake[17]。"

有人可能认为爱因斯坦狭义相对论中的同时性与牛顿的绝对时间框架下的同时性不同。这是误解。同时性总是关于事件的判断。实际上，正如波普尔曾写到"(相对论中)任何惯性系中的事件同时或者不同时，跟牛顿理论中一样(that for any inertia system events are simultaneous or not, just as they are in Newton's theory)"。牛顿的时间是绝对时间，其同时性也是绝对的同时性(absolute simultaneity)，具有某种神的感觉(sensorium Deas)的抽象产物。爱因斯坦放弃了同时性的绝对性，建立了相对论，这期间对牛顿的绝对时间概念是有批判的。但是，真正的时间绝不可能由具体的钟表来揭示的。抽象才会有真正的学问，比如关于惯性原理的获得。爱因斯坦晚年认识到了牛顿的高明，曾动情地写下："Newton, verzeih'mir (牛顿，原谅我)"。

同时性与量子力学

在狭义相对论语境中的同时性名词形式simultaneity是同空间的均匀性

① 由是观之，不顾社会现实，不顾当前我们的社会的科学背景与知识积累，以求官的心理忽悠创新和跨越式发展，诚欺世之谈。——笔者注

② 我认为，这是必然的。物理最终必然要走向公理化，物理学家也必然随之提升自己的认识，哪怕是关于其本人参与完成的部分。——笔者注

(homogeneity)和各向同性(isotropy)并列的,副词形式 simultaneously 准确地就是 "at the same time" 的意思。在量子力学中也时常出现"同时"的说法,基本上是用形容词或副词形式,其英文表述常不能得到正确理解,中文翻译更是脱离或忽视了原词的本意,容易望文生义。量子力学中有种说法:"两个不对易的算符没有共同的本征态。"共同本征态,除了 common eigenstates 和 mutual eigenstates 以外,还有"simultaneous eigenstates"的说法。注意,这个量子力学教科书中常见的说法是错误的。两个算符不对易,并不一定不能有共同本征态,象角动量算符 $\hat{L}_x$ 和 $\hat{L}_y$,就可以有一些共同的本征态。所谓的"两个不对易的算符没有共同的本征态",应该是说它们一个的本征态不可能总是另一个的本征态,它们的共同本征态不足以构成一套完备正交基,或曰张开一个 Hilbert 空间。

算符不对易带来的另一个问题就是不确定性原理。常见不确定性原理言道:"不能同时精确测量粒子的位置和动量。"其实,这里的"同时"精确测量,用词为 simultaneously,是强调两者之间具有竞争性,而非简单的 at the same time (见前文)。对任何算符对应的力学量的测量,差不多都是关于分布的测量,其本身就不可能是 at the same time!

同时性与统计物理

统计力学中 ensemble 是个至关重要的概念,这个概念被简单地翻译成系综(系统的综合),其应有之义却被丢失了。Ensemble 是个法文词,本意是 insimul (in + simul),at the same time,和 simultaneous 是亲戚。Ensemble 强调同时出现,把所有的部分当成一个整体考虑(all the parts considered as a whole)。Ensemble 由 J. W. Gibbs 于 1878 年引入热力学和统计物理,指的是在想象中构造的对一个系统的大量(也许是无穷多的)拷贝,每一个拷贝处于真实系统可能表现的一个状态中。这样,关于一个真实系统随时间演化行为的统计可以表现为对 ensemble 在同一时刻的统计。这可能是 ensemble 的应有之意,但在中文的系综中是无法表达出来的。

同时性既是相对论的关键,也出没于量子力学和统计力学的语境中,它还是理解时间的本性从而确立一个统一的物理学框架的着力点。对同时性概念的理解,至少有助于我们深入体会当前已有物理学的精神。我国在"文革"时期曾有"要认清爱因斯坦相对论的反动本质"的口号,不知今天"革命的教职员工们"是否达成了这个目标。慢慢来吧。

补 缀

1. 具有 the same time 的另一个词是 isochronous。设想一个圆沿着平面无滑动滚动,则圆上任意一点的轨迹为 cycloid (摆线),即圆沿着一条 cycloidal path 滚动。有趣的是,物体从这个摆线上任意一点自由下落,其到达底部所需时间是同样的 (isochronous),所以摆线上的自由落体是个 tautochrone problem。Tautochrone, tauto 也就是 the same。

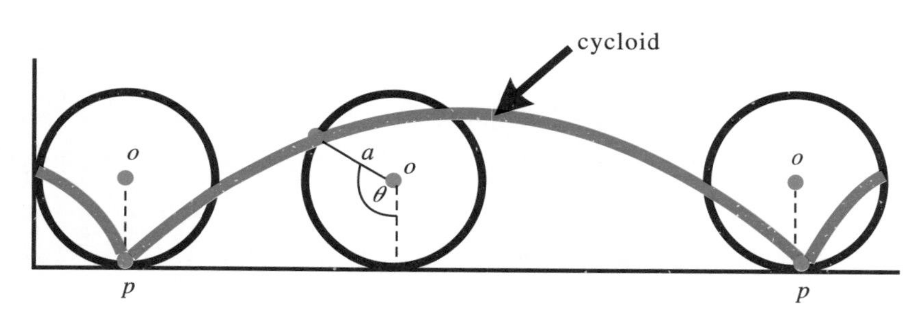

附图 1

摆线的方程为 $\begin{cases} x=\theta-\sin\theta \\ y=1-\cos\theta \end{cases}$。如果把这个摆线倒过来,即方程为 $\begin{cases} x=\theta-\sin\theta \\ y=-(1-\cos\theta) \end{cases}$,这是最速下降(brachistochrone)问题的解。如果有个固定在 $y=0$ 位置上的单摆,则这样的受到 cycloid 约束的摆的周期严格地与摆幅无关。

2. The progression of 1, 2, 3, 4… in time and space is the antithesis of simultaneity. …numbers are piled one upon another in a neat simultaneous stack. 这一句看起来好难理解。我的笔记不清楚,目前无法确定来自哪本书了。

3. In this universe of ours, we can rightfully make the assertion that simultaneous events does not exist. But we can also make the assertion that simultaneity exists at the singularity of the big bang, which space-time structure is zero. 这句来自哪本书,也记不起来了。

4. 与 synchronic，synchronistic 对应的反义词应该是 anachronic，anachronistic。Anachronic，中文的字典解释是时代错误的、年代误植的、落伍过时的；而 anachronistic 字典解释同上差不多，不合时代的、过时的，如 anachronistic view of point（不合时宜的观点）。
5. 这活人的时间能调，走了的人时间能调吗？——《夫妻那些事》第七集
6. 中微子问题。光速 c 是时空连接，则判断中微子的速度和光速之间的关系，就成了判断光子和中微子是否同时到达的问题；但是，哪个装置可以提供中微子和光子同时到达的判据？越是关系重大的实验，越要严格考察其可行性。

参考文献

[1] 曹则贤.时间的沙漏[J].物理,2005,34:545.
[2] 汪克林,曹则贤.时间标度与甚早期宇宙疑难问题[J].物理,2009,38:769.
[3] Sachs M. Concepts of Modern Physics[M]. Imperial College Press, 2007: 71, 76,106.(p71 的原文为"In the expression of the laws of nature, the space and time parameters are the 'words' of a language whose sole purpose is to facilitate the expression of the laws of nature.")
[4] 曹则贤.维度、量纲及尺度[J].物理,2009,38:191.
[5] Shlain L. Art & Physics[M]. Harper Perennial,2007:24, 90.(P.24 的原文如下："The German language encapsulate this idea in 'Zeitgeist'(the spirit of the time). When discoveries in unrelated fields begin to appear at the same time, as if they are connected, but the thread that connects them is clearly not causal, then commentators resort to proclaiming the presence of a Zeitgeist!")
[6] Ball P. Life's Matrix[M]. University of California Press,2001.
[7] Whitehead A N. The Principle of Relativity[M]. Cambridge University Press,1922.
[8] Ball P. The Ingredients[M]. Oxford University Press, 2002:167.

[9] Brown D. The Lost Symbol[M]. Double Day,2009:409.(原文如下:“In every culture, in every era, in every corner of the world, the human dream has focused on the same exact concept-the coming apotheosis of man…the impending transformation of our human minds into their true potentiality.” He smiled. “What could possibly explain such a synchronicity of beliefs? ‘*Truth*’, said a quiet voice in the crowd.”)

[10] Illing L, Panda C D, Shareshian L. Isochronal Chaos Synchronization of Delay-Coupled Optoelectronic Oscillators[J]. Phys. Rev. E,2011,84.

[11] Raizer Yu P. Gas Discharge Physics[M]. 2nd ed. Springer, 1997:331.

[12] Stewart I. Why Beauty is Truth[M]. Basic Books,2007:231.

[13] Djerassi C. The Bourbaki Gambit[M]. University of Georgia Press, 1994.

[14] Shafarevich I R. Basic Notions of Algebra [M]. Springer,2005:7.

[15] Galison P L. Einstein's Clocks, Poincaré's Maps: Empires of Time [M]. New York:W. W. Norton & Company, 2003.

[16] Einstein A. Relativity: the Special and General Theory [M]. Empire Books,2011.

[17] Popper K. Unended Quest[M]. Routledge,1992:96.

之

Oh, Paradoxes

No progress without a paradox①.

——John Wheeler

Take away paradox from the thinker and you have a professor②.

——Soren Kierkegaard

摘要　Paradox 在中文物理学文献中被翻译成悖论或者佯谬，武断了点，不足以传达 paradox 的真实含义。Paradox 一直伴随着人类的认识进程，芝诺佯谬、孪生子佯谬、EPR 佯谬、理发师佯谬等是数学和物理绕不开的话题。与 paradox 意义相近的词有 dilemma，antinomy 和 catch-22 等。

我们生活的世界是个非常吊诡的世界，猫鼠同穴，警匪片中的警匪常常是一家，战争贩子获得诺贝尔和平奖，前些年甚至还有一帮子曾是中国人的外国人格外热心地打造建国献礼大片。这些诡异的、看起来 paradoxical 的事情，对于心地率直的民众来说实在是不好理解。其实，paradox 不光日常生活里有，哲

---

① 没有悖论，就没有进步。——笔者注

② 抽掉悖论，思想者不过教授耳。出此言者为丹麦哲学家，汉译其名为克尔凯郭尔，但我印象中丹麦语 gaard 的发音类似高德。——笔者注

学、数学和物理学中也不乏 paradox 的影子[1]，而且更考验理解力，Wheeler 老先生甚至认为 paradox 的解决是知识进步的途径。就物理学而言，这话我信。

Paradox，来自拉丁语 para + doxa，更远的源头是希腊语 παράδοξο，παραδοξολογία，para 的英文意思是 a going beyond，by the side of；doxa 的英文对应为 opinion，就是观点。一些带 doxa 的词好理解，如 orthodox（正统的）、heterodox（异端的），但是 paradox 的意思却不易把握。带 para 的词意思都不好理解，如 parahydrogen（仲氢），再如下句“Every spacetime is paracompact. This property, allied with the smoothness of the spacetime, gives rise to a smooth linear connection, an important structure in general relativity”中的 paracompact（仿紧的），英文和中文译文一样难懂，理解它们的唯一途径是学习它们使用的语境，看看它们到底在说啥。按 Webster 大字典的解释，paradox 是 a statement contrary to common belief, a statement that seems contradictory, a statement that is self-contradictory（即同常识矛盾的表述、看似矛盾的表述以及自我矛盾的表述），总是和矛盾扯在一起。那些看似矛盾或者不自洽的人、事和物也都可以称为 paradox。欲速则不达讲的是一个 paradox；大地既生长万物，亦埋葬万物，则大地就是个 paradox 或具有 paradox 的存在（The paradox of earth is that it cradles life and then entombs life）。

既然 paradox 总和 contradiction 挂钩，不妨从中文的矛盾讲起。《韩非子·难一》中故事云：“楚人有鬻盾与矛者，誉之曰：‘吾盾之坚，物莫能陷也。’又誉其矛曰：‘吾矛之利，于物无不陷也。’或曰：‘以子之矛，陷子之盾，何如？’其人弗能应也。”矛与盾之间，生来就是互为对象的对立物①，故用来翻译 contradiction（相逆之言）较为合适。但如果把 paradox 也基于矛盾的形象来理解，难免有失偏颇。

注意《韩非子》是将矛盾的故事归于“难”处的。“物莫能陷”的盾与“物无不陷”的矛（图 1），两种说法若都成立，逻辑上存在困难，最重要的是不符合现实（reality）。两难的境界是常见的，汉语常把 dilemma 翻译成左右（进退）两难或

① 我猜测矛比盾出现得要早。矛和盾互为依存，但未必能成就对方的存在。除了在极少数原始部落之外，矛和盾如今至少作为武备是消失了的，不是它们中的一个消灭了对方，而是新事物的出现消灭了它们俩。了解这一事实，或许对理解某些哲学和科学争论有益。——笔者注

者困境，这 dilemma 似乎和如何理解 paradox 有关。Dilemma = two + lemma，即两种主张，不过两种主张都是 unfavorable（不利的）or disagreeable，因此是两难境界，“being on the horns of a dilemma，neither horn being comfortable（处于 dilemma 的犄角上，但哪只犄角都不让人舒服）”。另一个有关的词是 antinomy（反 + 名），a contradiction or inconsistency between two apparently reasonable principles or laws，or between conclusions drawn from them（两个看似合理的原理或定律，或是自它们得到的结论，之间的矛盾或者不自洽的地方），意思同 paradox 较近，汉译干脆说是“自相矛盾”。Antinomy 有时和 paradox 混用，罗素悖论（Russell's paradox）也叫 Russell's antinomy[2]。

图 1 “物莫能陷”的盾与“物无不陷”的矛构成了 contradiction。

Paradox 在一些数学和逻辑文献中被翻译成矛盾命题，在中文物理学中被翻译成佯谬和悖论。佯，假装也，李白《笑歌行》有句云“今日逢君君不识，岂得不如佯狂人”，即此谓也。佯谬，大约是说其看起来谬而实则不然。悖论，其中“悖”字，意为违背、违逆。近似的词语有悖言、悖理，就其是“违反逻辑规则或者公式的推理”这个意思来说，用悖论或者悖理来翻译 paradox，愚以为比佯谬贴切一些。中文的悖论或者佯谬理解 paradox 不妥的地方是它们的判断性色彩太明显。Paradox 恰恰说的是一种不好判断正误甚至是抽象的部分对、部分错的境地。Wilczek 提到有几年狄拉克和别的物理学家一直在跟一个极为特殊的 paradox 作斗争——怎么一个“明显正确的”的方程（指狄拉克方程），却是灾难性地错误的呢[3]？这里的 paradox，就是说狄拉克方程既有对的地方，也有错误的地方，而对与错可能还有一些值得商榷的地方。

生活中处处充满悖论,在有些地圈你会觉得生活就是个大悖论,可以想象文化作品中不乏悖论式的表述。运用 paradox 能让表达显得更俏皮,更智慧,更有表现力。英国著名诗人柯勒律治的名句"Water, water, everywhere, nor any drop to drink"(出自长诗 *The Rime of the Ancyent Marinere*(老水手之歌))简直是神来之笔①。丹麦学者 Piet Hein 可能是深谙其中三昧,他甚至创造了一种被称为 grook 的新诗体②,似乎是用来表达悖论的。例如,其中一首这样写道:

A bit beyond perception's reach
I sometimes believe I see
that Life is two locked boxes, each
containing the other's key

(生活是两个锁着的箱子,每一个都锁着对方的钥匙。)

另一首名为 *Out of time* 的小诗是这样写的:

My old clock used to tell the time
And subdivide diurnity
But now it's lost both hands and chime
And only tells eternity

(大意是:曾经响报晨昏的一只老表,连指针也没了,只能静静地诉说永恒。)这样的深刻内容就不是一般的诗了,我觉得物理学家也要严肃对待。也难怪,人家作者本身就是著名的哲学家和数学家。有时候,悖论式的表述更多地是无奈,如"我过去总以为我是没主见的,如今连这一点也拿不准了(I used to think I was indecisive, but now I'm not so sure)",又如"你要是来到了岔路口,就岔着走吧(If you come to a fork in the road, take it)"。还有点俏皮,是不是?

在科学上,paradox 有定义认为是自看似可接受的前提经过看似可接受的

---

① 细想想也不算啥悖论,海水可不就是一望无际却不能饮用的嘛。——笔者注

② Grook,丹麦语为 Gruk,有人说来自 Grin + Suk(笑+叹息),但 Piet Hein 本人认为这个词没有出处(had come out of thin air)。Piet Hein 甚至写过不少的哲学 grook。——笔者注

推理过程得到不可接受的结论(A paradox can be defined as an unacceptable conclusion derived by apparently acceptable reasoning from apparently acceptable premises)。这个说法可能不妥,"不可接受的结论"未必就不可接受。物理学家 Aharonov 给出了一个比较全面、准确的定义:paradox 是这样的论述,其开始于看似可接受的假设,通过看似有效的推理,看起来是导致了一个矛盾。但因为逻辑上不承认矛盾,则要么看起来可接受的假设是不可接受的,或者看似有效的推导不是有效的,或者看似矛盾(的结论)本身不是矛盾[4]。这个定义的优点是,它还给出了如何消解悖论(resolving the paradox)的方法和突破口。

按照 Aharonov 的说法,一个 paradox 之所以是个 paradox,有三种情况。其一,那不过是个错误。一个有名的错误性悖论是所谓的孪生子佯谬:一对双胞胎,其中一个开始空间旅行。按照所谓狭义相对论的 Lorentz 变换①,旅行者的时钟相对较慢,则过了若干年后,旅行者归来,其看起来比留在地球上的双胞胎中的另一个年轻多了(图2)。这样的 paradox,严格说来没有什么技术含量,它不过是把不同参照系中的尺度变换错当成了可比较的过程了[5]。如果认真理解相对论,会明白固有时依赖于粒子的路径,经过不同时空路径的孪生子之间会有实在的时间差别。基于广义相对论中所谓时空连接的某种理论可能,有人还编排了"回到从前"式的 paradox:因为时空的连接,某人从某个时空点回到了他被孕育前的过去,遇到了他的父亲(或者母亲,或者爷爷奶奶、外公外婆中的某位)并起了冲突或误会,杀死了他的父亲(或者母亲,或者爷爷奶奶、外公外婆中的某位),这样就同他在未来的出现构成了矛盾。我们不知道是否确切有这么个时空连接的地方,我们也不知道经过这个连接点的生物学过程是否可能导致杀死前辈的事件。这种捕风捉影式的联想不在科学范畴。

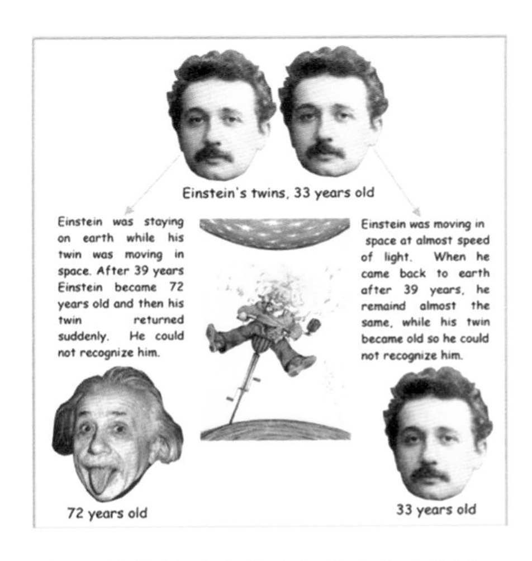

图2 被传播到泛滥程度的孪生子佯谬。

① Lorentz 变换不是 Lorentz 得出来的,而是一个姓 Voigt 的法国人先得出的。——笔者注

图 3　Escher 的画 *Waterfall paradox*。

有些 paradox 连错误都不算，不过是个错觉。如 Escher 的名画 *Waterfall paradox*（图 3），是硬要把地面上的力学常识（水往低处流）同画面上的视觉效果（错觉）调和，这就出现了矛盾。运用 paradox 当然吸引眼球，不失为增强艺术表现力的法门。

出现 paradox 的第二种情况是我们的知识存在 gap 或者 flaw（缺口，缺陷）。公孙龙的白马非马论是中文语境中常提到的一个悖论。如果仔细研究公孙龙的论证过程，以今天的观点会发现它不符合逻辑，因为它恰是出现在逻辑学在中国的发展阶段。因为知识缺口造成的 paradox，会随着知识的发展逐渐消除。一个有名的例子是黑洞熵的概念。当星体（一个多粒子体系，有熵）的引力大到连光都不能逃逸的时候，它就成了一个黑洞，可看作是个单体。按照经典热力学，单体当然没有熵，那么原来的熵哪里去了。黑洞没有熵，这让 John Wheeler 感到很闹心。后来，Bernstein 提出黑洞就是有熵，且只要熵值同其质量的平方成正比，则任何质量的物体落入黑洞，熵值会大于原来的熵之和。这解决了热力学同黑洞之间的矛盾[4]。但是，这种比较 naïvely 把热力学推广到黑洞的方式带来的问题是，热力学既然对黑洞成立，这个“黑体”就应该辐射。可“黑洞”的定义就是不辐射呀？这就引起了新的矛盾。据说这个矛盾（paradox）用 uncertainty principle 就能解决了。把不确定性原理运用到光不能逃逸的黑洞，黑洞就得老老实实满足黑体辐射了[6]。这种解决问题的方式，老实说，笔者于佩服之余，隐隐约约感到有点不那么令人信服①。

---

① 以笔者的浅见，uncertainty principle 没有这种狗皮膏药的功能，贴在哪里都好使。它本身的表述就漏洞百出，且被广泛地误用（见前面的 *Uncertainty of the Uncertainty Principle* 一文）。此外，让一个具有质量和自旋的个体具有黑体辐射的性质，要给其找到一个自洽的量子理论，文字上的 argument 是不足以服人的。别的不说，这个大质量体的量子引力理论同自旋的代数如何自洽起来，就不容易。何况，热力学是以关于能量共轭的形式组织的，而力学，包括量子力学，是以关于作用量共轭的形式组织的（参见笔者的《共轭》一文），力学和热力学形式上的自洽这个问题似乎未受到物理学家们的提及，更别提哪年能得到一个自洽的理论了。——笔者注

Paradox 的第三种情况是它真的是一个矛盾(contradiction)。比如,按照牛顿力学,速度叠加遵循伽利略变换,A 相对观察者的速度是 V_A,B 相对 A 的速度是 V_{AB},则 B 相对观察者的速度是 $V_B = V_A + V_{AB}$。但是,Maxwell 方程组得来的光速与参照系无关,光相对于任何运动着的观察者速度都是 c,是个常数。爱因斯坦用相对论力学——作为牛顿力学的发展——解决了这个矛盾。当然,相对论带来的关于光速的理解,内容要比相对论速度叠加公式所能告诉我们的要深奥得多①。

有了 Aharonov 上述关于 paradox 的分类,再次读到那些数学和物理上的悖论时我们可以作大致的分析。比如,哲(科)学上的一个重要悖论是芝诺的飞矢不动悖论:如欲让运动发生,物体就必须改变它占据的位置,但在任何时刻(无长度的),箭既不挪向也不挪离它在的地方,即飞矢不动。芝诺佯谬包含着一个错误,它把时间分成了点,而点的和是构不成线段的。当然,它也意味着我们认识上的一个 gap,任何时刻箭的位置构成的是坐标空间中的图像,而运动则是切空间里的事情[7],当然芝诺的时代人们还没有切空间的概念。芝诺还有一个有名的悖论,即快跑的 Achilles 也追不上乌龟,因为 Achilles 要追上乌龟,就必须先到达和乌龟之间距离的一半;而这期间乌龟又往前走了一些,Achilles 又要追上现在距离的一半,这样一直下去,Achilles 永远也追不上乌龟(图 4)。当然我们都知道连我们也能追上乌龟,别说 Achilles,显然芝诺错了。但我们若简单地认为芝诺错了,就这么把问题放过去了,那损失可就大了。这个悖论引导我们更深入地思考时间。时间要靠事件来定义(a sequence of events),若

图 4 Achilles 永远追不上芝诺的乌龟。

① 笔者有一个不成熟的观点:光速 c 毋宁是一个时空连接的参数,它就不该被理解为速度,不该和其他的速度,比如中微子的速度或自行车的速度,相提并论。——笔者注

用 Achilles 到达和乌龟之间距离的一半这个事件作为时间单位，则这个时标中的时间计数趋于无穷大，Achilles 永远也追不上乌龟。但是，若用咱们的摆钟定义的时标计时，Achilles 追上乌龟所用时间是有限的：$t=\sum_{m=0}^{\infty}\frac{L}{V_1}\left(\frac{V_2}{V_1}\right)^m$，其中 L 是 Achilles 和乌龟之间的初始距离，V_1 和 V_2 分别是使用摆钟时标的 Achilles 和乌龟的速度。芝诺时标的时间和我们的摆钟时标下 Achilles 追上乌龟的时刻，t' 和 t，之间可由变换 $t'=\ln[1-(V_2-V_1)t/L]/\ln(V_2/V_1)$ 得到[8]。

每当物理学上出现悖论的时候，都要求我们认真地加以对待，因为我们可以用悖论增进理解(use paradox to understand)[9]。热力学第二定律说热量不会自发地从低温体系流向高温体系，或者说一个体系不会自发地分成低温部分和高温部分。Maxwell 的小妖，一个完全遵守力学定律的家伙，把气体给分成了速度(动能)高和速度(动能)低的两部分，这显然是违反了热力学第二定律。怎么解决这个 paradox 呢？其实不用解决。Maxwell 的小妖只是告诉我们，热力学和力学就不是一路的学问[4]。当然，在那个历史时期，有这个见识可不容易。

提到物理学上的悖论，一个绕不过去的悖论是所谓的 EPR-paradox，它源于一个思想性实验①。1935 年，Einstein，Podolsky 和 Rosen 合作发表了一篇文章[10]，指出若制备了一对处于总动量为零的纠缠态(entanglement)的粒子，假设它们此后能进入很远的、没有相互作用的距离②，则可以分别地测量粒子 A 的位置和粒子 B 的动量，粒子 A 的动量也精确地被知道了，这样相当于 simultaneously[11]精确地测量了粒子 A 的位置和动量。这说明要么有超过光速的相互作用(spooky-interaction-at-a-distance)，违反相对论，要么可能的测量结果本来就在粒子里，这引出了隐变量理论。Einstein 他们由此得出量子力学是不完备的结论，并由此引发了持续至今的讨论。那么，粒子的行为到底是

---

① Thought experiment，也直接用德语形式的 gedanken experiment，其中的 thought 和 gedanken 为过去分词。汉译思想实验容易错把思想理解成名词。我以为，thought experiment 不过是 thought experiment 而已。一些传说中神乎其神的 gedanken experiment 一样是错误的源泉，同实际的实验相比更易有欠考虑的地方，千万不可迷信。——笔者注

② 有过任何关于只存在于有限距离内的相互作用的描述吗？——笔者注

该按照量子力学的 entanglement 还是按照隐变量理论来理解呢？后来，Bell 提出用经典概率必然满足的不等式来检验纠缠态粒子的行为，发现不满足 Bell 不等式，于是人们得出结论量子力学赢了[4,12]。这些所谓检验 Bell 不等式的纠缠态，不是 $p_1+p_2=0$ 的纠缠态（不好制备），而是两个电子的自旋单态，实验是通过检验粒子自旋态(实际测量涉及的偏振态)的关联性验证贝尔不等式是否被满足。重大问题就要格外严格地检验(A critical point should be critically checked out)，我对这些实验的所谓有效性心里有些犯嘀咕，因为它们还是用实际测量的经典的东西去讨论量子世界的行为，我称之为用经典概率的语言(ρ-语言)讲述量子世界(通用的是 ψ-语言)的故事。这两种语言目前既没有统一，也没弄清楚界限，所谓的薛定谔的猫这个悖论，笔者以为，就是强调这两种语言的无法交流。

物理的思维或许还有助于解决，至少是帮助理解，一些数学上的悖论。集合论出现后，罗素提出了一个所谓的理发师悖论：理发师只给镇子上的不给自己刮胡子的人刮胡子。那么，谁给理发师刮胡子？这里的悖论在于：理发师若不给自己刮胡子，他就满足他给自己刮胡子的条件，但若他给自己刮胡子，他就不满足给自己刮胡子的条件。这是通俗版。罗素悖论(antinomy)实际说的是，“一个包含所有不是其自身的元素的集合之集合”定义了一个悖论。这个数学的悖论，实际上忽略了个体和集体(集合)的其他特征，才使得集合也成了集合的元素。愚以为，从物理的角度看，集合与集合的集合之 dimension(量纲、维度)不同，就不该放在同一个层面上讨论。

Paradox 有些是内在的，几乎无法消解的①。一个著名的例子是作家 J. Heller 1961 年的小说 *Catch*-22[13]，这里的 catch 作为名词的本意是“a hidden qualification; tricky condition”，一个挖了陷阱的条件。汉译可能是不好直译 catch 的这个意思，所以书名干脆叫《第 22 条军规》。这个诡异的第 22 条军规规定，飞行员只有疯了，才能获准免于飞行转为地勤，但必须由本人提出申请，但你一旦提出申请，恰好证明了你是一个正常人。第二十二条军规还规定，飞行员飞满 25 架次就能回国，但它同时强调你必须绝对服从命令，要不就不能回国。结果是上级不断给飞行员增加飞行次数，而你却不能违抗——因为你想回

---

① 中文的矛和盾之间的“矛盾”是可以破解的，而且已经被自然而然地破解了。——笔者注

国。这本小说影响力很大，以至于 catch-22 本身被当作一个词被 Webster 字典收录，指“a paradox in a law, regulation, or practice that makes one a victim of its provisions no matter what one does（法律、规定中的悖论，不管人们怎么做都会成为这条规定的受害者①）”。

Paradox 同 contradiction, controversy, inconsistency 有联系，但不简单地是矛盾、争议或不自洽。一个 paradox 当它是个正确的 paradox 时，是非常有用的。许多悖论都能提出非常严肃的问题，同思想或概念体系的危机相联系。我在本单位做过的《真正的学问》报告中曾写道：“真正的学问不在于一时解释了什么或预言了什么，而是看它是否真能自洽地融入了整个人类的知识体系，成为人类宝贵思想财富之不可或缺的一角。”但是，进一步想，逻辑上的矛盾就该当作 paradox，就该坐卧不安？我们所说的逻辑，难道不仅仅是人的逻辑吗？它可以是自然必须遵守的规则吗？从 Emergence 的角度来看，我们可只不过是某个层次上的自然现象而已。曾经的“南辕北辙”被当作悖论，当有一天我们认识到大地的 spherical topology，它成了再科学不过的事情了。未来的科学，也许会出现更具挑战性的 paradox，需要我们在更高的层次上去理解它，解开它的疙瘩。We have to be willing to wrestle with paradox in pursuing understanding（为了达成理解我们还不得不心甘情愿地同悖论掰腕子），诚哉斯言。不过，物理学的不完备没什么大惊小怪的，连数学也不完备，这说明我们本就不能建立起我们认为纯粹完备的体系。现实特立独行，包容那驱动谜一样世界的截然相反的两面（Reality goes its own way, embodying the very opposite that power riddles of the world[1]），就这样。

---

① 也有的 paradox 是让人怎么着都占便宜的，正好和 catch-22 相反。薄伽丘所著《十日谈》中有一个这样的故事：老神父借宿乡间，号称能把女人在女人和母马之间变换，贪婪的男主人要求把老婆变成母马（女主人自己提议的），白天好干重活。神父答应了，但要求进行变换的过程中不许有人说话。神父趁机猥亵女主人。结果男主人不干了，大叫“I don't want the tail”。神父得了便宜，就借坡下驴，一脸严肃地说：“看，就是你多嘴，把事情搅黄了吧。”——笔者注

补 缀

1. Nicholas Falleta 的 *Le livre des paradoxes* 中有个关于 paradox 的说法："la vérité qui se tient sur le tête pour attirer l'attention（悖论是头朝下吸引眼球的真理）"，可博一乐。
2. Something is anomaly or paradoxical only because it is relative to the prediction of an ongoing theory（一事物是反常的或者有悖常理的，这是相对于当下理论的预言而言的）。此话在理。
3. 茨威格有书名为《异端的权利》（*The right to heresy*）。物理中的任何现象，都不是 anomaly 的，它发生了，就有它发生的道理。反常的不是物理现象，而是人性。物理学家的学术地位靠权力的春药来获取和维持，这才是物理学的反常。

参考文献

[1] Sorensen R. A Brief History of the Paradox: Philosophy and the Labyrinths of the Mind[M]. Oxford University Press, 2003.

[2] Hellman H. Great Feuds in Mathematics[M]. John Wiley & Sons, 2006.

[3] Wilczek F. Fantastic Realities[M]. World Scientific, 2006:158.（原文如下："For several years Dirac and other physicists struggled with an extraordinary paradox. How can an equation be 'obviously right' since it accounts accurately for many precise experimental results, and achingly beautiful to boot-and yet manifestly, catastrophically wrong?"）

[4] Aharonov Y, Rohrlich D. Quantum Paradoxes[M]. Wiley-VCH, 2005:2.（原文如下："A paradox is an argument that starts with apparently acceptable assumptions and leads by apparently valid deductions to an apparent contradiction. Since logic admits no contradiction, either the apparently acceptable assumptions are not acceptable, or the apparently valid deductions are not valid, or the apparent contradiction is not a contradiction."）

[5] Sachs M. Concepts of Modern Physics[M]. Imperial College Press, 2007.
[6] Hawking S. Comm Math. Phys. ,1975,43:199.
[7] Vignale G. The Beautiful Invisible[M]. Oxford University Press, 2011.
[8] Pauli W. Relativitaetstheorie[G]. Encyklopädie der mathematischen Wissenschaften, 1921,19.
[9] Rohrlich F. From Paradox to Reality: Our New Concepts of the Physical World[M]. Cambridge University Press, 1987.
[10] Einstein A, Podolsky B, Rosen N. Can Quantum-Mechanical Description of Physical Reality be Considered Complete? [J]. Phys. Rev. ,1935,47 (10): 777-780.
[11] 曹则贤.此同时非彼同时[J].物理,2012,41(4):262-269.
[12] Afriat A, Selleri F. The Einstein, Podolsky, and Rosen Paradox: in Atomic, Nuclear, and Particle Physics[M]. Plenum Press, 1999.
[13] Heller J. Catch-22[M]. Simon & Schuster, 1961.

之四十七

阻"你"振动

所谓伊人,在水一方。溯洄从之,道阻且长。

——《诗经·秦风·蒹葭》

淫嚣不静,当路尼众。

——《墨子》

摘要　振动问题是物理学的原初问题。Damped oscillation 的汉译为阻尼振动,未必会理解错,但可能会念错。

振动问题简直就是物理学的原初问题(prototypical problem)。都说量子力学和相对论是现代物理的两大支柱,但是若是抽掉了谐振子以及基于谐振子的各种振动模型,物理学的大半壁江山就塌了。弄懂各种振动问题及其处理方式,无疑是掌握物理学的一条捷径。

经典力学的一个重要定律是胡克定律:在弹性范围内,一般固体材料的受力同形变成正比。严格说来,这算不上什么定律,且无助于对固体力学性质的理解。没有受力的情况下,形变可以看作零,则不管固体对外力如何响应,在外力不大的时候,形变就和外力成正比,且外力去除后,固体回复原状。这就是所谓的弹性行为,在数学上表现为"乖(well-behaved)"函数在某个变量值附近的一阶近似。反过来说，若给固体造成给定的形变，则必在固体内产生一个成正比的回复力（resilient force，restoring force）。中学教科书中的 $F=-kx$，说的就是这意思。设若弹簧上挂一个质量为 m 的物体，则物体的运动方程为 $m\ddot{x}=-kx$，解的一般形式为 $x=A\sin(\omega t)+x_0$。表现出振动行为的体系，不管是力学的、电的还是什么体系，英语都是称为 oscillator，汉译振子。

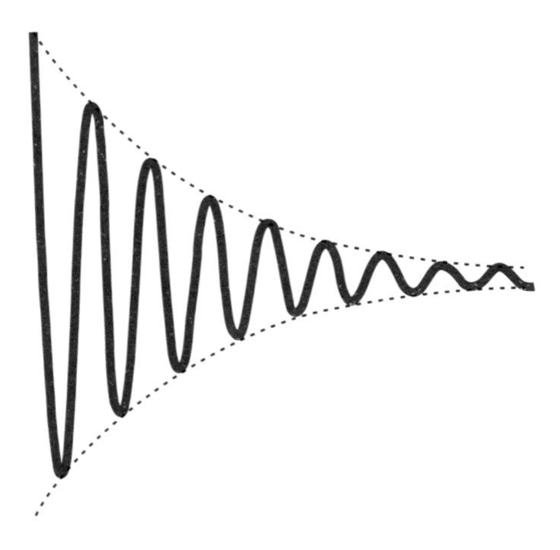
图 1　欠阻尼振荡，振幅随时间指数衰减。

但是，振子不是在真空中振动的，振子振动时会受到环境中流体（液体、气体分子）的拖曳（dragging effect），这个拖曳力依赖于速度，在速度不大的时候同样可以近似地看作同速度成正比，即 $F_d=-\lambda\dot{x}$。这样，振子的方程就变成了 $\frac{d^2x}{dt^2}=-\lambda\dot{x}-kx$，或者可改写为 $\frac{d^2x}{dt^2}+2\eta\omega_0\dot{x}+\omega_0^2x=0$，其中 $\omega_0^2=k/m$。这个方程的解，若无量纲量 $\eta<1$，为 $x=e^{-\eta\omega_0 t}(A\sin\omega t+B\cos\omega t)$，其中 $\omega=\omega_0\sqrt{1-\eta^2}$。这表明振荡的频率相较谐振频率，$\omega_0$，降低了，且振幅在指数衰减。这样的振荡被称为欠阻尼振荡（under damped oscillation ），见图 1。

Damped oscillation，汉译阻尼振动。但是，阻尼是什么意思，我一直是不甚了了。提起尼字，许多人一般情况下能想起的词就是尼姑①，即梵语的比丘尼（bhidsunt，bhikui②），这算是尼字用于外文翻译之一例。其他遇到尼字的地方也多是用于翻译外来词，如 Nile（尼罗河），Nylon（尼龙），Nibelungenlied（尼伯龙根之歌）③，发音一般也都是 ní（泥）。

发 ní 音的尼字是近的意思，如不避远尼。不过，尼亦作昵（nì），例如亲昵，所以尼字的用处就更少了。那么，阻尼振动中的尼字是什么意思？实际上这时

① 我这么说是有实验根据的。——笔者注
② 笔者对梵语一窍不通，不知拼法是否正确。网上的拼法繁多。——笔者注
③ Nibelungenlied，德国中世纪长篇叙事诗。——笔者注

的尼字发 nǐ（你）音，它本身就是阻的意思。《尔雅 • 释诂下》云：“尼，定也”，而《玉篇 • 尸部》也说：“尼，止也”。《墨子》中的“淫嚣不静，当路尼众”的尼字，就是拦路的意思。可见尼（nǐ）可用作制止、阻拦之意。《陶渊明集 • 移居》中有个故事：“同寓人常熟孝廉赵贵璞，字再白，倾盖相知，西林相公门下士也，欲荐余见西林，有尼之者，因而中止。”有尼之者，即有人阻拦的意思。可是当今一些官家大学者编辑的导读书，还真把它翻译成了“有僧人前来拜访”①，误人不浅。

阻尼振荡，就是遭遇了阻挠之体系的振荡行为。想象一个空气中的振子，因为空气的阻力，一般情况下振动会是欠阻尼振荡。但若空气变得越来越稠，也就是方程中的 η 越来越大，则当 $\eta=1$ 时，自最大偏离位置开始运动的振子其振荡行为消失，振子会径直接近平衡点。这是所谓的临界阻尼（critically damped）行为。若 $\eta>1$，自最大偏离位置开始运动的振子会单调地接近平衡点，这是所谓的过阻尼（overdamped）行为。实际的应用中，如果要避免振荡发生的话，体系（如弹簧门）一般置于过阻尼状态。

有一类阻尼，来自振动体的内部，力的大小同位移成正比，但却是和速度同步（in phase），即 $f=-\mathrm{i}\eta x$，这里的“i”是单位虚数。这样，阻尼振动方程为

$$\frac{\mathrm{d}^2 x}{\mathrm{d}t^2}+k(1+\mathrm{i}\eta)x=0$$

这种所谓的模型实际上已经假设体系在作简谐振动了。从结果构造一个原因，添上几步计算就算解释了结果，这种学问在浅层面的物理学中常能见到。Wilczek 把这种物理定律比喻为法律意义上的 law，是在使用过程中才成型的[1]。

阻尼振动似乎是一个简单的问题，普通力学课上的介绍也许就蛮详细的了。但是，如果我们愿意作一些形而上学的考察，会发现它隐藏着一个逻辑上的矛盾。我们知道，振动方程是牛顿第二定律的典型应用范例，它的思想是力造成了运动的改变。对于简谐振动，力源于弹簧的状态，与振子是否运动无关。但是在阻尼振动方程中代表阻尼的这项力，却来源于运动：是运动引起了阻力，且不同的运动状态造成不同的阻力。那么，到底是运动造成了力，还是力造成

---

① 差点就翻译成“有尼姑前来拜访”了。近年有知名学者把洋文中的孟子译成孟休斯，把洋文中的蒋介石翻译成常凯申，可见学术混混名家各个学科都有，见多了就懒得理了。——笔者注

了运动(亚里斯多德力学)或者运动的改变(牛顿力学)?不管我们采用哪种观点,都不能自洽地解释阻尼振荡方程中的那两项力。那么,这个内在的矛盾该怎么消解呢?笔者以为,问题在于我们在力学中引入了力的概念。只要在力学中消除了力的概念,这样的逻辑矛盾就没有了。力概念在力学中的多余,先贤们早已经注意到了[2]。

图2 仕女荡秋千。"推人荡秋千"可用受迫阻尼振荡加以模型化。

阻尼运动的拓展就是受迫阻尼振动,此时振子还受到一个随时间变化的外力作用,方程变成了 $\frac{d^2x}{dt^2}+2\eta\omega_0\dot{x}+\omega_0^2x=f(t)$。若外力 $f(t)$ 是脉冲式的,这个模型可以用来描写推人打秋千(图2);而若外力取 $f(t)=f_0\sin\omega t$ 的形式,这个模型就可以用来描述电磁场中电子的运动。后者的渐近解为 $x=A\sin(\omega t+\varphi)$,即与驱动信号同频率但是有个相位差的振动,且有 $A^2\propto\frac{\omega^4}{(\omega^2-\omega_0^2)^2+(2\eta\omega_0\omega)^2}$。这个公式其实就是所谓的 Lorentz 线型(Lorentz line shape)的函数。为什么呢?

十九世纪末,荷兰物理学家洛仑兹(Hendrik Lorentz)提出了一个分子同辐射场之间相互作用的模型:电子在分子中作阻尼振荡,即有一个形式为 $-kx$ 的回复力(这个力决定了一个本征振荡频率);同时,电子还受到一个形式为 $-\gamma\dot{x}$ 的阻力(否则无法解释驱动撤了振荡就停止的现象)。这样,当分子置于电磁场中时,就构成了一个受迫阻尼振荡体系。电子的振幅就是上述的表达式 $A^2\propto\frac{\omega^4}{(\omega^2-\omega_0^2)^2+(2\eta\omega_0\omega)^2}$。不过注意到这个式子只在 $\omega=\omega_0$ 才有明显不同于零的值,所以它可以近似为 $A^2\propto\frac{\omega_0^2}{(\omega_0-\omega)^2+(\eta\omega_0)^2}$。假定电子发射的电磁波的强度正比于其振幅平方(很生硬的模型),则辐射的强度随频率的分布就应该是这样的函数,即呈洛仑兹线型(这里有个值得讨论的地方。常见有用光谱谱线宽度计算振子(能级)寿命的物理学。对固定的 ω_0,扫描激发源的频率 ω,得到 $I(\omega)\propto A^2(\omega)$ 样的强度分布。这个谱线的宽度与振子寿命是什么关系?从受迫阻尼振荡为模型来看,这个谱线宽度反映的是单一频率 ω_0

的振子的内摩擦。用谱线宽度 $\Delta\omega$ 的倒数定义的寿命 τ 应该是振子的内禀性质。但是,将 $\Delta\omega\tau\sim1$ 反过来发挥,比如以之为出发点解释什么 uncertainty principle,就莫名其妙了,因为 $\Delta\omega$ 是谱线表现的性质,其变量是外加的激发源频率,而 τ 才是振子的内禀性质。把来自不同对象的东西放在一起,算怎么回事?困惑中。)我们看到,洛仑兹线型是一个电磁辐射力学模型解的近似结果而已,它同分子的辐射行为如果相符的话,一定是很令人惊讶的。更令人惊讶的是,一些人不知道各种所谓线型所依据的模型及近似,却信誓旦旦地宣称他们所测得的谱线是怎样完美的洛仑兹线型,或者高斯线型①,并以之为出发点讨论基础物理问题,可爱之极。

关于受迫阻尼振动,有一个至关重要但却很少被提及的地方是,振子按照驱动源的频率规则地振动是一个渐近行为。在进入这个频率之前,还要加上一个暂态(transient)过程,可表为 $x=A_{\mathrm{tr}}\mathrm{e}^{-\eta\omega_0 t}\sin(\omega' t+\varphi')$, $\omega'=\omega_0\sqrt{1-\eta^2}$,振幅和初相位的表达很复杂,这里不赘述。这里想说的意思是,根据初始条件的不同,这个暂态过程可能是很疯狂的,持续时间也很长(图3)。有许多测量过程本质上属于受迫阻尼振荡过程:用一定频率的源(可以作扫描)去激发样品中不同频率的振荡,从稳态振荡的振幅和相移来反推样品中各振荡模式的信息。这个方法正确使用的前提是受激发体系确实进入了稳定振动状态。显然,

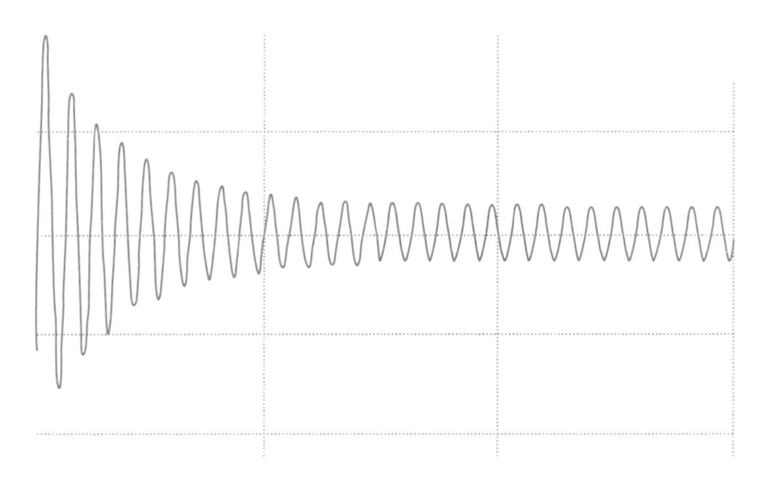

图3 受迫阻尼振荡在进入稳态之前要经历一个依赖初始条件的暂态过程。

① Voigt 线型是两者的卷积,倒是提起来的场合较少。——笔者注

这不是一个 trivial 的问题;有些时候,等待进入稳定振动状态的 transient period 可能长得超出实验者的耐心。

如果把阻尼系数也看成时间依赖的,或者给回复力加个非线性项,受迫阻尼振荡可被用来凑出对许多现象的描述。实际上,任何来回晃荡(to swing to and fro)的现象都被试图用振子模型来加以理解。用量子力学方式处理谐振子,即求哈密顿量 $H=-\frac{\hbar^2}{2m}\frac{\partial^2}{\partial x^2}+\frac{1}{2}m\omega^2\hat{x}^2$ 的本征值问题,是量子力学的入门例题。量子化的奥秘在于动量和坐标之间的非对易关系$[\hat{x},\hat{p}]=\mathrm{i}\hbar$,只要把动量替换成$-\mathrm{i}\hbar\frac{\partial}{\partial x}$即可;其对应的运动方程具有自伴随(self-adjoint)的性质,而这一点恰恰是量子力学之数学的核心内容。由此得来的谐振子本征值问题,是西方数学家在量子力学出现之前就玩熟了的微分方程。阻尼振动的量子化按说是顺理成章的事情,但是因为其难度却很少有人提及[3]。熟悉阻尼振荡问题经典解(应该归于易处理的问题之列)的人可能觉得难以置信,那是没注意到理论力学的基础——变分原理——不容易处理阻尼项的原因:带阻尼项的振动方程不具有自伴随结构。缺乏对阻尼振动问题的量子解,则对许多问题的理解只好以简谐振动为出发点。量子版本的谐振子解是讨论许多问题的基础,由谐振子问题量子化引出的所谓零点能的概念甚至成了粒子物理、宇宙学中的万灵药。难怪有人说,量子物理学中有解的问题,80%以上依赖谐振子模型。各种振荡问题(谐振、阻尼振荡、受迫阻尼振荡)在物理学中的作用,学物理者不可不察。

补 缀

1. 刘寄星教授在阅读本文后转来一段评论,摘录如下,或有助于读者了解"阻尼"一词的来历:
   1933 年,国立编译馆请中国物理学会提出物理学名词译名的初稿并审核物理学名词,成立了物理学名词审查委员会。该委员会共 7 人,杨肇濂先生为主任委员,其他 6 人为吴有训、周昌寿、何育杰、裘维裕、王守竞和严济慈。同年 8 月 21 日至 9 月 2 日,在中央研究院物理研究所召开了第一次名词审查会议。杨肇濂先生对此工作甚是积极,每日必到,并深入研究。据当时参加审查会议的钱临照先生回忆,当时议及"damping"一词,有译为"减幅"、"阻迟"等说，总觉未妥。翌日继续开会，杨肇濂先生一到会即说，昨夜忽得一“尼”字，有逐步减阻之意。此建议获得大家称赞，遂定将“damping”译为“阻尼”……今年(2012)是中国物理学会成立80周年，借此机会讲一下这个故事，以纪念当年物理学会先贤们为物理学在中国的传播不辞劳苦的功绩。

2. 量子化是个很棘手的问题。约束体系的量子化是量子力学的艰深课题，Dirac的 *Lectures on Quantum Mechanics*（Dover Publications，2001）中有论述。

3. 生命的历程是有阻尼的。“这个乱世，弱者不得好活，强者不得好死。”——《杀狼花》第三集

参考文献

[1] Hertz H. The Principles of Mechanics：Presented in a New Form [M]. Kessinger Publishing，2010.

[2] Wilczek F. Fantastic Realities[M]. World Scientific，2006.

[3] Ghosh S，Choudhuri A，Talukdar B. Acta Physica Polonica B，2009，40：49.

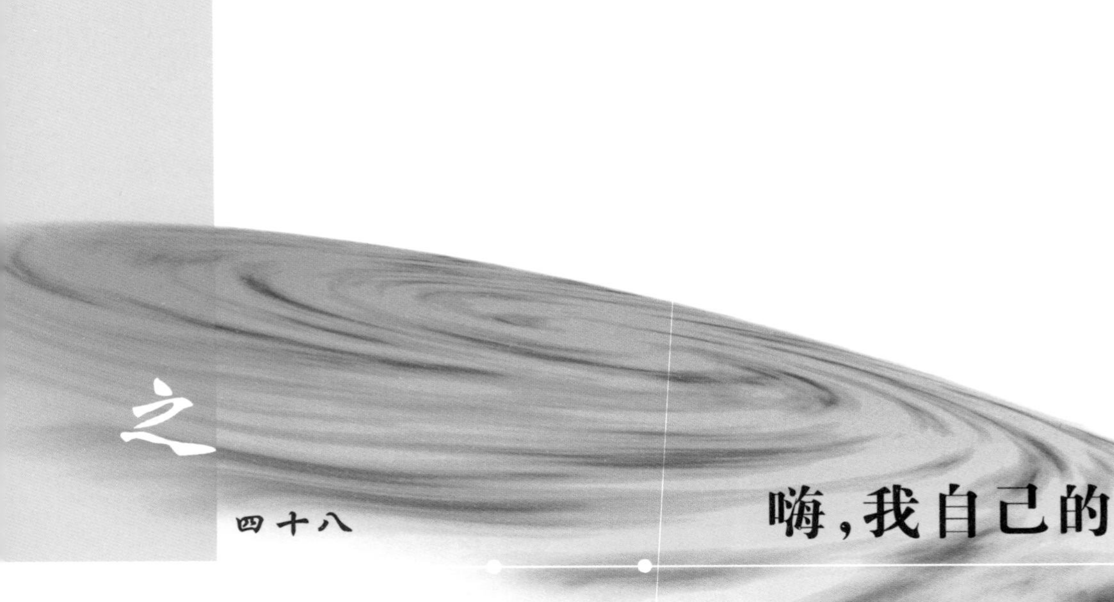

之四十八 嗨，我自己的

Im Anfang was das Bewusstsin, und das Bewusstsein war bei Sich Selbst, und das Bewusstsein was "Sich Selbst"①.

An actress must never lose her ego-without it she has no talent②.

——Tom Lehrer

摘要 据说量子物理和相对论是现代物理的两大支柱。不过，这两大支柱是建立在self-adjointness，eigenvalue (vector)，proper time (length)，proper Lorentz group，self-interference 等事关"自己的"概念碎石上的。没了自我，物理学似乎少了很多内容。

西方文化是讲究自我意识(Bewusstsein)的：它(意识)张扬自身，它的力量就是它自己(Es enfaltete sich, denn seine Kraft war es selbst)……它舒展自身，它的意义就在于它自身(Es entwickelte sich, denn sein Sinn war es

---

① 大意是："始而为意识，意识靠自身，意识就是自身。"引自文献[1]。——笔者注

② 大意是："一个女演员永不可失去自我，没了自我就没有才情。"其实，各行各业中的演员，不妨都想想这个理。——笔者注

selbst)[1]。这自我意识到了弗洛伊德那里就更复杂了，他给人格（personality structure 或精神结构，psychic apparatus）分成了本我（id）、自我（ego）和超我（super-ego）的层次。据说，本我（id）是人格中最本能的、最难以接近的层面；自我是人格中有组织的部分，承担自卫、感觉、认知和执行等功能；而超我则是人格中具有批判意识和教化意义的部分。这些西方的自我意识的癔语俺不懂，不过对他们的自我意识之高却印象深刻，这一点人们随便检视一下西文文献就能感觉到。

拉丁语系的语言以及日耳曼语系的语言有用反身动词（形式为自己 + 动词原型）的习惯，时刻不忘强调某些动词的对象是本人、本身，有时到了过分的程度。如在德语"一个自我引用的句子（Ein Satz，der sich auf sich selbst setzt）"中，短短 8 个字中就出现了两个 sich 外加一个 selbst，简直绕口。强调动词作用于对象本身当然是重要的，像"喜欢某事物"德语写成 sich freuen auf etw，是说就某事物让自己得意；"某事物进展、展开"德语为 sich entwickeln，那是说那是该事物自己的行为，这些都好理解。但是，像"我的名字叫某某"这个问题，法国人非要用"je m'appelle ××（我管我自己叫某某）"；连刮胡子这么个简单的事情，也不说是刮 - 胡子，而是刮 - 自己（德语为 sich rasieren，法语为 se lèver）。西方人根深蒂固的自我为中心（ego-centrism），也许由此可见一斑。

自己（自身）这个词，英文一般用 self，和德语的 sich（selbst）以及法语的 se① 一样，都属于通俗的字眼。但西文文献中，若想显得学问点会用拉丁语或希腊语。和 self 对应的有 ego，这个希腊词（Eγώ）就是英文的"I"，汉译自我，是个比 self 显得高雅的词。例如"Every autobiography is concerned with two characters，a Don Quixote，the Ego，and a Sancho Panza，the Self（每一本传记都要关注两个人物，一个是堂吉诃德，即自我；一个是桑乔，即本人）"就把 ego 和 self 之间的关系比喻成堂吉诃德和其仆人桑乔，贵贱自明。重要的是，ego 有点自夸的成分。

西方人的自我意识必然也反映在他们的自然科学成就中。他们的现代物理学的两大支柱——量子论、相对论——也是建立在事关"自己的"概念碎石上的。不可否认的，自伴随算符（self-adjoint operator）、本征值（eigenvalue）、本

① 第一、第二人称形式为 me，te。真麻烦。——笔者注

征态(eigenstate)是量子力学的 pillar-like(支柱型的)概念,而固有时(proper time)、固有长度(proper length)和固有洛仑兹群(proper Lorentz group)则是相对论的 pillar-like 概念。从中文字面上看,自伴随算符是有“自己的”内容,而本征值、固有时也约略有这么个意思,但不如西文那么明显,自然也影响对其内容的理解。

谈论 self-adjoint 之前,先谈论 adjoint。Adjoint 似乎是个专有的数学用语,我手头的字典没有关于它的词源解释。我不知道它是否就是 adjoin,反正 adjoint 在汉语数学文献中被翻译成“伴随的”,这应是和 adjoin 同样的意思(be next to each other),如 the two countries adjoin (两国为邻邦)。在数学语言中,adjoint 是描述两个数学对象的关系,如有公式$(Ax, y)=(x, By)$(先不管这个括号定义了什么样的算法),则称 A is adjoint to B (A 算符是 B 算符的伴随)。如果$(\cdot, \cdot)$定义的是 Hilbert 空间上的内积,且有$(Ax, y)=(x, Ay)$,则 A is self-adjoint(自伴随的)。自伴随算符又称厄米特(Hermitian)算符。

自伴随算符乃量子力学的关键。在量子力学的语境中,算符的意义在于其在(复的)波函数上的作用结果,因此自伴随算符的定义为

$$\int \psi_1^* L\psi_2 \mathrm{d}\tau = \int (L\psi_1)^* \psi_2 \mathrm{d}\tau \tag{1}$$

对于实在的力学量,量子力学要求其必须是厄米特算符。之所以这样是因为若算符为厄米特算符,则有[2]

(1) 厄米特算符的本征值(eigenvalue)是实的。这样,算符表达的力学量便是可测量量了,可测量量当然应该是实的;

(2) 厄米特算符拥有一套正交的本征函数(eigenfunction)。力学量的本征值被解释为力学量被测量时的结果。这个诠释是 von Neumann 1928 年提出的[3];

(3) 厄米特算符的本征函数构成一套完备的基。

综合上述三条,一个选定的力学量的本征函数提供了一套正交完备的基,或曰张开了一个 Hilbert 空间。其他力学量的本征函数(任何)可以用该套完备正交基表示为这些基的某个线性叠加,也即是那个 Hilbert 空间中的一个矢量。

自伴随算符的正交性好证明,完备性的证明麻烦一些[4]。厄米特算符的完备性意味着其他函数可以用该算符的本征函数展开。这个完备性是如此强大,

以至于锯齿波这样明显不连续的函数都可以表示为正弦函数和余弦函数（二阶微分算符的本征函数。处处光滑的函数呀）的展开。处处光滑的函数叠加出了不连续的函数，这是怎样的颠覆常识的、革命性的认识[①]。没有强大的数学武装的头脑，谁信？可以想见当年傅立叶发现这个事实时，会遭遇怎样的反应。

一个厄米特算符作用到其某个本征函数上的结果是在本征函数上乘个常数因子，这个常数因子叫本征值。本征值（eigenvalue）和本征函数（eigenfunction），来自德语的 Eigenwert 和 Eigenfunktion，其中的 eigen，就是德语“自己的”、“特有的”的意思。汉译本征也许是“本身特征的”的缩写？Eigen 在德语中的用法其实也是大白话，如“auf eigenen Füßen stehen（站在自己的脚上，喻自立）”，“sein eigener Herr sein（做他自己的主人）”，至于像“Jede war ihr eigenes kleines Bewusstsein（每个人都是自己的小自我意识）”这种句子，字其实蛮平淡，只是我们不习惯这么说话，于是显得很高深、很哲学[②]。本征值连同相关的本征矢量可能最先是在研究矩阵时引入的。矩阵的概念来自对线性方程组的研究：一个 n 变量的线性方程可以写成 $\boldsymbol{A}\cdot\boldsymbol{x}=\boldsymbol{c}$，其中 $\boldsymbol{x}$，$\boldsymbol{c}$ 都是 n 分量的矢量，$\boldsymbol{A}$ 是个 $n\times n$ 矩阵。矩阵的研究，将线性方程的研究系统化了，它还带来了很多意想不到的新数学内容，从而成为物理学必不可少的工具。对于矩阵 $\boldsymbol{A}$，存在 n 个矢量 $\boldsymbol{x}'$，有 $\boldsymbol{A}\cdot\boldsymbol{x}'=\lambda\boldsymbol{x}'$，这样的矢量 $\boldsymbol{x}'$ 就是矩阵 $\boldsymbol{A}$ 的 eigenvector，相应的常数 λ 称为 eigenvalue，可由方程 $\det(\boldsymbol{A}-\lambda\boldsymbol{I})=0$ 得到，其中的 $\boldsymbol{I}$ 是个 $n\times n$ 单位矩阵。量子力学的第一种表述就是矩阵力学，在这之前矩阵已经在关于（分子的）振动的研究中起着关键的作用了。设若有 n 个谐振子，相互之间是耦合的，则方程可写为 $\mathrm{d}^2\boldsymbol{x}/\mathrm{d}t^2=\boldsymbol{A}\cdot\boldsymbol{x}$，$\boldsymbol{x}$ 是描述 n 个谐振子位移的矢量。这样对于那些满足 $\boldsymbol{A}\cdot\boldsymbol{x}'=\lambda\boldsymbol{x}'$（$\lambda<0$）的 $\boldsymbol{x}'$（由 n 个谐振子的位移线性地构造的一个新矢量），就有 $\mathrm{d}^2\boldsymbol{x}'/\mathrm{d}t^2=\lambda\boldsymbol{x}'=-\omega^2\boldsymbol{x}'$，则在振动的语境下，$x'$ 就是系统的本征矢量（方向），相应的 ω 为本征频率（eigenfrequency）。这套语言的含意是，对于一组耦合的谐振子，存在 n 个互相垂直的方向，在这些方向上整个系统只以一个单一频率（n 个本征频率之一）振荡。这么个简单的东西，笔者竟没见哪本中文教科书说明白了。理解了这些内容，学习量子力学和固体量子论就容易了——因为量子力学本身就

---

① 光滑的函数加出了不连续的了，那么，一定是无穷多项的结果。这是一个“无穷大会出乎意料”的证据。一个人手中的钱、权、势要是无穷大了，其行为估计也不好理解。——笔者注

② 哲学的水平是一个国家文明的本质性标志。你信吗？反正我信。——笔者注

是个本征值问题。如果说有唯一的一个对量子力学有什么洞见的人的话，我选薛定谔，理由就是他1926年的"Quantisierung als Eigenwertproblem(量子化作为本征值问题①)"四篇[5]。等到有一天人们把麦克斯韦方程写成了$\nabla\times\left(\frac{1}{\varepsilon(r)}\nabla\times H(r)\right)=\left(\frac{\omega}{c}\right)^2 H(r)$的形式，就认识到了"Electromagnetism as an eigenvalue problem(电磁学作为本征值问题)"，光子晶体的概念，作为电子晶体的类比，就诞生了[6]。

在相对论中出现的proper length，proper time和proper Lorentz group的概念，其中的proper就是"自己的"的意思，只是可能比较隐蔽而已。Proper，来自拉丁语proprius，就是one's own的意思，现代英语中还保留着"in propria persona（亲自）"等拉丁语短语。相关的词还有property（财产，特性。注意德语的财产Eigentum，特性Eigenschaft也都是基于"自己的"的这个词），appropriate（挪用，即当成自己的了）等。Proper time和proper length，台湾分别译成原时和净长度，大陆有固有时和固有长度的译法。所谓的proper time，是Minkowski 1908年引入的[7]，原文的表述就是Eigenzeit（自己的时间），就是在空间某点看那点上流逝的时间(间隔)。假设某个运动过程在时空中表示为从事件1到事件2，一直伴随这个过程的钟(比如一个旅行者自己带的手表)，记录下的流逝的时间(elapsed time)就是proper time，计为$\Delta\tau$。对于另一个观察者来说，他用(x,t)坐标记录下全过程，则有$c\Delta\tau=\int_{event1}^{event2}\sqrt{(c\mathrm{d}t)^2-(\mathrm{d}x)^2-(\mathrm{d}y)^2-(\mathrm{d}z)^2}$。其实，这个关系式只是强调了时空不变量的表达而已，它是个关系式，但不是proper time的定义。相应地，proper length是说两个事件的空间间距，是在一个惯性系中同时测量的(因此没有时间上的差异)这两个事件间的距离。略微想一下，这些不过是说相对论的时空是坐标为$(x;\mathrm{i}ct)$的欧几里得空间，这个空间中(事件之间的)距离定义为$\int_{\mathrm{event1}}^{\mathrm{event2}}\sqrt{(c\mathrm{d}t)^2-(\mathrm{d}x)^2-(\mathrm{d}y)^2-(\mathrm{d}z)^2}$。它是个不变量，即对另外的观察者来说，事件距离为$\int_{\mathrm{event1}}^{\mathrm{event2}}\sqrt{(c\mathrm{d}t')^2-(\mathrm{d}x')^2-(\mathrm{d}y')^2-(\mathrm{d}z')^2}$，但和前者相等。在两个特殊的参照系内，一个是两事件同时的惯性参照系，这个积分为

① 此前量子化被认为是整数化。本征值问题揭示的是本征值的分立以及对应的本征函数的正交。——笔者注

proper length;另一个是伴随运动者的参照系,积分为 $c\Delta\tau$,其中的 $\Delta\tau$ 就是 proper time。如此而已。相对论之所以给人留下难懂的印象,笔者以为一个重要的原因是关于其科学内容以外的发挥太多了。若是这发挥还是来自热心人士,就太可怕了。

关于狭义相对论的 Lorentz group。那些矩阵值(determinant)为正且 preserve the forward light-cone, that is, which send each component of the set of the time-like vectors into itself 的变换构成的子群称为 proper Lorentz group。Proper Lorentz group,不出所料,又是被随意地翻译成了固有洛仑兹群,根本没弄清楚这个群的要义在于其变换"send each component of the set of the time-like vectors into itself(把类时矢量分量变到类时矢量分量本身)[8]"。这样看来,笔者以为将 proper Lorentz group 译成"反身洛仑兹群"更确切且意义更明了些。

量子力学中另一个同自己有关的词是 self interference(自干涉),是和基本粒子的双缝干涉实验诠释相关联的。双缝干涉是被拿来"证实"基本粒子波动性的挡箭牌,据说"the double-slit experiment was Feynman's favorite demonstration of quantum mechanics(双缝实验是费曼最喜欢的关于量子力学的演示(实验))[9]"。但是笔者提请大家,这个所谓的 demonstration 只是口头上的(关于实验验证,下面会提到)。这个双缝实验的中心思想是:把双缝中的任何一个堵上,通过狭缝的粒子在后面的屏幕只留下一个单峰的分布,但若两个狭缝都打开就会出现干涉条纹(图 1)。但奇怪的是,据说若试图对狭缝后的粒子进行观测以判断粒子是从哪个狭缝经过的,就观察不到干涉条纹了,而且是一旦让我们有了可以判断粒子是从哪里通过的信息①,条纹就即刻消失了。Feynman 在著名的讲义中是这样说的(大意):如果观测电子穿过狭缝行为的光波长足够短,那么即便两个狭缝都开着,也没有干涉条纹。但是,让我们用更长的光波实验……一开始什么也没有。Then a terrible thing happens(然

---

① 笔者不才,不知什么样的信息可以判断粒子从哪个狭缝通过的。而且,什么是信息?一组数码,懂数学的人看出了其中的奥秘算是信息,对于不懂的人它算不算信息?对于一个熟悉 Fibonacci 数列的数学家来说,它包含很多,如果不是无穷多,的信息(这个数列可是有专门杂志的,而且不止一本),不知这个信息该怎么定义。这个关于"一旦知道粒子是从哪个狭缝通过,干涉条纹就消失"的说法,最后演化为"如果物理学家闭上眼睛,月亮还在不在"的笑话。——笔者注

后可怕的事情发生了)……是当光波长足够大以至于比狭缝距离还大时,我们不再能判断电子①从哪个狭缝通过的……we begin to get some interference effect (我们开始看到干涉效应)。[9]坦白地说,每当看到类似的描述,我都有看《西游记》的感觉。这个所谓的双缝干涉演示基本粒子的神奇波动性的论断,有很多很奇妙的描述,但仅限于描述,经不住任何推敲。也有做实验的,比如有个为了判断薛定谔的猫该有多大块头的实验,用双缝干涉实验看 C_{60} 分子是否有干涉效应,如果有干涉效应就认为 C_{60} 分子具有波动性,则薛定谔的猫应该比它还大。不过,那里的 C_{60} 分子是被离化后放行的(这可比用光子照一下判断电子从哪个狭缝通过的实验中的干扰大得多。差点就是掐着 C_{60} 分子的脖子直接给押送到指定地点了),结果宣称还是呈现了干涉条纹。笔者在讲述量子力学时有专门的一节"welch Weg doch (到底走哪条路)?"有各种描述和实验的详细信息[10]。这个双缝干涉实验为了突出基本粒子的特异性,还有进一步的版本:当粒子源逐渐减弱到每次只有一个粒子通过时,依然观察到了电子干涉花样②。那么,这个干涉花样如何解释? Dirac 给出的解释就是这个 self-interference-单个基

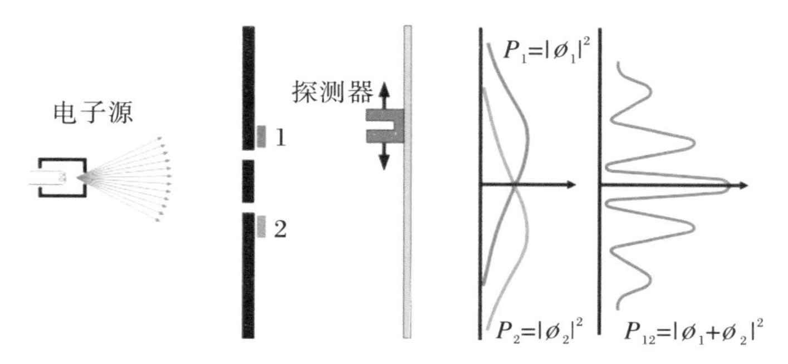

图 1　双缝实验演示粒子的(量子)波动性。若只有一个狭缝,到达屏幕上的电子表现为单峰的分布;若两个狭缝都打开,就能观察到干涉条纹。有趣的是,据说若狭缝后面用一束光照射电子,且提供的信息足以使我们判断电子是通过哪个狭缝时,干涉条纹就消失了。

---

① 用光照射狭缝后面以判断电子从哪个狭缝通过,可行性如何,笔者不敢妄加评价,但实验却是从来没有的。——笔者注

② 有人用单电子源做过这个实验。不过,那个随时间累积得来的明暗条纹和一束电子同时到达到屏幕上时得到的花样是一回事吗? 显像管显示的那个比电子大无穷多倍的被感光的斑点能当作电子到达屏幕的位置吗? 电子和显像管面的相互作用难道不是已经用"粒子是点"的概念先入为主地给解释过了吗? ——笔者注

本粒子会自干涉[11]。自干涉到底是什么样的物理图像，笔者不懂。

行文到此，颇多感慨。西方的科学家们，其作为人的自我意识是非常强烈的。科学作为他们的创造，他们是不吝于往上添加个人的色彩的。自我是一种意识，是一种精气神，要从土地中慢慢生长出来。一段时间里，总有人问为什么我们这里出不了学术大师的问题。我觉得这个问题还可以深入一个层面，问为什么我们这里没有人格上有点大师倾向的人？人是认识世界的主体，自我价值(eigenvalue)的实现是科学家认识自然过程的主导力量。忘了自我尊严的人，怕是未必能体会到科学，尤其是物理学，的真谛。一个真正的科学家，应该是自己提出了一个算作问题的问题并给出了自己的答案的人。其实，也不需要对自己的问题自己给出答案。如果有一天一个地方的科学家拿出的成果真是自己的，那么那个地方的科学就有希望了。科学精神首先来自科学家对自我的尊重，是与奴才哲学格格不入的。

补 缀

1. 关于完备性问题，有个值得提及的事实。奥地利数学家哥德尔(Kurt Gödel, 1906～1978)的不完备性定理有许多表述方式，其一为：一个数学公理体系不能从自己出发证明自己的完备性。对相信数学和物理学完备性的人来说，这可要了亲命了。
2. 将完备性用于 Fourier 分析，则那个 $n=0$ 的 $\sin(nx)$ 项也要写上。它告诉我们这里有个 $\sin(nx)$，$\cos(nx)$ 构成完备基的问题。
3. 关于 self-adjoint matrix 的一个重要例子。设 M 是具有 Lorentz 度规 $|x|^2=x_0^2-x_1^2-x_2^2-x_3^2$ 的空间，则 M 中的每个点可用一个如下的矩阵表示：

$$x=\begin{pmatrix} x_0+x_3 & x_1-\mathrm{i}x_2 \\ x_1+\mathrm{i}x_2 & x_0-x_3 \end{pmatrix}$$

注意有 $\det(x)=x_0^2-x_1^2-x_2^2-x_3^2$。这个 2×2 self-adjoint 矩阵的集合就构成了一个四维的实矢量空间。其基为 $\sigma_0=\begin{pmatrix} 1 & 0 \\ 0 & 1 \end{pmatrix}$，$\sigma_1=\begin{pmatrix} 0 & 1 \\ 1 & 0 \end{pmatrix}$，$\sigma_2=\begin{pmatrix} 0 & -\mathrm{i} \\ \mathrm{i} & 0 \end{pmatrix}$，$\sigma_3=\begin{pmatrix} 1 & 0 \\ 0 & -1 \end{pmatrix}$。这后三个矩阵就是所谓的 Pauli 矩阵。自旋、相对论、量子力学，在这里汇合了。

4. Idiosyncrasy（特有的气质或爱好）中的 idio，也是 one's own 的意思。Idiomorphic（自形的），指某矿物表现出该矿物的特征面(having the normal faces characteristic of a particular mineral)，这说的是晶体在岩石中发育而其外形未因环境而被改变(crystals in rock that have developed without interference)。
5. 数论中有 proper divisor(汉译真除数、真因子、真约数等)的说法，指一个数除了其自身之外的其他所有除数。
6. 半导体物理中有本征半导体的说法，是对 intrinsic semiconductor 的翻译。Intrinsic，inwardly；Intrinsic semiconductor 是未掺杂的（undoped）的半导体。
7. 有时遇到 eigen energy，正确的翻译还就是"自身的能量"，例如下面这段："Wir können aber das geschlossene System auch etwas weiter auffassen, nämlich dass sich Ein- und Ausfuhr bilanzieren lassen. Auch dann bleibt die Eigenenergie konstant（我们还可以让封闭系统包含更多的对象，比如那些流出和流入平衡的系统。这样，系统自身的能量保持为常数）。"此句见于爱因斯坦书信集的第 334 封信（The collected papers of Albert Einstein: vol. 9[M]. Princeton University Press，2004:455）。
8. Dirac 在 *The principles of quantum mechanics* 一书中提到（§9）eigenvalue 历史上也写成 proper value，不过 proper，还有 improper，常用作别的意思，如 improper function（§15），proper energy（§46）。Dirac 郑重提醒：The words eigenvalue，eigenket，eigenbra have a meaning，of course，only with reference to a linear operator or dynamical variable（当然，本征值、本征右矢和本征左矢这些词只是针对某个线性算符或动力学量才有意义）。
9. 建议将本篇同 *Secular*，*Equation* 篇一起读。
10. 与 eigenvalue 有关的词简直铺天盖地，有 eigenvector，eigenfrequency，eigensystem，eigenspace，eigenfunction，eigenmode，eigenface，eigenstate，等等。
11. 那位因为赌博而第一个严肃地思考概率问题的 Gerolamo Cardamo，其自传为 *De vita propria liber*（*the book of my life*），其中的 propria 就是"自己的"的意思。
12. 近读安德森，注意到一句："局域化问题不过是关于某线性问题之本征值的纯数学描述(Perhaps the best known is localization，which is actually a

purely mathematical statement about eigenvalues of certain linear problems)"(Anderson P W. More and Different[M]. World Scientific, 2011)。

13. 我曾想当然地以为，光滑的正弦函数加出了非连续的函数，是因为无限多项的原因。这个想法可能是错的。至少，有限项的正弦函数相加就能得出不可微的函数来。

参考文献

[1] Pietschmann H. Der Mensch, die Wissenschaft und die Sehnsucht (人、科学与渴望)[M]. Herder,2005.

[2] Arfken G B, Weber H J. Mathematical Methods for Physicists [M]. 6th ed. Elsevier,2005:636.

[3] J. von Neumann. Mathematische Grundlagen der Quantenmechanik [M]. 2nd ed. Springer, 1995.

[4] Courant R, Hilbert D. Methods of Mathematical Physics[M]. Wiley,1989.

[5] Schrödinger E. Quantisierung als Eigenwertproblem[J]. Ann. Phys.,1926,79:361; 79:489; 80:437;81:109.(共四部分)

[6] Joannopoulos J D, Meade R D, Winn J N. Photonic Crystal[M]. Princeton University Press,1995.

[7] Minkowski, Hermann. Die Grundgleichungen für die elektromagnetischen Vorgänge in bewegten Körpern[M]. Springer,1908.(有电子版)

[8] Steinberg S. Group theory for physicists[M]. Cambridge University Press, 1994:13.

[9] Feynman R P. Lectures on Physics: Vol. I[M]. Addison-Wesley, 2004:6-37.

[10] 曹则贤. 量子力学系列讲座之"Welch Weg doch?"[R]. 中国科学院研究生院, 2008.

[11] Dirac P A M. The Principles of Quantum Mechanics[M]. Oxford University Press,1982.

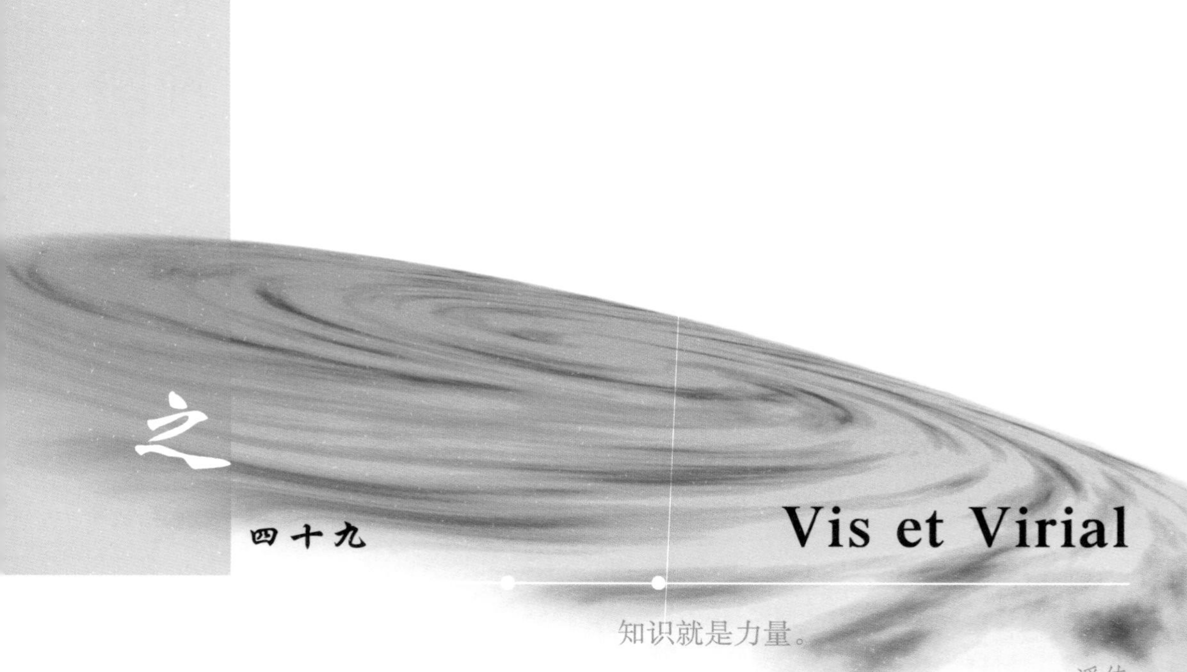

之四十九 Vis et Virial

知识就是力量。

——谣传

Fear Not! The terminology's misleading[①].

——Frank Wilczek

摘要　维里定理中的 virial 是个力学量,不是人名。它源于 vis viva 中的 vis。Virial 出现在众多物理概念中,virial theorem 的一个重要应用结果是暗物质概念的提出。到了给 virial 找个合适的中文翻译的时候了。

Onnes 关于气体的物态方程被写成 $pV = A + Bp + Cp^2 + Dp^3 + \cdots$或者 $pV = A + B'V^{-1} + C'V^{-2} + D'V^{-3} + \cdots$的形式。这个非常形式化的物态方程没多少物理,所以不是太引人注意。对于恒温的理想气体,我们为其构造了一个理想的关系 $pV = \text{const.}$,则在常数项后面加上高阶项近似倒也不失为表达不理想的好主意。这两个表达式里的系数 $A, B(B'), C(C')$等都被称为维里系数[1]。除了维里系数以外,维里还出现在许多别的场合,如维里定律、维里方程、维里温度、维里张量等。对于习惯于爱因斯坦关系、普朗克公式、薛定谔方程这样字眼的中文物理学习者,维里可能会被当作某个西洋人名看待。

① 大意是:术语误人。——笔者注

当然，许多读者都已注意到，维里不是某个洋人，而是对 virial 一词的音译。对于 virial 这么个既是名词也是形容词的词——而且出现在那么多的物理概念中——仅仅是音译一下了事，个中原因还真不好揣摩①。如果仔细比较一下西文的物理书籍包括字典的话，似乎 virial 一词也未受到足够关照。或许其牵涉的物理内容历史有点悠久，modern physicists 懒得理会吧。

有那么一段时间，人类的物理学是被力（force）以及相近的概念，包括 potential，power，momentum，work，energy（be working），entropy（energy + turn）[2]所表示的。在物理学初期，force，power，potential，work 等常常是分不清的，对应的中文词包括力、势力、威力、能力等也是含混不清——对于这些根源于早期人类生活的词，这是自然现象。有个文字上的例子。英文里有个口号，叫 knowledge is power，中文就翻译成“知识就是力量”②——这里 power（现代物理文献指功率）被翻译成力量。这句话在西方被认为是培根（Francis Bacon）说的，但未在培根的作品中找到过原文。在培根的 *Meditations Sacrae* 一书中人们找到一句拉丁文 scientia protestas est 和这个意思接近，但是西方目前采用的这句话的拉丁语形式为 Scientia potentia est——这里的 potentia（现代物理文献指势能）被翻译成力量。所以知识是不是力量我不知道，但是对于用中文考物理的学生来说，物理知识可真就是“力量”——明白了力量就明白了许多物理。君不见中文语境中连 quantum mechanics，statistical mechanics 都成了“力”学。

英文物理文献中常见的力字，force，来自拉丁文 fortis，奥运口号“更快、更高、更用力（citius，altius，fortius）”中能见到它的身影。其他表示力的词，如 power，strength 如今都有了别的意思（如 field strength，场强），但还有一些大家未注意，如前述维里系数中的 virial，它来自曾经的物理学家都必须认识的 vis（力）一词，如 vis viva 就是我们熟知的动能。英文常见词汇如 violence（暴力），vim（精力）也都源自 vis。

Vis viva，直译为活力、生命力。这个概念是莱布尼兹在 1676～1689 年间提出的描述运动的概念，因为他注意到，比如在弹性碰撞过程中，$m_i v_i^2$ 之和是守恒的，于是把 mv^2 定义为活力。到马赫写作他的 *Erkenntnis und Irrtum*（认

---

① 资料不足，一般的字典也没收录这个字。物理学在中国的艰难，由此可见一斑。——笔者注

② 某些地方对 knowledge is power 这句话的实践性诠释是“权势就是知识”。——笔者注

识与错误)一书时,活力的守恒(gleichgewicht der lebendigen Kraften)已是被确立的力学定律[3]。Vis viva 就是我们今天所说的动能。有些读者可能注意到,现在的物理书中粒子动能的形式是$\frac{1}{2}mv^2$。如果问为什么动能的形式是现在的$\frac{1}{2}mv^2$而不是以前的 mv^2,可能知道的人不多,因为我们的中文书里不写,先生们也不教——不知是懒得教还是从来没想过因此也不曾困惑过。笔者第一次遇到讲这个问题的书是大学时读的恩格斯的《自然辩证法》[4]——必须承认,俺那时也没把这当回事,像"The expression *vis viva* is no longer used for double the kinetic energy:…he (Leibniz) put forward as the measure of *vis viva*, of the real motion of a body, the product of the mass and the square of the velocity"这种句子也就是读了而已。有没有这个 1/2(注意不是 0.5)①,碰撞时的动能都守恒。只是当科学家们研究落体的高度同速度之间关系时,才发现这个 1/2 是必须的[5]。当然,相对论和数学也都告诉我们它是必须的②。

拉丁语名词有单复数的区别,vis 是力(force, power)的单数形式,复数形式为 vires 或者 virium,英文解释为 strength,你看这里 force, power 和 strength,如今是不同的物理学基本概念,都被拿来解释 vis。Virial 看似形容词,但作形容词用时时常被误写成 viral,此处不论;在物理学语境中的 virial 是名词。1870 年,克劳修斯在报告其研究气体运动及热力学的一个结果时指出:"the mean vis viva of the system is equal to its virial, or that the average kinetic energy is equal to 1/2 the average potential energy(系统的 vis viva 的平均等于它的 virial,或者说平均动能等于平均势能的 1/2)",即 $2\langle T\rangle = -\langle V\rangle$[6]。一般的 virial theorem 形式为 $2\langle T\rangle = -\sum_{i=1}^{N}\langle f_k \cdot r_k\rangle$,其中 f_i 是其他粒子作用在 i-粒子上的力。这个 virial 到底指什么呢?假设我们有一个 N 粒子的体系,粒子位置为 r_i。笔者以为若我们知道位置分布的各阶矩

---

① 你要是不知道我说的是什么意思,请考虑它和 mv^2 中那个 2 的关系,那里的 2 是个整数不是实数。此中深意,请读者诸君细思。——笔者注

② 一个问题,若 v^3 项也必须考虑(不可以吗?),前面的系数该怎么写?——笔者注

$M_k = \sum_{i=1}^{N} m_i r_i^k (k = 1,2,3\cdots)$，就应该能唯一地确定位置 r_i①。注意 $k=1$ 给出质心的定义，$k=2$ 就是惯量矩。现在研究惯量矩 $I = \sum_{i=1}^{N} m_i r_i^2$，其关于时间的一阶微分乘上因子 1/2 为 $G = \sum_{i=1}^{N} p_i \cdot r_i$，这就是 virial，其量纲是作用量！其实，若运动用 (r, p) 描述，则量 $p \cdot r$ 在力学中的出现是必然的。进一步微分，得到

$$\frac{dG}{dt} = 2T + \sum_{i=1}^{N} f_i \cdot r_i = 2T - \sum_{i=1}^{N} \sum_{j<i} \frac{dV}{dr} r_{ji}$$

如果 $V = ar^n$（$n = -1$ 对应万有引力、库仑相互作用），则有 $\frac{dG}{dt} = 2T + V_{\text{tot}}$。如果 dG/dt 的长时间平均或者系综平均为零，就得到了所谓的 virial theorem。

Virial 定理有一些较著名的应用例子。其一是 vis viva 方程，对于任何开普勒轨道（椭圆的、抛物的、双曲的或者干脆是径向的（对应抛体过程）），vis viva 方程就是其任意点上两体的相对速度平方的表达 $v^2 = G(M+m)\left(\frac{2}{r} - \frac{1}{a}\right)$。将系统总能量守恒和在特定点（半长轴 a 对应的两转折点）上的 virial 定理结合，就能得到这个结果。Virial 定理的一个杰出的应用案例是瑞士天文学家 Fritz Zwicky 于 1933 年在计算星系团的引力质量时，发现计算结果远大于从光度计算得到的值，从而推定宇宙中的大部分物质为暗物质（dunkle Materie，dark matter）[7]。另一个案例是把 $2\langle T\rangle = -\langle V\rangle$ 应用到白矮星的分析上，从而得到了 Chandrasekhar 极限，即核心质量占总质量之比的上限。这些对 virial 定理的应用未必在对问题的细节理解上是正确的，但不妨碍结果的意义重大。这让我想起 Rothman 在评价早在爱因斯坦广义相对论出现之前关于光线引力弯折估算时写下的一段话："… it is not always necessary to be Einstein to be Einstein and that simple considerations are sufficient to get approximate answers（…没必要是爱因斯坦才是爱因斯坦，简单的考虑就足以得到近似的答案）[8]"。

还有许多物理概念用到 virial。Virial stress 是因为其表示同 virial

---

① 个人的模糊感觉，但给不出严格的数学证明。有见到类似数学证明的读者请告知。——笔者注

theorem 相似，包含类似 $\sum_{i=1}^{N} f_i \cdot r_i$ 的项。其他的概念，如 virial expansion，virial temperature，virial mass，virial radius，等等，都是推导过程中用到 virial theorem 而得名。注意，在现代宇宙学中，出现了源于 virial 的新派生词 virialization，是指“transforms gravitational potential energy into kinetic energies（把引力势能转化为动能）”的过程，这是星系形成中的一个重要过程。有人把 virialization 翻译成“位力化”，不失为一个好翻译，既照顾到谐音，又努力去反映了位能转化为动能（不是力）的物理图像。笔者以为，对 virial 这个词的欠债该还了，应该参照其定义 $G = \sum_{i=1}^{N} p_i \cdot r_i$ 给个贴切的翻译。笔者暂建议用“能力”（读成能－力），因为它本身来自力这个词，且一直是 power，force，strength 这些词的亲戚。当然，笔者对这个翻译也不满意，权作引玉之砖。有意者请参考 1996 年出版的《物理学名词》对 virial 一词的说明。

Virial 以及 vis 在当代英文中的其他衍生词容易和 vir 的衍生词混淆。Vir 是拉丁语人、男人的意思，如 vir sapiens et fortis est（the man who has wisdom is powerful，此句也被当成前述的“知识就是力量”的一个可能起源），英文的衍生词有 virility（男子汉气概、男子生殖能力），virilism（女性出现男性特征）等。不过，vis 和 vir 好混淆是自然的，毕竟男性形象是和力量相联系的。注意，中文的“男”字就是“田＋力”，田间的劳力，英文直译是 field strength，这在电磁学上可就是场强。物理学不是孤伶伶的学问，它是人类文化的一个侧面，或者说是融入了人类文化的一个略显特殊的元素。物理学中充满力量的概念，因此“it is rigorous and austere（严格的、一丝不苟的）”，或许“物理学的人性”[9]本应包括 virility and masculinity（男子汉气概）。溜须拍马、阿上钻营这般软身段的功夫，绝不会成为普世的爷们价值观，也不该是物理学 field 中的风景。

一点声明：

有读者反映拙作《物理学咬文嚼字》系列叙述粗糙，太过跳跃。笔者只能说抱歉，因为它既不是教科书，也不是讲座。咬文嚼字要在有限的篇幅澄清一个概念的起源、其在整个物理学领域（其实做不到）中的应用及应用过程的演化，其前提假设是读者对笔者所讲述的内容都是清楚的。拙文好比是在河上架桥，但只是在两岸最多还包括河中间垒起个桥墩，缺失的桥墩和桥面还请读者自己筹建。自己搭建的桥梁结实——这个道理，你懂的。

补 缀

附图 1

1. 既要研究 $\boldsymbol{r}\times\boldsymbol{p}$，也要研究 $\boldsymbol{r}\cdot\boldsymbol{p}$，这牵扯到算法的完备性或者闭合性的问题。
2. 关于活力，vis viva，这个概念的争论中，有一个女性关键人物即法国的夏特莱侯爵夫人（Émilie du Châtelet，1706～1749）。在她翻译的法文版牛顿之《自然哲学的数学原理》一书的评论中，她加入了 vis viva，即 mv^2 的概念，并指出力学过程应该还有能量守恒律。

参考文献

[1] 王竹溪.热力学[M].北京:高等教育出版社，1955.

[2] 曹则贤.熵非商:the myth of entropy[J].物理,2009,38:675-680.

[3] Ernst mach. Erkenntnis und Irrtum[M]. Wissenshaftliche Buchgesellschaft Darmstadt，1968.

[4] Friedrich Engelg. Dialectics of Nature[M].（伟大导师 Friedrich Engels 的著作，英文名为 *Dialectics of Nature*，德文原名为 *Dialektik der Natur*。笔者当时读的是错误百出的中文版。）

[5] Coopersmith J. Energy：the Subtle Concept[M]. Oxford University Press，2010.

[6] Clausius R. On a Mechanical Theorem Applicable to Heat[J]. Philosophical Magazine，Ser. 4,1870,40：122-127.

[7] Fritz Zwicky. Die Rotverschiebung von extragalaktischen Nebeln [J]. Helvetica Physica Acta,1933,6：110-127.（河外星系的红移，瑞士物理学报）

[8] Rothman T. Everything's Relative[M]. Wiley,2003:79.

[9] Wilson R R. The Humanness of Physics[M]. 1978.（有网络版）

Polarization

表面是清晰明了的谎言，背后是晦涩难懂的真相。

——Milan Kundera *L'insoutenable légèreté de l'être*①

Dilemmas always are a source of polarization.

——G. C. Berkouwer

摘要 电荷、光甚至人的世界都是一个 polar world。Polarization 一词在中文物理学中竟然长期允许被翻译成偏振、极化、极性、极化强度等不同的词，怎会不影响对物理学的正确理解？

英文的 pole 的意思之一是中文的"杆"，所谓的 flagpole，fishing pole，旗杆、钓竿是也。这个意义上的 pole 来自拉丁语的 palus。英文 pole 常有一个被翻译成汉语"极、极点"的意思，其引申词遍及数学和物理，不过它来自拉丁语的 polus，希腊语为 πόλος。这时的 pole 指的是 either end of any axis（任意轴的顶点），其实它还有 axis of the sphere（球之轴）的意思。这样，地球自转轴

① 中文译本为《不能承受的生命之轻》。——笔者注

的两个顶点，磁体、电池的两端，甚至观念之两个极端（extreme，最外端的意思）都被称为 pole。那些具有两个对立的可能性或者顺着一个轴（运动）的事物，就是极性的（polar）。

在复变函数中，一个亚纯函数（meromorphic function）在某些点上不是解析的。若函数 $f(z)$ 在 $z=a$ 处以 $\frac{R(z)}{(z-a)^n}$ 的形式趋于无穷大，则 $z=a$ 形象地被称为是函数 $f(z)$ 的 n 重 pole（极点）。从 $z=a$ 处出发，朝向任何方向函数 $f(z)$——总是个复数——的模都变小，这有点象一个人从地球的极点，比如北极，出发，则朝任何一个方向去都是往南。极点的概念对于复变函数具有特殊的意义。某种意义上说，理解了复变函数的零点和极点，就理解了复变函数。一个具有说服力的例子是留数定理（Cauchy's Residue Theorem）$\oint_C f(z)\mathrm{d}z = 2\pi\mathrm{i}\sum \mathrm{res}(f, a_k)$，其意思是说 $f(z)$ 绕环路 C 的积分为函数在环路内的极点上的留数之和，再乘上 $2\pi\mathrm{i}$。这个留数定理帮助人们轻松地获得了许多不容易求得的积分。比如，求积分 $\int_0^\infty \frac{R(x)}{x}\mathrm{d}x$，其中 $R(x)$ 在正实轴上没有极点，就可以转化成复平面上的积分 $\int_C \frac{R(z)}{z}\mathrm{d}z$，$z=0$ 是积分核的 pole，可以选取如图 1 所示的锁眼形状的积分环路（keyhole contour），用留数定理很容易就求得这种形式的积分。

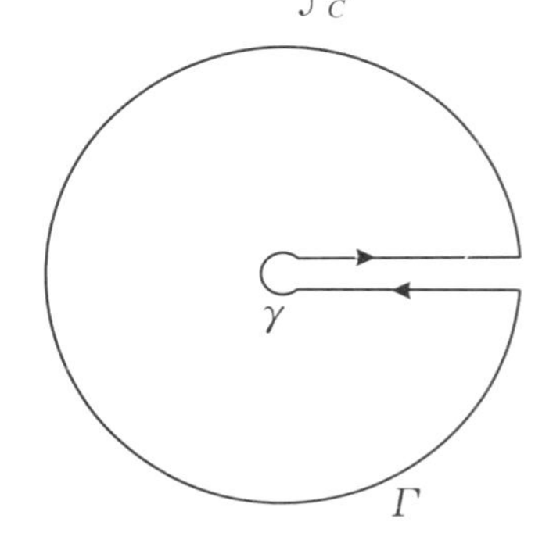

图 1 锁眼环路，用于对零为其极点的实变函数从零到无穷大的积分。

Pole 指的是 either end of any axis，则应该有 opposite and complementary（相反的、互补的）的两个。两极的一个说法是“bipole”，如 bipole surround speakers（环绕立体声喇叭），bipole 是指声音来自两个相对的喇叭。Bipole 的形容词形式为 bipolar，如 bipolar stepper motor（双向步进电机）。两极的另一个说法是 dipole。Bipole 和 dipole 字面上虽然相同，但意义还是有微妙差别的，比如 bipole 环绕立体声喇叭相对着，其发声是同步的、同相位的（at the same time and in phase）；而 dipole 环绕立体声喇叭发声是异相的（out of phase）。Dipole 试图产生弥散的环绕立体声效果，让其听起来并不是明显地来自两个相对的源。

一般电磁学教科书中都有图2所示的electric dipole(电偶极子)的图解:两个等量的正负电荷,间距[①]为ℓ,构成一个dipole,其dipole moment(偶极矩)为矢量$q\ell$,从负电荷指向正电荷。许多文献中提起electric dipole,就认定是图2那样的图像,似乎有些不妥。实际上,任何电荷分布,哪怕是同种电荷分布也都有electric dipole。根据库仑定律,若有一组电荷q_i,位置为$\boldsymbol{r}_i$,则在位置$\boldsymbol{r}$上产生的电势为$\sum_i q_i/|\boldsymbol{r}-\boldsymbol{r}_i|$。对这个表达式可以做近似:一阶近似为一个在位置$\boldsymbol{r}_0=\sum_i q_i\boldsymbol{r}_i/\sum_i q_i$上的总电荷$Q=\sum_i q_i$所产生的电势$Q/|\boldsymbol{r}-\boldsymbol{r}_0|$;二阶近似为在位置$\boldsymbol{r}_0$上的electric dipole $\boldsymbol{p}=\sum_i q_i\boldsymbol{r}_i$产生的电势$\boldsymbol{p}\cdot(\boldsymbol{r}-\boldsymbol{r}_0)/|\boldsymbol{r}-\boldsymbol{r}_0|^3$。这个意义上,把dipole翻译成二极矩很有道理。下一步的近似为四极矩(quadrupole,quadrapole) $\tilde{Q}=\sum_i q_i\boldsymbol{r}_i\boldsymbol{r}_i$,一般的教科书中愿意把它写成$Q_{ij}=\sum_1 q_1(3\boldsymbol{r}_{1i}\cdot\boldsymbol{r}_{1j}-r_1^2\delta_{ij})$的形式,其中$i,j=1,2,3$,$\delta_{ij}$为Kronecker符号。这样的四极矩是迹为零的二阶张量。不过,笔者更喜欢$\tilde{Q}=\sum_i q_i\boldsymbol{r}_i\boldsymbol{r}_i$这种的bivector形式,觉得还是它更接近物理。在四极矩定义中把电荷换成质量,就是惯量张量。

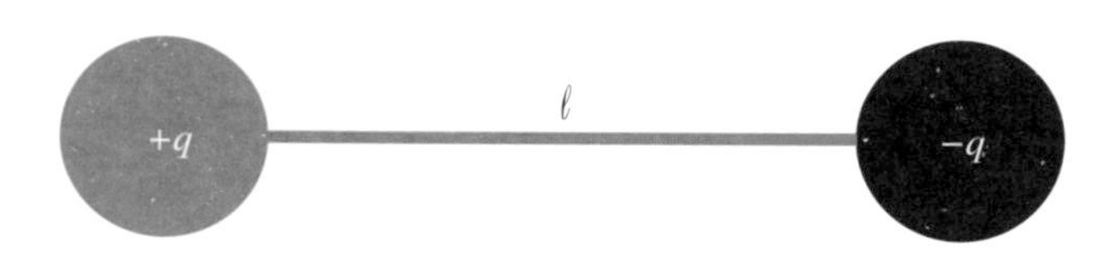

图2 Dipole,汉译偶极子。图像和译法似乎都过分强调了等量正负电荷的形象。

电偶极矩$\boldsymbol{p}=\sum_i q_i\boldsymbol{r}_i$同质量矩$\sum_i m_i\boldsymbol{r}_i$(用于求质心位置,$\boldsymbol{r}_0=\sum_i m_i\boldsymbol{r}_i/\sum_i m_i$)的本质区别在于质量是非极性的只取正值而电荷是极性的可取正负值,虽然质量和电荷都是标量。电荷是极性的事实带给我们这个世界的一个有趣性质是:对于等量的正负电荷构成的集体,其偶极矩与坐标原点的选

① 电荷的间距怎么度量?有时有些量的引入就是那么一说。——笔者注

取无关①。笔者对这个定律的社会学诠释是,对于差不多等量男女构成的集体,他们可以形成一个“不知有汉,无论魏晋”的桃花源。理解了人类社会和电荷社会都是同样的极性社会,极性物理量是 opposite and complementary 的,就能理解“八千湘女上天山”②的科学性和单一性别小社会里的荒唐,就能容易理解等离子体的性质以及这个宇宙为什么大体是中性的[1]。

就电荷来说,因为一般原子的组成为质子、中子和电子,所带电荷分别为 +1,0 和 −1(以基本电荷为单位),这容易造成电荷构成是(+1,0,−1)这种三重态(triplet)的错觉。但极性本意与“二”有关,电荷的极性应该是正电子−电子所表现的(+1,−1)那样的两重态(doublet)。也就是说电荷的极性与物质-反物质的对偶有关。中子不带电荷③,中子和反中子也是物质-反物质的两极,表现在重子数为(+1,−1)这样的 doublet。

由 pole 引申而来的一个重要物理学词汇为 polarization,是动词 polarize 的名词化形式。Polarize 指的就是使得未表现极性的事物表现出极性来或者使得其极性(偶极矩)增大。比如,原本对某事物没有什么观点的群众因为某个原因而分成观点针锋相对的两派,这就是 polarized 了。把 polarize, polarization 翻译成“极化”就挺好。然而,翻看中文字典和教科书, polarization 的翻译有极化、极化强度、偏振、偏光、偏极化、极化作用等,琳琅满目,让人无所适从。

先从 electric polarization 说起。设若一绝缘体材料置于电场下,其原子的核外电子分布不再以原子核为中心,原子被极化,其偶极矩为 $\boldsymbol{p}=\int_{\text{atom}}\boldsymbol{r}\rho(r)\mathrm{d}\tau$,即电荷密度乘上位置矢量的积分。则这块材料的 polarization 为 $N\boldsymbol{p}$,这里的 N 是原子的密度。Polarization 反映的是一块电介质被极化的程度,因此有些地方把它翻译成“极化强度”。不过,这是个危险的举动,容易让人误以为极化是强度量(intensive quantity)。其实,在热力学内能表达中,与

① 这是否是这个宇宙应遵循的相对性原理之一?若将这个事实当作宇宙学应关注的原理之一,或许有助于构造同时纳入空间结构和电荷等内禀参数的宇宙模型。——笔者注

② 1950 年,湖南省招募女兵入疆,解决十万屯垦大军男兵的婚姻问题,承诺是可以学俄语、开拖拉机、当工人等。后来陆续还有华东一些省份的女性应召入疆。她们不仅贡献了劳动力和婚姻,而且在偏鄙之地开创了一个新世界。——笔者注

③ 不是电荷为零。电荷为零和不带电荷,应该是有区别的。——笔者注

电介质有关的能量项形式为 $\boldsymbol{E} \cdot \mathrm{d}\boldsymbol{P}$,表征材料 polarization 的量是这个材料的总偶极矩 $\boldsymbol{P}$,它和熵、体积一样,本质上是广延量。

类似于正电子-电子的电荷构成(+1,-1)式的极性世界,电子的自旋也构成(+1,-1)式的极性世界,一般记为(up,down)。1921～1922 年,Stern 和 Gerlach 研究银原子束在非均匀磁场中的偏转以证明 Bohr 的空间量子化的思想,观察到银原子束总是分成上下两束。到了 1925 年自旋概念被提出,1927 年 Fraser 发现银原子轨道角动量为零,这时 Stern-Gerlach 实验的发现才被归因于自旋[2]。我猜测原子束在非均匀磁场中被分裂成上下两束,是自旋有 up 和 down 分量这种说法来源。

在光学中,光的 polarization 是在双折射现象中发现的:照射到双折射晶体(如水晶)上的光分成两束,一束是满足 Snell 定律的寻常光(ordinary ray),一束是非寻常光(extraordinary ray)。在特定的入射方向上,两束折射光的电场振动方向垂直,这可能是 polarization 被翻译成"偏振"的原因。这种译法的缺点是,没有顾及一个概念在更大范围的科学领域中是如何理解的。振动方向在入射平面内的被称为 p-polarization (p 来自 parallel,平行),振动方向垂直于入射平面的被称为 s-polarization (s 来自 senkrecht,垂直)。通过选择性反射、吸收等机理,有许多物体可以让光的振动限制在一个平面内(图 3),这样的物体被称为 polarizer。在光学语境中,polarizer 被译成偏振片或者起偏器。

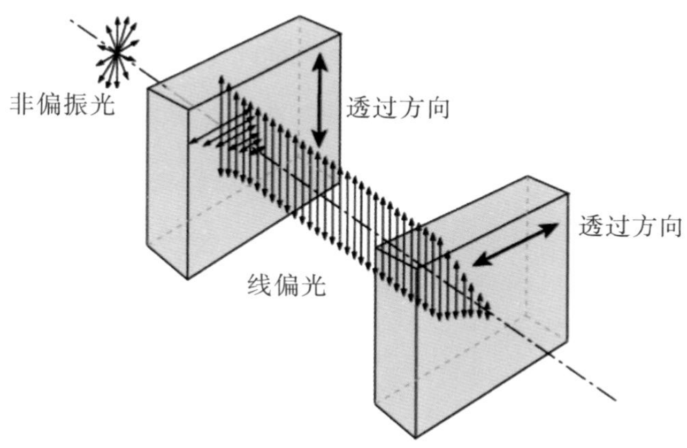

图 3 偏振片。一束非偏振光通过一个偏振片,透过部分为线偏光,再经过一个透过方向与前一个偏振片透过方向垂直的偏振片,则完全没有光透过。

光学中把 polarization 译成偏振，易引起混乱，笔者以为还是摒弃偏振这个词要好。读者可能注意到，物理学后来有了光子的概念，光束的 polarization 自然是同光子的 polarization 概念相联系的，Dirac 的量子力学原理就是从 polarization of light 和 polarization of photon 讲起的[3]。但我们把前者翻译成光的偏振，后者翻译成光子的极化，多少有点不合适吧？

光束的 polarization，前期人们讨论的多以线偏振情形居多，一束线偏振的光到达一个作为检测器的 polarizer，若振动方向和 polarizer 轴垂直则完全通过，若平行则完全通不过，若夹角为 θ 则通过的几率（或强度衰减）为 $\sin^2\theta$。但这套说辞不适用于光子，"photons each plane-polarized in that direction（在彼方向上呈面偏振的光子）"的说法恐怕不合适[3]。光子的角动量为 1（单位 $\hbar$），两个分量为 +1 和 −1，分别对应 counterclockwise circularly polarized 和 clockwise circularly polarized，汉译左旋圆偏光和右旋圆偏光。光子的偏振态，可看作对应光子能量的简并态。1924 年，印度物理学家 Bose 认为，若光子能量 ε_i 有 g_i 个简并态，n_i 个光子在其上的分布数为 $W=\frac{(n_i+g_i-1)!}{n_i!(g_i-1)!}$，则在能量和粒子数守恒条件下的最可几分布为 $n_i=\frac{g_i}{\exp(\alpha+\beta\varepsilon_i)-1}$，是改进的普朗克黑体辐射公式[4]。显然，这个推导过程若成立，必然要求 $g_i\geqslant 2$。两种极性，即 $g_i=2$，是最简单的情形。后来的研究认定光子是自旋为 1 的玻色子，自旋的两个分量对应左旋和右旋两种极性状态（polarization）。

停，好像哪儿不对。学过原子物理的人都知道，若角动量 $l=1$，则分量为 $l_z=1,0,-1$，是 triplet。若是这样的话，用 polarization 这个词就不合适了。可接受的解释是，三分量的投影是针对电子这样的有质量粒子的，对于质量为零的相对性粒子如光子，没有 $l_z=0$ 的分量。

关于极性，虽然针对电子和光子人们都用 polarization 这个词，但它们却是在非常深刻的层面上不一样的。所谓的 polarization，即（+1，−1）这样的 doublet，在电子为（up，down），这两个态之间夹角为 180°，而光的极性，线偏振，之间的夹角却为 90°。电子的极化同光极化的不同，意味着描述电子行为要用到不同的代数[5]，现在量子力学描述电子自旋用的是 spinor（旋量）的语言。

文章结束前，笔者想谈谈（光的）polarizer 的问题。一个偏振片，首先是一种由某种材料制作的器件，其功能是通过光与物质之间的相互作用实现的。而光与物质之间的相互作用恰是我们要理解的，这个理解过程需要借助于包括偏振片在内的诸多光学器件和更复杂的仪器。就偏振片而言，能将一束光限制到单一平面上的机制包括选择性吸收以及通过反射、双折射和干涉等过程实现分束等。天底下就不存在一个偏振片，可以将一束光限制在某个“平面”内，另有一个 polarizer 作为检偏器，当它的轴落在面偏振光内时，光全部被阻挡，当它的轴和偏振光所在平面严格地成 90°时，光全部被放行。光经过 polarizer，伴随的是光的能量或者光子数在不同方向上的重新分布。没有光强度的定量变化，笼统地谈论偏振片取向、偏振态的改变以及光的通过概率等内容，可能会得出似是而非的东西，尤其是一些用 polarizer 操纵电子和光子的 polarization 以验证量子力学基本现象的实验，可能还是要慎重点好。毕竟，老天没在物理学知识以外给我们准备了独立法官似的物理实验。实验技术、实验设备和我们的物理学知识是在互相参校、不断修正错误的过程中才取得进步的。

读者可能注意到我没提到 magnetic dipole（磁偶极子）的事情。个人以为，不管是来自粒子内禀的自旋，还是来自 current loop(电流环。这正好是说磁是电动力学现象。还有一点请注意，从几何代数的角度看，*E* 是 vector，而 *B* 是 bivector，两者不可平行而论)，磁都是次生现象。Magnetic dipole，magnetic monopole（磁单极)这些类比而来的概念可能都无助于对真正物理的理解。

补 缀

1. 动词 polarize 作及物动词一般会译为极化，被动式常会译为偏振的、极化的。什么是极化？Malena 从西西里的阳光小镇走过时，那些 Uomini(男人们)的目光都偏向了她所在的方向，这就是由人演示的极化的物理图像。
2. 狄拉克 *The principle of quantum mechanics* 一书的第一章第二节(p.5)，题目是 polarization of photons，内容却是 polarization of light。面偏振的光由面偏振的光子组成，圆偏光由圆偏振的光子组成，这个说法恐怕是相当不妥。
3. 等离子体和我们人类(以及许多种动物)是极性的存在，因此 polarity，polarization 等内容注定在等离子体和动物世界中会有更多表现（参阅笔者的报告《活在极性世界》)。
4. 同体积关于能量共轭的压强是个极性的量。

参考文献

[1] 曹则贤. 活在极性世界[R/OL]. (2009-03-05)[2012-07-09]. http://www.doc88.com/9-683606967719.html.

[2] Friedrich B, Herschbach D. Stern and Gerlach: How a Bad Cigar Helped Reorient Atomic Physics[J]. Physics Today, 2003: 53.

[3] Dirac P A M. The Principle of Quantum Mechanics[M]. 4th ed. Oxford University Press, 1958.

[4] Bose S N. Plancks Gesetz und Lichtquantenhypothese[J]. Z. Phys., 1924, 26: 178. (此文是爱因斯坦应素不相识的作者的请求翻译成德语发表的。)

[5] Vignale G. The Beautiful Invisible[M]. Oxford University Press, 2011.

速度

速度是出神的形式

——Milan Kundera in *La Lenteur*[①]

c interrelates space and time.

——Wiki

摘要　速度是切空间里的实在。速度对应的词有 speed，velocity，celeritas 等。光速作为时空连接的参数，它在 Maxwell 方程中的出现意味着它不是一般意义上的速度。光速 c 是个整数，或者就是 1。利用 $\Delta x/\Delta t$ 测定中微子的超光速反映的是一种物理学理解上的不足。

在其物理学讲义一个名段中，费曼讲了一个女司机和警官的故事[②]。警官拦下了一位超速的妇女，"抱歉，女士，我得给你开票了：你刚才超过 1 小时 60 迈了。""你啥意思？"——那位妇女说——"我根本就没开到 1 小时！"

对这个问题该怎么回答？你可能会说："你如果一直这么开 1 小时，你会驶出 60 多英里去。"那位妇女可能会说："我干吗开那么远？我就到前面 500 米不

① Milan Kundera 于 1995 年出版的法文小说《慢》。——笔者注

② 这则故事中的性别偏见为费曼从女权主义者那里赢得了"大男子主义猪"的称号。后来，实际上是很后来的事情了，费曼狡黠地指出故事中的警官也是女的。——笔者注

到的超市去!”

那位妇女的反驳还真不乏值得肯定的地方，因为我们谈论速度的时候有点循环论证的意思。我们说，如果这样连续行驶 1 小时，我们将驶过 60 英里。或者也可以说，如果这样连续行驶 1 秒钟，我们将驶过 1/60 英里。“这样”当然是指“每小时 60 迈的速度”——可这正是我们首先要定义的[1]。

这个困难每当我们试图用平常的空间间隔和时间间隔解释速度的时候就会出现——因为不能这么做。速度不存在于平常的空间中，它不是简单的一段距离和一段时间的比值，即 $\Delta x/\Delta t$。它存在于一个抽象的空间，一个与平常空间相切(tangent)的由极限过程产生的切空间(tangent space)。在图 1 中，A，B 两点相距 Δx，若越过这段距离用时为 Δt，则我们说在 AB 之间的平均速度为 $\Delta x/\Delta t$。当 B 点无限趋近于 A 点时，A，B 两点的连线变成了在 A 点的切线，同曲线只有一个接触点。这时的 $\Delta x/\Delta t$ 的极限才是在 A 点的瞬时速度。速度为我们提供了自连续产生不连续——从此前存在之概念的极限产生新概念——的基本案例。图 1 中给出的速度表示是不合适的，因为速度始终在 x-方向上而不是在 x-t 平面内。

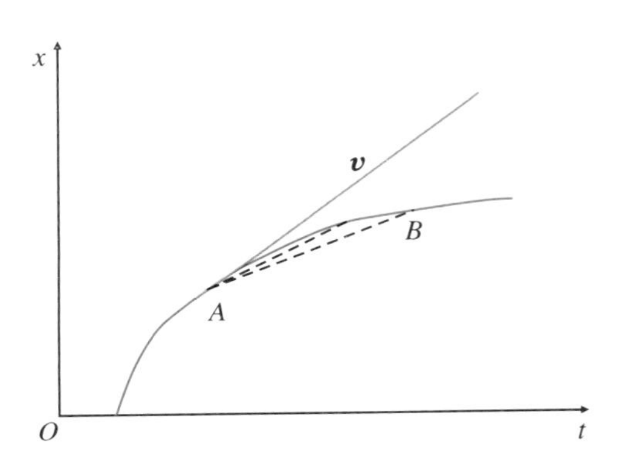

图 1　速度是切空间里的现实，因此是切现实(tangent reality)。

速度是一个“切现实”的现实，应该认真理解。有一段时间，因为执著于 $\boldsymbol{v}=\frac{\mathrm{d}\boldsymbol{x}}{\mathrm{d}t}$，我感到相空间的概念和 Hamilton 方程不好接受。其实，就算是存在关系 $\boldsymbol{v}=\frac{\mathrm{d}\boldsymbol{x}}{\mathrm{d}t}$，$\boldsymbol{v}$ 和坐标还可以是互相独立的。一个系统里的粒子处在不同的位置上，但它们依然可以有相同的 $\boldsymbol{v}$。实际上，这和微分的性质是自洽的，$\boldsymbol{v}=\frac{\mathrm{d}\boldsymbol{x}}{\mathrm{d}t}=\frac{\mathrm{d}(\boldsymbol{x}-\boldsymbol{x}_0)}{\mathrm{d}t}$ 对任意的常量 $\boldsymbol{x}_0$ 都成立。其实，在相空间的概念和 Hamilton 方程中，出现的是动量 $\boldsymbol{p}=m\boldsymbol{v}$ 而不是速度 $\boldsymbol{v}$，这是因为就描述运动来说，速度 $\boldsymbol{v}$ 相对于动量 $\boldsymbol{p}=m\boldsymbol{v}$ 其能力是不足的。动量为质量和速度之积，用这种两重的物

理量描述运动的合理性，非物理学家也早认识到了。据说拿破仑征埃及时，就提出用人数乘上速度这样的量来衡量军队的战斗力。骑兵和步兵的速度不同，人数等量的这两者突袭效果显然是不一样的。物理学来自生活，此为一例。

速度是一个矢量，有方向。有方向的速度在英语中被称为 velocity，一般用符号 $\boldsymbol{v}$ 表示。Velocity 来自拉丁语 velocitas，velox，在被当成物理学专门概念之前也是一个非常家常的词，就是“快”的意思。在英文中表示快的意思还有 quickness，swiftness，rapidity，speed 等。如果你在单位时间内越过的距离很大，耳边就会有呼呼的风声，不管你是勇往直前还是原地绕圈。也就是说，有时我们不太关心位置改变率（rate）的方向。与方向无关的纯粹快慢的概念就是速率，一般英文文献用 speed。当然，如上所见，velocity 这样的家常词是怎么也摆脱不掉“速率”的角色的，这一点在阅读英文文献时很容易注意到。

不管是洋文的 velocity 还是中文的速度，速度意味着快。速，形声字，束声，大约是车开到 20～30 公里/小时时耳边的风声（古人没办法更快了）。在物理上，速度变成了中性的词，多小的 $\Delta x/\Delta t$，我们也称为速度而不是慢度或者磨蹭度。历史上，人类提升自己行进速度的第一次革命是利用别的动物，主要是马[①]；第二次革命是力学的，利用滚动摩擦较小的原理。带轮的自行车，西语称为 velocipedes（快脚）；Karl Benz 1893 年造了第一批廉价的、批量生产的四轮车，就叫 velo，那大约是第一代奔驰车。

人有了（高于自身能力能完成的）速度会怎样？昆德拉在小说《慢》中这样评论一个骑摩托车的人：“他抓住的是跟过去与未来都断开的瞬间，脱离了时间的连续性；他置身于时间之外。”当我读到这句话时忽然觉得，就理解物理来说，笔者这样的所谓物理学家是连昆德拉这样的名作家，或者韩少功这样的中文作家[②]，都不如的。

速度是时空之切空间里的存在，加速度就是速度空间之切空间里的存在，是速度的速度。Acceleration，来自拉丁语 ad + celer，即加 + 速。Celer（celeris，celere）是拉丁语的形容词“快”，副词形式为 celeriter（quickly）。在

---

① 所以在中文中马意味着快，如立马、马上。比马快的是风和电，不过只能想象风驰电掣的感觉。请注意，这些场合下时间是用速度表示的。——笔者注

② 韩少功《马桥词典》中的一些文章有关于狭义相对论和时间的朴素思想。——笔者注

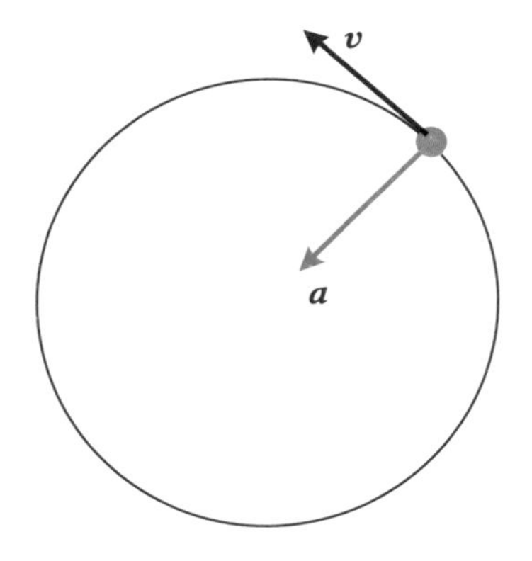

图 2　一个作圆周运动的物体，其速度沿圆周的切线方向，加速度指向圆心。

我们的时空里，我们看到的只是一个物体的不同位置，所谓的时间、速度、加速度，只存在于我们的思维中。但我们常常以为我们看到了速度和加速度，我们甚至在一幅图中表示出一个运动过程——比如圆周运动——中的速度和加速度的方向(图 2)，但理性会告诉我们它们不在一个空间里，因此所谓的速度同加速度不在一个方向上是自然而然的事情。认识到这样的事实是人类物理学上的一个革命性的步骤，且还伴随着从亚里斯多德力学(力带来速度)到牛顿力学(力带来加速度)的进步。

人类关于加速度的心理，同关于速度的心理如出一辙。虽然速度可增可减，但我们习惯把 $d\boldsymbol{v}/dt$ 或 d^2x/dt^2 说成 acceleration(加速度)，而很少提及 deceleration(减速度)。对于 $d^2x/dt^2<0$ 这样的情形，我们宁愿说是 negative acceleration(负加速度)，也不说是 deceleration。这就如谈论经济，明明是经济滑坡，我们偏说成负增长①。难怪昆德拉感叹“我们的时代迷上了速度魔鬼”——在奥运口号“citius，altius，fortius”中，“更快(citius)”就是排在首位的。

拉丁语形容词 celer 对应的名词为 celeritas(速度)，在伽利略的《关于运动的旧作》(*De Motu Antiquiora*)和牛顿的《自然哲学之数学原理》等书中，celeritas 一词就是我们现在所理解的速度。这个词的首字母 c 在物理学中具有特殊的地位，被用来表示真空中的光速。为什么用 c 表示光速？理由之一就是因为 c 是 celeritas 的首字母，阿西莫夫还专门撰写了 *c for celeritas* 一文[2]。不过，这背后其实有相当曲折的历史。字母 c 代表速度，在声学中研究波动方程时就有先例，这一点可见于欧拉的工作[2]。在 1856 年的一篇文章中，韦伯曾写到“and the constant c represents that relative speed, that the electrical masses e and e must have and keep, if they are not to affect each other (速度

---

① 更过分的是，官员作恶不叫作恶，而是“走到了群众美好愿望的反面”。——笔者注

c 代表两个电荷① e 与 e 之间的相对速度，在此速度上它们就影响不到对方了）[4]”。后来，在 Drude 1894 年出版的著作和洛仑兹 1909 年出版的著作中都能见到用 c 表示光速。爱因斯坦研究相对论早期文章中用 V 表示光速，这可能是延续麦克斯韦的习惯，但在 1907 年的一篇文章中他把光速的符号改成了 c，于是有了著名的公式 $E=mc^2$。一个可能的原因是，相对论总是涉及运动物体或者参照系的速度 v 以及光速，如果光速用 V 表示的话，一定很难避免混淆。

不过，有另一种说法认为用 c 表示光速是因为 c 是 constant② 的首字母。光速同电磁学常数相联系，$c=1/\sqrt{\varepsilon_0\mu_0}$。这样，后来用 c 代表光速就有了逻辑的基础。至于光速用 c 表示到底是因为 celeritas 还是 constant，倒不必计较。如果我们知道 c 是光速同时还是常数（很特殊的常数，特殊到它可能不是速度③），这对我们理解狭义相对论是有帮助的。所谓的光速不依赖于源或者参照系，应该说的是它是时空的关联，也即如果我们认定不同参照系的时空是按照洛仑兹变换那样联系的，则在这两个时空中，时空都是通过 c 连接的，自然有光速不变。

光速按照狭义相对论不只是一个常数，它还是个上限，是物质、能量甚至信息之传播速度的上限。按照俄国学者 Yuri I. Manin 的观点，这个速度上限，和角动量的单位 $\hbar$ 一样，都具有绝对的意义，其意义在于存在这样一个现实，而不在于其按照某个单位制取（看起来）或大或小的数值。量子力学文献中常出现 $c=1$，$\hbar=1$ 的写法，有时作者写到这里时总要找个“为简单起见”或者“基于约定”等借口，却不知道之所以可以这么写是因为可以这么写，它们就是 1！

光曾被认为是即时到达的。伽利略意识到光是有限速度的，并试图和助手用灯光延迟来确定光速，这当然不奏效——距离太短而光速实在太快。1670 年代，丹麦天文学家 Ole Römer 发现木卫一（Io）在木星上的投影有时快（地球离木星近的时候），有时慢（地球离木星远的时候）。这个现象很容易用光有有限速度加以解释。知道了地球和木星之间距离的变化，Römer 估算出光速约

---

① 注意这里的用词 electrical masses。——笔者注

② Constant 对应的德文词为 Konstant，这也就是物理学文献中常用 K 代表常数的原因。——笔者注

③ 我有种感觉，虽然光速的量纲是速度，但它不是普通的速度，甚至未必是速度。——笔者注

为30万千米/秒。这个数值当然不精确，因为Römer用来计算光速的Δx和Δt都不太精确。后来据说有人在月球岩石上放了一面镜子，若向月球发射一束激光，则通过测量往返所用的时间，就能精确地计算出光速。现代物理实验中有用干涉仪的：把一束已知频率的光分束然后合并，改变光路差，观察干涉花样的变化计算出波长，从而计算出光的速度。这些方法，花样多变但精神没变，本质上都是通过测量Δx和Δt来决定光速[①]，因此都不太精确。重要的是，笔者以为，它们根本就不正确。

注意在关系$c=\frac{\Delta x}{\Delta t}$中，三个角色只有两个是独立的。时间虽然概念上很难理解，但日常物理学中用的时间是通过事件计数实现的，容易精确。距离Δx虽然好理解，但不易测量。既然光速是常数，不妨利用这个性质。注意，我们目前的光速的标准值是299 792 458米/秒，这是一个整数值，是建立在我们之前的物理学知识上所确立的一个数值，因此它是任意的，又是精确的！相应地，现在长度的标准是用光速和时间标准决定的。这就告诉我们，如果今天还用测量Δx和Δt的方法决定光速，甚至判断光速是否是常数，就有点缺乏常识了。

光速c不仅出现在狭义相对论中，还出现在粒子理论中，据信无质量粒子的速度是光速；它还出现在引力理论中，据信引力波的速度也是光速。2011年物理学界最热闹的是有人用GPS精确测量距离Δx加上测量飞行时间Δt从而测量中微子的速度，并且宣称中微子的速度可能高于光速（虽然低于光速的数据点可能更多）。2012年热闹的则是关于中微子振荡的研究，根据这个现象中微子三个味本征态中至少有两个是有质量的（因此速度是明显低于光速的）。真不知道这些科学家们眼中还有没有物理学自洽性的问题。中微子超光速的实验后来被说成是因为接口造成的测量错误，笔者认为其是根本性的错误。用GPS测定距离（强调一下，长度标准是用给定的光速常数标定的）外加原子钟测量时间差，然后计算$\frac{\Delta x}{\Delta t}$，这个方法比较两种汽车的速度当然是可行的。但是用来比较一个（可能是）零质量粒子和光速的些微差别（如果有的话），可能是不合

---

① 光速还可以通过测量电磁学常数ε_0和μ_0，然后由$c=1/\sqrt{\varepsilon_0\mu_0}$来计算。不过测量电磁学常数可能也绕不过精确测量时间和长度的问题。——笔者注

适的。用这个方法测量光速你都可能得出一个关于 $c=299\ 792\ 458$ 米/秒附近的非对称分布。你是否想得出光速比光速大的结论呢？针对这样的研究，德国马普所的一位科学家在上世纪九十年代评论低温核聚变实验时曾写道（大意）："此事件只是说明，这个世界上超过 80%的物理学家对物理学其实是一窍不通的。"言虽刻薄，却也离事实不远，可叹。

补缀

1. 速度与时空的关系，按照一般教科书上的做法是写成 $\boldsymbol{v}=\frac{\mathrm{d}\boldsymbol{x}}{\mathrm{d}t}$ 的形式。关于这一点，笔者觉得值得商榷。此处的空间坐标 x 作为位置（position）理解的话，是无须写成矢量形式的，$\mathrm{d}x=x_2-x_1$ 才决定了速度是个矢量。这也是微分的更一般形式，比如梯度算符∇，作用到标量场 φ 上，其结果$\nabla\varphi$ 是个矢量的原因——矢量性质来自微分。若将位置 x 理解成矢量，则必须引入一个参照点，而这种做法恰恰是 Riemann 几何出现以来要避免的事情：一个空间结构的几何，应该在其内部得到描述。额外引入的参照点、参照系甚至嵌套空间（nesting space）都不是必须的，它们在带来某种方便的同时，也会带来一些问题。若此处的 x 当作位移（displacement）来理解，看似应该表示为矢量，但其实其矢量性质还是来自 $\mathrm{d}x$ 是矢量的事实——位移就是 $\mathrm{d}x$ 的积分。
2. 光速，按照狭义相对论，是物质、能量传输的上限。至于它也是信息传输的上限，笔者不知道是谁加上去的。关于信息，笔者以为这是个不可靠的概念。一串字符、一幅图画甚至一个眼神，是否是信息，包含多少信息，是和观察者的知识或者约定有关的。此处不论。因为光速是物质、能量传输的上限，打破这个上限自然是很吸引眼球的问题。超光速的研究时不时会以各种面目冒出来，笔者只是提醒大家的关注，不予置评。
3. 速，为拟声词，耳边风声。风是迅捷移动招致的（招风），则"不速之客"、"谁谓女无家？何以速我讼？（《诗经·行露》：谁说你没成家呀？干吗把我拖入官司？）"中的"速"作"招致"解，或许就好理解了。
4. 速度在相对论中果然是一个需要认真讨论的概念，参见 Dirac. Note on the Relativity Dynamics of a Particle[J]. Philosophical Magazine，1924，47：1158-1159 以及 Eddington. The Mathematical Theory of Relativity[M]。

5. Rapidity 是狭义相对论的一个重要概念。两个观察者观察的天球之间的共形映射可用视线同两者连线的夹角描述，$\tan\frac{\theta}{2}=Q\tan\frac{\theta'}{2}$，其中 Q 是个正数因子。因为变换满足群的关系，故引入 $Q=e^{\rho}$，这样 Q 因子之间的乘法就表示为 ρ 因子，即 rapidity 之间的加法了。
6. 关于 Dirac 电子，其由算符 $c\hat{p}/E$ 和 $d\hat{x}/dt$ 得来的速度是不一样的，后者的本征值始终是 $\pm c$。
7. 西语的速度一词本身总有“快”(名词)的意思。Velocity，意大利语为 velocità，即是形容词 veloce 的名词化形式，是强调抽象的“快”这件事。德语的 Geschwindigkeit，则还含有“消失(verschwinden)得快”的意思。

参考文献

[1] Giovanni Vignale. 至美无相[M]. 曹则贤，译. 合肥：中国科技大学出版社，2013.（原著为 Giovanni Vignale. The beautiful invisible[M]. Oxford University Press，2011。）

[2] Asimov I. C for Celeritas[J]. The Magazine of Fantasy and Science Fiction，1959.

[3] Gibbs P. Why is c the Symbol for the Speed of Light? 1997.（源自互联网）

[4] Kohlrausch R，Weber W E. Ueber die Elektricitätsmenge，welche bei galvanischen Strömen durch den Querschnitt der Kette fliesst [J]. Annalen der Physik，1856，99：10.

之五十二 Alloy 成就人类历史

The habit of reading is the only enjoyment in which there is no alloy[1].

——Anonymous

摘要 Alloy，和 ally 同源，结合的意思，汉译合金。Alloy 不一定含有金属元素或是金属性的。合金成就了人类的历史。关于合金有许多未解之谜。

宋朝词人柳永，是婉约派具有代表性的人物。柳永自负才高，却因才高误了功名，以至于留下千古怨词："忍把浮名，换了浅斟低唱"（《鹤冲天》）。柳永晚年穷愁潦倒，死时一贫如洗，东京一班名妓念他的才学和痴情，凑钱替其安葬。给柳永出殡时，半城缟素，一片哀声，这便是"群妓合金葬柳七"的佳话。合金者，拼凑金钱也，当日也称鸠钱，今天谓之凑份子。

金(gold)可以作为交易的一般等价物，即当作钱，源于它有稀少、自然聚集成块而且不易氧化等特性，因此金是 noble metal[2]（高贵的金属）。这些性质凑

---

① 大意为：阅读的习惯是不掺杂其他内容的乐趣。注意体会这里 alloy 的用法。——笔者注

② Noble metal 有 Ir，Pd，Au，Ag，Pt，Rh 六种。——笔者注

到一块，如果从元素起源的角度去考察，还真不容易说清楚[1]。金是一种具有代表性的自然存在，中国人把银和铜①以及自然界不存在要发明冶炼技术才能获得的铁和锡合称五金，把银铜铁锡等统统归为金属（类金的）。当然了，后来我们把水银（汞）、铅以及洋人冶炼出的一些别的元素也归为金属了，因此我们有了一批金旁加形声的半边的那些字，如锂钠钾铷铯钫和铍镁钙锶钡镭等。金属，西文为 metal（die Metall，metallum），来自希腊文“μέταλλον”，就是矿场（mine，quarry）的意思。可见中文的金属强调这些东西和金类似的性质，而西文的 metal 则强调其来自采石场，故有些时候两者的意思可能是合不上的。比如，汞是 metal，我们中国人把它称为水银（熔点为 −38.83 ℃），就没把它当作金属。我们的祖先利用它的比重、毒性等性质，但那时没有导电性的概念。

我们中国人把汞称为水银，有趣的是西文中汞也是水银的意思。汞，英语的 quicksilver，来自德语的 Quecksilber，源于拉丁语 argentum vivum，即活的银。汞的希腊语为ὑδράργυρος，hydrargyros，字面上就是水银，其元素符号 Hg 就来自该词。汞有个非常神奇的性质，它可以溶解多种金属。把汞倒进矿石之中，能使矿石中的金、银溶于汞内，这样获得的液体或固体称为汞齐②（jì），然后通过热处理就能得到金、银等贵金属。笔者猜测，这个过程大约是中文“合金”一词的起源，因为确实是有金被合进去了。

合金一词现在一般会被当作对西文 alloy 的翻译。英文的 alloy，和 ally 几乎是一个词，来自拉丁语的 alligare，就纯粹是结合、联合（bind，compound）的意思，没涉及金或金属。一般字典里会将 alloy 解释为“an alloy is a mixture of two metals，or of a metal and something else（合金乃两种金属或者一种金属同非金属元素混合而得到的物质）”，或者“an alloy is a mixture or metallic solid solution composed of two or more elements（合金乃含有两种或多种元素的混合物或金属性固溶体）”，但不必然要求一定有金属元素或者表现出金属性，两种非金属元素的结合成不导电的物质也不妨称为 alloy。

当然，alloy 不管是作为动词还是名词，还多是和金属有关，尤其和金银有

---

① 银、铜在自然界可以单质的形式存在，故常有产地以银、铜加以命名的，如有个国家就叫 Argentina（阿根廷，银），安徽有地名铜陵、铜山（在今徐州）。——笔者注

② Hg-Tl 合金的 eutectic point（低共熔点）可低至 −58 ℃，故可用于测量 −40 ℃左右的低温的温度计，适用于北方寒冷地区。——笔者注

关。实际上，alloy 作为名词本身就有金银的“纯度”的意思。这就涉及两种元素的 alloying ability 问题。金、银同属 IB 族元素，有很强的 alloying ability，而银子又不如金子贵重，故匠人们有将银子掺入金子卖个高价的天然冲动①。据说，阿基米德就受命去判断工匠是否往金王冠里掺了银子。阿基米德脑子里放不下这个问题，在坐进浴盆看着水溢出的时候突发灵感，发现利用浮力通过和同样质量的金子比较体积，就可以判断金王冠里是否掺进去了银子。阿基米德高兴得忘乎所以，冲到街上大喊“εὕρηκα!”，亦即“我找出来啦”。如今西方一些大科学计划命名为“eurika 计划”，即源于此。笔者以为，这个 2 300 年前的故事可以看作现代实验科学，至少是材料化学分析[2]，的第一例。

图 1　中国商朝时铸造的青铜鼎。鼎乃立国重器，是国家和权力的象征。

掺假不是合金的唯一动机。合金的一个重要动机是为了获得神奇的物质，比如能够让人长生不老的金丹，合金也就成了炼金术②意义上的合婚(alchemical wedding)。两种单质物质合而成 alloy，会拥有新奇的性质。就金属而言，铜和锡为可见于自然的单质，将它们合金就成了某种必然(因为用铜容器盛锡液?)。铜锡合金，即青铜，比铜和锡的硬度都要高，可以制作兵器和耐高温的容器(图 1)。铜锡合金的发现开启了人类历史的新时代，即青铜时代(约为公元前十世纪到公元四世纪)。青铜器以后人类进入铁器时代。冶铁过程本质上为用炭还原铁矿石，其产品难免为铁炭③合金，即所谓的钢。所谓的工业革命，围绕的就是煤矿、铁矿的开采以及冶铁、炼钢，由此带来的基础科学包括热力学和固体物理。铁器时代大约持续到上世纪的五十年代。钢铁时代奠定了西方崛起的物质基础，成就了西方近三百余年的霸权 (图 2)。科学上有种说法，认为 Pauli 的不相容原理决定了原子中电子的安排，从而决定了元素周期表。这里我们看到，决定了人类历史的

---

① 人心之恶，也是科学技术的重要驱动力，可叹。——笔者注

② Alchemy，炼金术，的词源有多种说法，其中之一认为是阿拉伯语和中国福建话的 alloy。Al，阿拉伯语的冠词，相当于“the”；chemy，来自 kimiya，即“金液”的福建方言发音。——笔者注

③ 我避免使用碳这个字眼。生造出碳这个字，除了制造点麻烦，我实在看不出还有什么作用。——笔者注

物质基础从元素周期表来看也有其必然性。从这个角度来说，是 Pauli 的不相容原理决定了人类历史的演进过程。

图 2 法国的埃菲尔塔(La Tour Eiffel，建成于 1889 年)，钢铁时代强权的象征。

合金过程中，加热是不可避免的步骤。在德语中，合金一词为 die Legierung，属于动名词，动词为 legieren。Legieren 的本意为勾芡，(把汤)弄稠，一个非常贴近生活的词。Legierung 应该指的是稠乎乎的东西，可以猜测它作为合金的意思应该是指金属熔融的状态。这正好反映了合金的物理和制备过程。欲将两块不同的金属合金，最低要求是温度达到熔点较低的那个金属熔点以上。原料整体熔化以后，再经过足够长时间让原子混合，才能形成均匀的合金。显然，这必须经过稠乎乎的熔融体状态，也即 die Legierung。将两种金属直接焊到一起，就要求形成局部的熔化状态。显然，熔点相差很大的两种金属不好焊接。

要把两种金属合到一块，所需温度至少高于熔点较低的那个金属的熔点，但是，合金的低共熔点(共晶点)却可能远低于熔点较低的那个金属的熔点，即合金可能在比其构成单元之熔点较低的温度下熔化。例如，PbSn 合金，其共晶点 454 K 就低于 Pb 的熔点(600 K)和 Sn 的熔点(505 K)。可以想见，如果我们把两种金属制成很小的颗粒，比如纳米颗粒，就可以在很低的温度下实现熔化。则两种金属之适当形式、适当比例的混合体的熔点可以从共晶点到熔点较高的那个金属的熔点之间改变。那么，颗粒大小和熔点是什么关系呢？关于这方面的研究，从应用性的烧结实验到理论或者数值的计算，应该都是有的。但笔者注意到一个问题，合金问题多是从原子的角度探讨的，像 interstitial alloy(填隙式合金)，substitutional alloy(替代式合金)等概念，都是从原子角度出发的描述。问题是，一堆原子、分子或者纳米颗粒融合而成一块材料，关键词是部分电子的共享[3]。有共享的电子才成其为一块材料。原子、分子参与反应，或者颗粒经过烧结，而成一块材料，都有一个凑出属于整块材料的共享电子的过程。电子的共享，原则上有能力带动原子的迁移。其他金属在汞中的表面熔化过程，应该是有电子集体化(共享)带来的他种原子的长距离迁移的吧(热运动显然不足以造成这种金属的长距离迁移，否则它就不是固体了）[①]？如果有的话，则显然处理这类问题时，Born-Oppenheimer 近似必须首先被放弃掉：原子内核部分固然跟不上电子的运动，但电子的运动却足以造成原子的迁移。处理类似问题时，原子运动项同拟共享的电子部分的耦合应该考虑进去。一点不成熟的考虑，希望能有有条件的研究者愿意当真。

补 缀

1. 在 Jane Austen 的小说 *Sense and Sensibility*（汉译《理智与情感》）的第二章开始有这么一句："But in sorrow she must be equally carried away by her fancy, and as far beyond consolation as in pleasure she was beyond alloy"。关于这句的汉语翻译有如下的例子："可是一遇到伤心事，她也同样胡思乱想，失去常态，同她高兴时不能自已一样，她伤心起来也是无法解脱的"。可怜的译者一定是被"alloy"这个词给弄晕头了，以至于只好胡乱拼凑了事。这句话的字面意思是，"她那么伤心，离安慰（或可资安慰的人或事）那么远（即无法得到安慰），如同她离欢乐那么远以至于不能（同欢乐）结合"。其实就是"她伤心时无法得到安慰，怎么也高兴不起来"。By the way，我就没见过一本严肃、正确地中译的小说。

参考文献

[1] Hammer B, Norskov J K. Why Gold is the Noblest of All the Metals[J]. Nature, 1995, 376: 2238.

[2] 曹则贤. 材料化学分析的物理方法：上[J]. 物理，2004，33(4)：282-288.

[3] 曹则贤. 材料科学是一门科学[P/OL]. [2013-01-10]. http://www.docin.com/p-577665244.html.

① Then the follwoing question can be posed: How can two separate bodies come into a state wherein the electrons are in a state of being shared, or being identical in the merged union? ——笔者注

之五十三

形之变

In nova fert animus mutatas dicere formas corpora…①

——Ovid, *Metamorphoses*

Everyone wants to transform, but nobody wants to change.

——Frederica Mathewes-Green

摘要 变换是数学和物理的主题,也是文学艺术的主题。变换(变形)的概念包括 change, mutation, transformation, metamorphosis 等。

小时候给我印象最深的故事是"孙悟空三打白骨精":唐僧师徒四人来到白骨岭。白骨精为了赚取唐僧,接连变成村姑、老太婆和老头的模样以接近唐僧。但不幸的是,偏巧孙悟空是个火眼金睛的家伙,能看出妖怪变化前的原形,于是接二连三将妖怪的变形打破,后来干脆用三昧真火把白骨精的原形给烧了。《西游记》中这样的变形(换)故事很多,且变形被认为是一种本领——孙悟空会七十二变,二郎神会七十三变,二郎神就比孙悟空厉害。在"小圣施威降大圣"

① 奥维德《变形记》中的第一句。我觉得应该译为"Let me tell of figures that change into new being (让我来表一表那些变成新样式的形体的故事)",这与英译本略有不同。——笔者注

一节中，孙悟空腾挪变化，却总是受制于人：悟空变成麻雀，二郎神就变成饿鹰儿；悟空变成小鱼儿，二郎神就变成了鱼鹰。这些变形的故事，可能是《西游记》中最为人津津乐道的情节。

图 1 Bernini 的大理石雕塑《阿波罗与达芙妮》。

无独有偶，西方文学中也有以变形为主线的文学作品，最著名的就是拉丁文的 *metamorphoses*（《变形记》）。《变形记》大约成书于公元 8 年，共有 15 卷，描述了罗马神话和希腊神话中的世界历史，包含有 250 个关于变形的故事，其中许多已深深融入了西方的文学史与艺术史，影响着当代人的生活。一个著名的变形故事是达芙妮（Daphne，Δάφνη）变成月桂树。达芙妮发誓永保童贞，阿波罗（Apollo）却疯狂地迷恋上了她。无奈之下达芙妮向众神求助，众神于是把她变成了一株月桂树（Laurel tree）。阿波罗追求达芙妮的神话是西方艺术作品中常见的主题。据说，达芙妮变成了月桂树后，阿波罗仍拥抱着月桂树（图 1），不依不饶地叙说他的缠绵："You shall assuredly be my tree. I will wear you for my crown; I will decorate with you my harp and my quiver（你变成树也是我的树。我要把你做成冠带着；我要用你装饰我的竖琴和箭囊……）"，这是希腊胜利者带桂冠之习俗的由来。今日的诺贝尔奖得主，Nobel prize winner，也有 Nobel prize laureate 的说法，也由此而来。在类似的另一则关于变形的神话中，猎手 Actaeon 误入林中看到了沐浴的女神 Artemis，作为惩罚，女神 Artemis 不许 Actaeon 再说话。在听到同伴呼唤时，Actaeon 忍不住叫出声来，于是立马被变成了一头鹿（图 2）。

图 2 Actaeon 被女神 Artemis 变成鹿（Giuseppe Cesari 绘）。

所谓的达芙妮被变成了月桂树，或者 Actaeon 被变成了一头鹿，这里用到的动词是 transform，故事的核心是关于 transformation 的。Transform = trans + form，就是"将形状变成别的什么"的意思，如所谓的"Actaeon 被变成了一头鹿"，英文就是"Actaeon was transformed into a stag"。Transform 可以简单地理解为 to change the form，如达芙妮受不了阿波罗的纠缠，其向其父呼救时喊的是："Open the earth to enclose me, or change my form, which has brought me into this danger!" 另一则变形故事中，主角是 Cadmus，即那个把腓尼基字母引入希腊的人，和他的妻子 Harmonia。Harmonia，汉译和谐、调谐(本意是安装到位的意思)，是一个贯穿西方文化的概念，自然也是数学和物理中时常遇到的概念，例如 harmonic analysis（调和分析），harmonic oscillator（谐振子）等。Cadmus 曾杀死一条恶龙，从此遭了厄运。Cadmus 抱怨道：如果神们那么钟爱一条蛇的生命，那我也想过蛇的生活。Immediately he began to grow scales and change in form. Harmonia, seeing the transformation, thereupon begged the gods to share her husband's fate, which they granted(于是，他马上长出了鳞片，身体开始变形。Harmonia 目睹了变形的过程，求神让她和丈夫共命运，也得到了恩准). 在变形这一点上，transform 的一个同义词是 translate[①]，如关于狩猎女神 Diana 把猎户 Orion 变成星座的故事，英文是这样表达的："It was Diana who later translated the giant into the starry constellation, after Orion (猎户座)had unwisely directed his rapacious intentions towards her (是 Diana 在发现猎户 Orion 对她有不良企图后，将这个巨人变成了星座)"。神话里的形变故事，应该是源自对日常观察到的风云变幻的推广和拟人化。

Transform 是数学和物理学的主题，英文中 transform 和 transformation 会混用，中文一般都译成"变换"。数学经常讨论的问题就是如何变换，而且这些变换经常会被应用到物理学上。对任何一个数学对象施加一个操作使之变成别的对象就是进行了一次变换，这个变换就是函数(function)或者映射(mapping)。矢量空间的线性变换比较简单，为人们所熟悉。对矢量的线性变化满足如下条件：$f(\lambda_1 v_1 + \lambda_2 v_2) = \lambda_1 f(v_1) + \lambda_2 f(v_2)$。这样的变换之所以被称为线性变换是因为它会把一条线变换成线(或者零)。考虑到经典物理和量子物理到处都是叠加原理，线性变换的重要性怎么强调都不为过。线性变换可以是跨维度的，例如变换

① Translate 就是 transfer，有改变、变形的意思。汉语将它译成"翻译"，应该强调其"笔译"的内涵，与 interpret(口译)有别。Interpret 有如何理解、诠释的意思，Interpretation 是量子力学的重要问题，容另议。——笔者注

$$\begin{pmatrix}0 & 1\\3 & 2\\1 & 0\end{pmatrix}\begin{pmatrix}x\\y\end{pmatrix}=(y,3x+2y,x)$$

就把一条二维空间中的线，$y=kx+y_0$，变换成三维空间的一条线。跨维度的变换是很神奇的。一个类似的变换是所谓的 Euler β-函数 $\beta(x,y)=\int_0^1 t^{x-1}(1-t)^{y-1}\mathrm{d}t$，这可以看作是从单变量函数到两变量函数的变换，据说作为最高深理论的弦论就起始于 Veneziano 从这个函数得到的灵感①。

线性变换保持一条线为一条线，更一般的变换是 conformal map，共形变换。Conformal map 是保角(angle-preserving)的变换函数，即保持无穷小图形的形状不变，以前的复变函数课本干脆就称之为保角变换。一个表面可以在不引入夹角失真的前提下被抚平，容易理解复平面上的保角变换是学习 conformal map 简单的入门课程。保角变换将许多类似求电磁势能的问题变得简单，可惜笔者上大学时老师只提保角变换。笔者斗胆提议，物理学不妨和数学混在一起教授。

相似变换(similarity transformation)是一类较特殊的保角变换。相似变换指的是导致几何相似性的“矩阵变换”。相似变换和自相似是分形的重要基础，分形中常提到的变换是面包师变换。相似变换是这样的 conformal mapping，其将矩阵 $\boldsymbol{A}$ 变换为 $\boldsymbol{A}'$，$\boldsymbol{A}'=\boldsymbol{BAB}^{-1}$，变换后矩阵 $\boldsymbol{A}$ 的值不变，即 $\det(\boldsymbol{A}')=\det(\boldsymbol{BAB}^{-1})=\det(\boldsymbol{A})$。相应地，矩阵的迹和本征值也都不变。相似变换表示不同基上的同一个线性变换，变换矩阵 $\boldsymbol{B}$ 就是“change of basis”矩阵。如果变换后能得到简单形式的 $\boldsymbol{A}'$，比方说对角的，许多问题的研究或证明会变得简单。顺便提一句，每个矩阵都是同其 transpose 相似的。在群论中，若 H 为群 G 中的一个子群，x 为不在 H 中的群元素，则相似变换 xHx^{-1} 仍为一子群。就矩阵群而言，相似变换又称为 conjugacy，相似矩阵互为 conjugate (共轭的)[1]。相似变换的一般形式 $\boldsymbol{A}'=\boldsymbol{BAB}^{-1}$ 能保守乘法的性质，如关于动力学的坐标与动量的相似变换 $\boldsymbol{Q}=\boldsymbol{bqb}^{-1}$，$\boldsymbol{P}=\boldsymbol{bpb}^{-1}$，若 $\boldsymbol{p}$，$\boldsymbol{q}$ 满足交换关系如 $[\boldsymbol{p},\boldsymbol{q}]=\mathrm{i}\hbar$，则 $\boldsymbol{P}$，$\boldsymbol{Q}$ 也满足。

任何一篇谈论变换的文章恐怕都不应该漏过傅立叶变换(Fourier

---

① 这样不停地外延而构建的所谓物理理论，有让人担心的理由。——笔者注

transform)。1812 年的一个早上,Jean Baptiste Josef Fourier 发现将函数 $f(x)$ 通过如下变换 $g(k)=\frac{1}{\sqrt{2\pi}}\int e^{-ikx}f(x)dx$ 变成函数 $g(k)$ 可以方便地解决很多问题,比如传热问题[2]。逆变换为 $f(x)=\frac{1}{\sqrt{2\pi}}\int e^{ikx}g(k)dk$。笔者以为,这就是一个加权平均。Fourier 变换有 isometry(等度规)的性质:如果 $f_1(x)$ 和 $f_2(x)$ 对应的变换为 $g_1(k)$ 和 $g_2(k)$,则有 Parseval-Plancherel 定理 $\int f_1^*(x)f_2(x)dx=\int g_1^*(k)g_2(k)dk$。此外,若函数 $f(x)=\int f_1(x-y)f_2(y)dy$,则有 $g(k)=g_1(k)g_2(k)$[3]。由此,可推出 Fourier 变换的一个性质:$|g(k)|^2$ 的 support (不为零的区域)越集中,则 $|f(x)|^2$ 的 support 越分散;反过来也一样。如果变换对应的函数都是归一的,$\int|f(x)|^2dx=1$,$\int|g(k)|^2dk=1$,则有 $\Delta x\Delta k\geqslant 1/2$。有些读者可能已经注意到,这和量子力学中的不确定性原理表述是一样的。实际上,Heisenberg 1927 年的原文讨论的就是 Fourier 变换,虽然那里它被称为量子力学的 Jordan 变换[4]。这再次告诉我们,这玩意儿和世界的量子性无关,它不过是函数的性质而已——除非类似 Fourier 变换的性质是物理实在(reality)的唯一描述[5]。

比 Fourier 更一般的变换是 Laplace 变换,$g(s)=\int e^{-sx}f(x)dx$,这里的 s 是个复数。变换的宗旨是把关于 $f(x)$ 代表的函数关系或操作给变简单了。笔者基于博士论文的一篇文章中就用 Laplace 变换解了关于偏析的复杂微分方程[6],如今已经忘了当年是怎么做到的了。Fourier 变换是物理学中许多问题的根本内容,如晶体学、量子力学、传热、衍射、CT 技术等。

注意,Fourier 变换的重要性在于它有逆变换,在数学意义上,由 $g(k)$ 经逆变换导出 $f(x)$ 没有任何问题。在实际应用中,由于空间有限性问题,如被 X 射线照射到的晶体就是毫米甚至微米尺度的大小,远不是数学计算中的无穷大,则由衍射斑点经逆运算求实空间中原子的分布可能根本得不到正确的结果。一个例子就是关于 Si(111) − 7×7 再构的研究。电子衍射获得了 7×7 的衍射花样,但由衍射花样来计算原子的分布,虽然发表了大量的论文,却没有一个是正确的。直到有了 STM 直观地观察固体表面上的原子,人们才弄清楚了 Si(111) − 7×7 再构的原子分布。这再再提醒我们,基于非严格的数学可能无法获得物理的真实，如果加上近似计算则会更糟糕。

物理学研究自然，通过观察、测量、思考、构造理论框架、验证、诠释等一套繁复程序实现对自然的理解。其中观察，察的当然是形，即西文文献中常见到的 shape，form，morph，Gestalt（德语，汉语常采音译“格式塔”以糊弄读者）等。Morph，就是用于构词的 form，出现在如 morphgenesis（形态发生），morphology（形貌）等词汇中。地理学和薄膜生长都会关注 morphology 问题，非晶材料又被称为 amorphous，汉译“无定形的”。Form 之于物理学的重要性，薛定谔曾有精彩论述[7]，此处不再赘述。自然地，形状的改变，包括 deform，transformation，information，也是物理学的重要内容。笔者有种感觉，好像物理也总是在忙乎 transformation 这事，甚至说它是近代物理的根本性内容都不过分。Dirac 就曾写道：“…both relativity and quantum theory seeming to show that transformations are of more fundamental importance than equations[8]（相对论和量子理论看起来都表明变换比方程更具重要性）。”

物理学首先研究的是运动，而运动就是关于时间的变换①[9]。就相对论而言，其关键是所谓的 Lorentz transformation，那是法国年轻人 Woldemar Voigt 先给出的。这是一个使得由麦克斯韦方程组得来的波动方程

$$\frac{\partial^2\psi}{\partial x^2}=\frac{1}{c^2}\frac{\partial^2\psi}{\partial t^2}$$

保持形式不变的坐标变换，实际上也是保持时空间距 $\mathrm{d}s^2=c^2\mathrm{d}t^2-\mathrm{d}x^2$ 不变的变换。而所谓的量子力学，就以非相对论的薛定谔方程而论，也可以看作变换的问题。薛定谔方程中的 $H\psi$ 可以理解为哈密顿量作为操作（算符）对波函数 ψ 作了变换。变到哪里去了呢？静态薛定谔方程表明变到 ψ 自身（eigen）上了，$H\psi=E\psi$，所以薛定谔认为量子化就是个本征值问题[10]。为了更好地理解这一点，看看矩阵 $\boldsymbol{A}$ 对一个欧几里得空间中矢量 $\boldsymbol{v}$ 变换的结果。矩阵变换一个矢量的效果可以看成转动加伸缩的综合。对于某些特殊的矢量，变换效果中没有转动的成分（矢量方向不变），$\boldsymbol{A}\boldsymbol{v}_\lambda=\lambda\boldsymbol{v}_\lambda$，这里的 λ 称为矩阵 $\boldsymbol{A}$ 的本征值，$\boldsymbol{v}_\lambda$ 为对应 λ 的本征矢量。容易看出矩阵本征值问题和定态薛定谔方程具有相同的形式。薛定谔 1926 年开创新量子力学的论文就是以“Quantizierung als Eigenwertproblem（量子化即本征值问题）”为题的[10]。在接下来的量子力学

① 也许是运动，或者变换，定义了时间。——笔者注

理论中，比如谈论对易关系和描述动力学的不同绘景(picture)中，就会遇到算符的相似变换，因为对易关系和波函数的在 L^2 - 空间中的积分问题本质上都是乘法而已。如果在讲授量子力学过程中能澄清这些问题，或许量子力学就不会那么唬人。至于更近代的规范场论，依然是关于变换的，不过涉及的是让拉格朗日量不变的局域变换(local transformations)。关于局域变换的一个相当恰当的比喻是货币的对比：一克黄金就是一克黄金，但在不同国家里，它可能被等价于不同的当地币值。

热力学的关键也是变换。由基本关系式 $\mathrm{d}U = T\mathrm{d}S - p\mathrm{d}V + \sigma\mathrm{d}A + \sum_i \mu_i \mathrm{d}n_i + \boldsymbol{E}\cdot\mathrm{d}\boldsymbol{P} + \boldsymbol{H}:\mathrm{d}\boldsymbol{M} + \cdots$ 出发，经 Legendre 变换为能简化问题的热力学势，由该热力学势对变量微分不分顺序就能得到一些热力学关系，这即是热力学的基本内容[11]。Legendre 变换是个很神奇的共形变换，哈密顿量和拉格朗日量之间的关系就是 Legendre 变换。在经典力学的哈密顿力学形式中，坐标和共轭动量满足哈密顿方程 $\dot{p} = -\partial H/\partial q, \dot{q} = \partial H/\partial p$。对坐标和共轭动量做变换，要求变换的结果仍满足哈密顿方程，则称变换是正则变换(canonical transformation)。在四类正则变换中，第二类正则变换允许波动力学的形式，这一点尤其值得注意。

图 3　蝴蝶破茧而出。茧之前的形态是毛毛虫。

与 transformation (transfigure) 同义的 metamorphosis，如今也仍然作为专业术语在使用，比如在生物学中。毛毛虫化成蝶的过程就是 metamorphosis(图 3)。蛹化蝶常被用来比喻境界的升华。网上有句云：无论是蝶变还是蝉蜕，昆虫们为了求得本己，都要经历近乎不可能的异化、实证地成为自身的他者。成为自身的他者可看作对 self-transformation 的翻译。Such self-transformation is the most difficult and dangerous challenge to the imagination, and it is the most rewarding(Self-transformation 是对想象力之最困难、最危险的挑战，也是高回报的——Robert Grudin 语). 不过世界上不乏想象力丰富的人。M. C. Escher 是一位具有科学深度和精度的、想象力丰富的画家，他的一幅以 metamorphosis 为题的雕刻(图 4)，笔者以为对于理解相变(phase transition)都有帮助。当然,物理学中也还把变化、变形称为 metamorphosis。中子衰变成质子就被称为 metamorphosis,在这个过程中,中子中的一个 d 夸克变成了 u 夸克,释放出一个虚的 W^- 玻色子,W^- 玻色子瞬间衰变为一个电子和一个反中微子 $\bar{\nu}_e$(图 5)。中微子三种不同的质量本征态或味本征态之间的振荡,也被称为 metamorphoses[12,13]。描述这样的衰变过程还有一个词 transmutation,汉译嬗变,其词干为拉丁语 mutare,它正是 Ovid 的 metamorphoses 中用到的关键动词。

图 4 Escher 的雕刻:*Metamorphosis*。

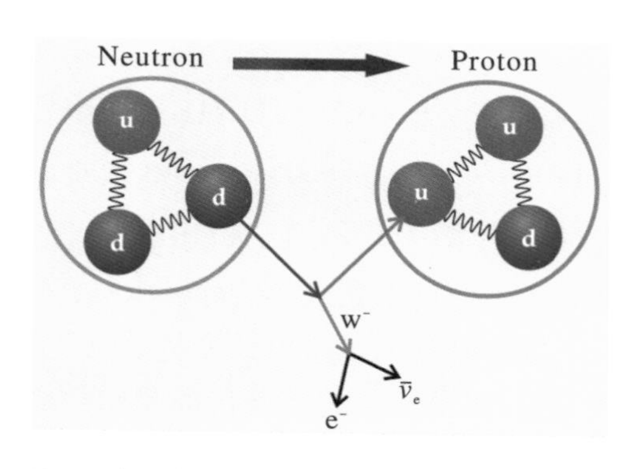

图 5 中子变成质子的 metamorphosis 过程。

运动,或曰变换,是世界存在的方式。变换在数学和物理中的地位具有天然的属性——换个角度看问题是大智慧。然而,在纷乱的变换中,有些却是不变的——我们的世界在上帝看来是透明的规律,而不是纷乱的事实[14]。因此,人们更感兴趣的是那些 preserve(保守住)什么东西的变换(preserving transformation),而定律(规律,law)则更多的是关于那些 conserved 物理量(守恒量)的。

图 6 图形的连续变化可以由函数的变换实现。

数学变换不仅可以帮助解决物理问题,也用于实际问题。CT 扫描能成功,靠的是 Fourier 变换处理图像的能力,今天的人们能看到动漫,很大程度是因为图像可以通过简单的函数实现连续变化(图 6)。令人惊奇的是,自然界的生物竟有能连续变形实现动态模仿(dynamic-mimicry)的家伙。1998 年,人们发现了一种 Indo-malayan 八爪鱼,它可以变成海蛇恐吓捕猎者，可以变成比如平鱼混迹于周围环境以躲避猎食者，还可以变成海星、海马以诱捕猎物，因此被命名为模仿章鱼（Mimic Octopus）。要命的是，它的 transformation 包括形体和颜色两方面，而且是动态的[15]（图 7）。

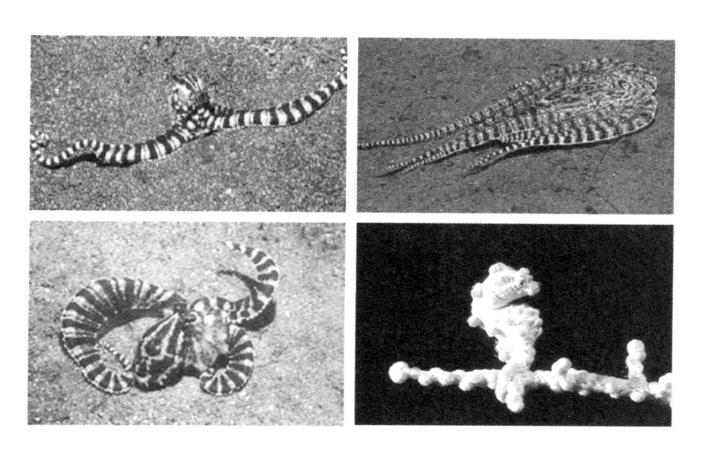

图 7　天才的变形大师——模仿章鱼（Mimic Octopus）。

变换与不变量同样可以有助于对社会的理解。人类中具有欺骗同类能力的家伙发明的理论幌子千变万化，但基因的自私（selfishness of gene）却没变，决定生物自私性的热力学定律没变！小说《白鹿原》①要传达的就是关于不变量的道理：城头的旗号可以变，标榜的主义可以变，但是世道却永远不会变。当白嘉轩认识到这一点时，"气血蒙眼"，昏死了过去；当鹿子霖认识到这一点时，整个人突然崩溃了。如果他们是个物理学家的话，认识到这一点或许该有豁然开朗的感觉。变换是魔术师的障眼法，不变量才是宇宙的实质。物理学家不仅不为认识到有事物不随变换变化而烦恼，而是感到格外欣喜。不变性是相对论的核心，拓扑学的精髓，量子力学、量子场论甚至一些更高深的理论关切也是关于二次型或二阶微分方程里一些不变的东西。于变换中寻找不变，不是物理学开启的传统，西方人在研究初等的代数方程时已经注重不变量（invariant）的研究了。扯远了，打住。

① 如果说新时期中国有什么立意与文笔俱佳的文学作品的话，陈忠实先生的《白鹿原》算一部。当然，这一点不能指望北欧人明白。——笔者注

补缀

1. “变化是这个世界永恒不变的主题。”逆变换并不是显而易见的。电子束经过晶体获得了衍射点阵，从而证明了电子的波动性，这个过程就是原子实空间分布的傅立叶变换。将衍射点阵作逆变换，就能得到原子像。不过，这一步人类走了多少年？还有一点，为什么可以选取少数的衍射点去获得原子像？利用低能电子衍射图像逆变换试图得到 Si(111)-7×7 重构的原子图像的努力就很不成功，如果你不把一堆不着边际的模拟计算论文当作成功的话。
2. R. Feynman 在一篇采访 *The pleasure of finding things out* 中提到，so he（他的父亲）knew what the difference was between the man with the uniform off and the uniform on; it's the same man for him. 是啊。
3. 经典力学中的正则变换 $(q,p,t)\mapsto(Q,P,t)$ 并不让 Hamiltonian 守恒，但会让正则运动方程保持不变，所以说是 formal invariance。正则变换保持相空间的体积不变，$\int \mathrm{d}q\mathrm{d}p=\int \mathrm{d}Q\mathrm{d}P$，这就是对统计力学具有重要意义的 Liouville's theorem。
4. 对于谐振子体系 $H=q^2+p^2$，变换 $q'\mapsto p, p'\mapsto -q$ 保持哈密顿量和对易关系都不变。
5. 一个问题，Nikolay Bogoliubov 的变换是完备的吗？即它是否保守了原来体系的所有物理学性质？
6. Kafka 的小说 *Metamorphosis* 有个庄子做梦式的开头：One morning, as Gregor Samsa was waking up from anxious dreams, he discovered that in his bed he had been changed into a monstrous verminous bug（一天早晨，Gregor Samsa 从烦躁的梦中醒来发现自己变成了一只硕大的虫子）。
7. 在 A. Zee 的 *Quantum Field Theory in a Nutshell* 中有一句(p. 3)：“the wildly fluctuating energy can metamorphose into mass, that is, into new particles previously not present（疯狂涨落的能量嬗变成质量，也即是说，变成新出现的粒子）。”描述自能量中生出新的粒子的过程用了 metamorphose 一词。其实，就算认识 metamorphose 或者嬗变这个字，如果头脑中没有相对论量子力学，一样不知道它所表达的是什么。物理学无法避免使用世俗的语言，但是物理学家应借助对用世俗语言表达的物理学的学习，在头脑中形成用物理学自身的语言表达的物理学。这种超越，物理学在概念的发展中玩得得心应手。

8. 如果把一个变换不停地重复进行，可以进行不动点分析，这是重整化的一个关键概念。对于复平面上重复变换的轨迹，能形成分形(fractal)。参阅 Julia，Mandelbrot，Feigenbaum 等人的工作。
9. 函数有许多别名，如映射、变换、对应、算子等（Many different terms are used for functions—mappings, transformations, correspondences, operators, and so on)。
10. 希腊神话：Mestra was freed from slavery by her former lover Poseidon, who gave her the gift of shape-shifting into any creature at will to escape her bonds（Mestra 被其情人波塞冬赐予了随意变形为别的物种从而挣脱羁绊的本领，得以自由).
11. 对于 Möbius 这样的大数学家，transformation 和 transform 指的是不同的东西。Möbius transformation $f(z)=\dfrac{az+b}{cz+d}$ 是关于复平面的变换。The Möbius transformations are projective transformations of the complex projective line. They form a group called the Möbius group which is the projective linear group PGL(2, C). Together with its subgroups, it has numerous applications in mathematics and physics.
    Möbius transform 是数论中的一个变换。整数函数 f 的变换
    $$(Tf)(n)=\sum_{d\mid n}f(d)\mu(n/d)=\sum_{d\mid n}f(n/d)\mu(d)$$
    其中，μ 是经典的 Möbius function，d 是 n 的除数因子。

参考文献

[1] Sternberg S. Group Theory and Physics[M]. Cambridge University Press, 1995.

[2] Jean Baptiste Joseph Fourier. Théorie analytique de la chaleur[M]. Paris, 1822.

[3] Stein E M, Shakarchi R. Fourier analysis [M]. Princeton University Press, 2003.

[4] Heisenberg W. Zeitschrift für Physik, 1927, 43: 172.

[5] 曹则贤. Uncertainty of uncertainty principle[J]. 物理, 2012, 41(3): 188-193; 41(2): 119-124.

[6] Cao Z X. Equilibrium Segregation of Sulfur to the Free Surface of Single Crystalline Titanium [J]. J. Phys.:Cond. Mater. 2001,13: 7923-7935.
[7] Schrödinger E. Nature and the Greeks and Science and Humanism [M]. Cambridge University Press, 1996.
[8] Dirac P A M. The Relation Between Mathematics and Physics [C/OL]. http://www.doc88.com/p-9079716988883.html.
[9] Gallavotti G. Classical Mechanics, in Encyclopedia of Mathematical Physics: vol. 1. Elsevier, 2007.(中译本为曹则贤译.北京:科学出版社,2008.)
[10] Erwin Schrödinger. Quantifizierung als Eigenwertproblem [J]. Ann. Phys. 1926,79:361; 79:489; 80:437; 81:109.
[11] 曹则贤.什么是焓?[J].物理,2012,41:9.
[12] McDonough W F, Learned J G, Dye S T. The Many Uses of Electron Antineutrinos[J]. Physics Today,2012:46-51.
[13] Fukuda Y,et al. Phys. Rev. Lett. 1998,81:1562.
[14] Vignale G. The Beautiful Invisible[M]. Oxford University Press, 2011.(中译本为曹则贤译.至美无相[M].合肥:中国科学技术大学出版社,2013.)
[15] Norman M D, Finn J, Tregenza T. Dynamic Mimicry in an Indo-Malayan Octopus[J]. Proc. R. Soc. Lond. B-Biol. Sci., 2001, 268:1755-1758.

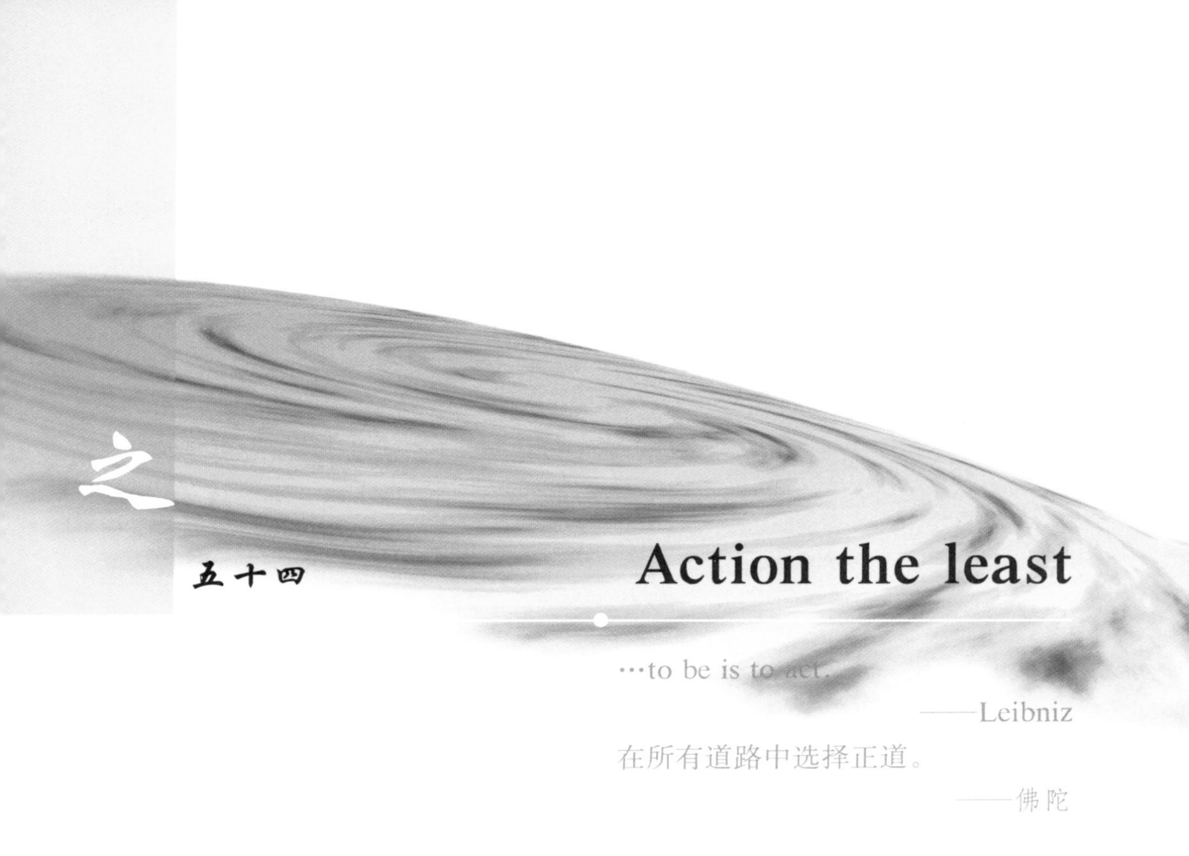

之五十四

Action the least

…to be is to act.

——Leibniz

在所有道路中选择正道。

——佛陀

摘要 Action，Wirkung和作用量传达的物理内容有不少的区别。The least-action principle源自宗教的情怀，有数学和光学的基础，是近代物理学的基本原理。最小能量原理描述没有时间的体系。

1. 极端的理由

人类大概是种追求极端的生物，走路要走捷径，做工则追求最省料，前者的证据有草坪上践踏出的小道和终南山上隐士们的算计[①]，后者的证据有不断革命的比基尼和偷工减料的新建筑。别的生物也遵循类似的最经济原理，如蚂蚁觅食最后会确定一条费力最少的道路，蜂房的三角格子柱状结构是总面积

① 唐卢藏用想作官，装模作样地隐居在京城长安附近的终南山上，博得大名，终于得了心愿。后世遂有“终南捷径”的说法。——笔者注

(蜂蜡用量)最小的选择,等等。细想一想,这种习惯或者选择也许有生物学甚至可追究到热力学层次的取极值的必然。生命是个远离平衡态的高度自组织的体系,其存在的唯一意义,依笔者愚见,就是变着法儿继续存在下去。因此,生命最大程度地获取支持生存的必要条件、尽可能少地花费生命本身的内容。前者可笼统地归为一个"忙"字,后者可笼统地归结为一个最少花费原理 (principle of least expenditure)——由其得来的一个引理是,懒惰是生命的天性。

懒惰作为人类的天性,常常受到调侃,因为它忽视了生命的继续需要不断地维持存在的条件这一现实。《笑林广记》有一则故事:"有极懒者,卧而不起,家人唤之吃饭,复懒应。良久,度其必饥,乃哀恳之,徐曰:懒吃得。家人曰:不吃便死,如何使得?复摇首慢应道:我亦懒活矣。"另一则关于懒人的故事是这样说的:"从前有个懒人,凡事不伸手,连吃饭都懒得动手。有一次媳妇回娘家,怕懒汉饿着,烙了个圈状的大饼给挂在脖子上。过了几天,媳妇回来,发现懒汉饿死了。大饼靠近嘴巴的部分被咬了几口,其余部分都没动。人家懒得转一下大饼。"这个懒汉的境界也算是极品了。但是,人们很努力地追求懒惰的可能是非常具有正面意义的,各种技术发明无疑都是为了让人们能更轻松、更悠闲。之所以有了先进的技术后人们反而更忙了,那是因为新技术为我们支撑生命提供了更高层次的可能性,生活因此变得更加有的忙了。

人类是自然的产物,它由自身开始反思自然。物理学中的力学、热学、声学和光学,开始于生存的需要以及对自身的理解①。当思考这世间万物存在与运动的根本道理时,人们不满足于笼统地说世界是某个创造者(The Creator)创造的,他们还试图以数学的严格来理解创造者是如何创造的。那么,如何表达创造者所遵循的原则?科学家将之归结为是使某个量最小(大),这是很长时期以来科学家的习惯了——"在莫比乌斯的任何工作中人们都能看到他努力沿着最短的路径、花费最少量的力气、使用最合适的手段以达到目标[1]"。关于"如何创造"此一思想链的伟大成果,就是贯穿物理学的 least action principle。在谈论这个原理是否该汉译成"最小作用量原理"之前,有必要弄懂 action 到底是什么,而 least action principle 到底想表达什么,它曾经是如何表述(formulated)的以及如何

① 力的概念来自肌肉的感知,光学(optics)的本意是关于视觉的学问。——笔者注

获得今天的地位的,近代它又是如何进一步发展的,等等。

2. Action 相关词汇的用法

Action,相关的词汇包括动词形式的 act,形容词形式的 active,名词形式的 activity,都是很典型的日常词汇,但是它们又都是非常 active 的技术性词汇(technical terms),有必要认真对待它们的"technical meaning"和"everyday meaning"。Active,汉译主动的、活泼的,如 active charcoal(活性炭),active electrode(主动电极。与地电极相对)。Active 用于重要的物理学概念有历史上的 active force。Active force 相当于今天人们说的能量,如莱布尼兹认为在非弹性碰撞过程中没有什么 active forces 的损失,只是有点类似于"大钱换成了小零头"而已。在莱布尼兹的哲学随笔中,与 act 相关的词随处可见,如"Substance is a being capable of action …[and] to be is to act(物质是有作用能力的存在…存在就是起作用)","Thus,'activity' was the primitive agent and cause of all 'effect' in the universe. Clearly, from the principle of 'cause equals effect', the total activity in the universe was conserved('activity'是宇宙中的原初动因,一切效应的起因。基于'结果等于起因'的原则,宇宙中的总 activity 显然是守恒的)[2]",等等。若是把 activity 理解为能量,这里已经有了能量守恒的雏形。Action 以前还被当作力,如笛卡尔写给 Mersenne 和 Huygens 的一封信中有句云:"the action …is called the force (vis, virial) by which a weight can be raised, whether the action comes from a man or a spring or a weight,etc"。注意,这句里把 action 当作力,还提到了拉丁语的 vis 和 virial,不过在现代物理中 virial 也不再是力了,而是用来表达标量 $\boldsymbol{r}\cdot\boldsymbol{p}$。这个概念在中文物理教科书没有得到重视,反映的是人们讲解矢量概念时甚至不知道要顾及矢量乘法的完备性。暗物质存在的推导中就用到过这个量 virial。

Act 作为动词(起作用,有影响,产生效果)在物理学中的使用,大约与 operate 同,如"His (Newton's) theory assumed that gravitation acts instantaneously, regardless of distance(他(牛顿)的理论假设引力是瞬时起作用的,与距离无关)"。注意,operate 对应的名词 operator(算符),以及 generate 对应的 generator(产生子,生成元),都有千丝万缕的联系,学物理者不妨多关注一下。Act 作为动词，或许还可以有“驱动”的意思，如“For the first time a steam engine could now be truly self-acting（蒸汽机第一次变成了真正自驱动的了）”[3]。Action 作为名词，其所谓的 everyday meaning 与 technical meaning 之间实在看不出有什么明显的界限，试比较如下两句里的 action。其一是、Feynman 说他不仅和艺术家们一样能看到花，而且“I can image the cells in there, the complicated actions inside which also have a beauty（我还能想象那里的细胞，细胞里的复杂行为——它们也有一种美）”[4]。其二是关于群论的一句：All elements of the form gx for variable g constitute the orbit of x under the action of the group（通过改变 g 得到的 gx 形式的所有元素构成 x 在群作用下的轨迹）[5]。

有 action，还有 reaction。Reaction，意思为响应（response），反动（a movement back），反作用（opposing action, force, influence），等等。Reaction 在物理学史上的一个应用范例是 Dirac 的名句“I was afraid that getting married would cause a reaction…（我觉得结婚会引起一些反作用）”，我猜想他指的是“意想不到的麻烦”，不过他还是逃不出 action-reaction 的关联，后来结婚了。Action-reaction 是西方的生活哲学，甚至成了习惯用语。法国电影《放牛班的春天》①里的寄宿学校采取 action-reaction 的原则，就是一旦认为孩子们的行为（action）不当即采取惩罚措施（reaction）。爱因斯坦在评价他的引力场方程组时曾写道：they avoid the inertial system-that ghost which acts everything but on which things do not react（它们避免了惯性系——那个 act 于任何事物但任何事物都不 react 它的怪物）[6]。在爱因斯坦的引力方程里，act 和 react 就是一并考虑的。

对于 action 这个词的 technical meaning，用西文初学物理的人很早就能正确了解，牛顿的第三定律就是 action-reaction law。但是，我们用中文学物理的人很不幸，牛顿的第三定律被表述成了作用力等于反作用力，力成了这里的关键词。牛顿的第三定律原文如下：Lex Ⅲ：Actioni contrariam semper et æqualem esse reactionem: sive corporum duorum actiones in se mutuo semper esse æquales et in partes contrarias dirigi。忠实的英文翻译为：Law Ⅲ：To

---

① 原名为 Les Choristes，合唱队员。——笔者注

every action there is always an equal and opposite reaction。这说明这里的action是个矢量,和近代物理里的action不是同一个意思。把这个action表述成力的,中国人不是始作俑者,西文中关于牛顿第三定律早有类似的表述:“When a first body exerts a force $\boldsymbol{F}_1$ on a second body, the second body simultaneously exerts a force $\boldsymbol{F}_2 = \boldsymbol{F}_1$ on the first body”,即把action表述成了力。但是,马赫则把牛顿第二、第三定律表述成了“对于两个物体构成的封闭体系,$m_1 \boldsymbol{v}_1 + m_2 \boldsymbol{v}_2$ 为常量”,这就剔除了力的概念。再强调一遍,所谓的力学里,是无需力这个概念的!

牛顿的action-reaction law深刻地影响了后世的物理学,“Faraday, consciously under the spell of Newton's third law-'for every action there is an equal opposite reaction'-held an opinion almost amounting to a conviction (法拉第意识里深受牛顿第三定律的影响,他把这一种观点几乎当成信仰)”。笔者以为,既然action和reaction如影随形,这恰恰说明interaction才是物理学的本质,就没有必要对其进行割裂。马赫早就认识到了这一点,这是他高明的地方。但是,action还是用另一种面目(标量)进入了一个统治着物理学的普适原理——least-action principle。

中文物理学把least-action principle翻译成最小作用量原理,把action指明是个量,涉嫌强调过头了。Action就是action,动作、作用而已,就算谈论least-action principle时也并不总是强调量,这一点应该受到足够的重视。Action笼统地被当作“作用”的用法,物理学中到处都是。原来的原子论、机械论把所有的物理作用还原为碰撞,及至牛顿给出了引力的表述,指出物体间的引力是超越距离的动作(action-at-a-distance),此即所谓的“上帝拨动了世界,但不弄脏他的手”。Action-at-a-distance,类似武侠中的隔空打穴,是无需介质的。后来的Maxwell电磁学理论否定了电荷间的direct action-at-a-distance,它用场填充了电荷之间的space①,是场传递了电荷间的interaction[7]。

在量子力学中,据说一对纠缠的粒子(entangled particles)是用同一个波函数描述的。它们可以离得很远,但其数学描述意味着对其一的测量可以立马

① 把space简单地翻译成空间是很不负责任的。试理解empty space和spacer的意思。——笔者注

(instantaneously)影响到另一个,即便它们之间的距离超出任何经典作用以光速可以到达的地方。这就是说,这两个粒子之间存在某种关联,其影响比光速还快,爱因斯坦称之为 spooky-action-at-a-distance (鬼魅般的超距作用)。爱因斯坦和两位同事在 1935 年的一篇文章中指出这违背狭义相对论,它意味着量子力学至少是不完备的,这就是著名的 EPR paradox。

Active 也与 principle 连用过,有 active principle 的说法。例句如"Planet will cease orbiting (due to friction) if there were no active principle to bring about a 'reformation' of the heavenly order (如果没有 active principle 带来天体秩序的变革,行星将因摩擦而停止运行)"。笔者未在中文物理书中见到过对这个原理的讨论,所以不知道如何翻译,似乎指的是牛顿第三定律:"In other words, Newton is giving 'action' and 'reaction' a broad meaning beyond just the accelerative force implied in his Second Law of motion. This broader conception of 'active principles' coupled with the suggested interconvertibility between light and bodies looks forward in some respects to our modern physics (对 active principle 的宽泛的见解,配以光和物体可以互相转换的观念,在某些方面前瞻了我们的近代物理)"[3]。

强调一点,action 在德语里用的是 Wirkung, 普朗克常数 $\hbar$ 就称为 Plancksche Wirkungsquantum, 对应的动词是 wirken (起作用, effect, cause)。Wirkung 是动名词,有结果、效果的意思,德语短语 Wirkung der Aktion (作用的效果)里的 Wirkung 和 Aktion 都对应英文的 action。德国人教物理,也要强调 Wirkung 不是简单的原因-结果里的结果。此外,在物理学史上,Euler 用过物理量 Wirksamkeit (effort,作用效果,字面上是自形容词 wirksam 变化而来的名词),就是 mvv。从 mvv 到 $\frac{1}{2}mv^2$,物理学还有一段不短的路要走。

3. 物理中的经济原则

为了做成某件事情去寻找最省力的方法,达到 least expenditure of "action"(最节省动作)的境界,无疑是自然而然的事。设想有个小和尚要从庙里出发到河边，挑上一担水到菜园浇菜，考虑空担(m)和重担(λm)的差别，他该到哪个点取水才能最省功夫(力×距离)呢(图1)？一点微积分的运算会得出结果：当 $\cos\theta_1/\cos\theta_2=\lambda$ 时，最省功夫。注意，当 $\lambda=1$，即水没有重量的情况下，$\theta_1=\theta_2$。这么个日常的问题，会给出光学的反射和折射定律。在光学中，若光的传播遵循费马最少时间原理(principle of least time)，则折射满足 Snell's law(图2)，有 $\sin\theta_1/\sin\theta_2=n$，其中 n 为介质的相对折射率。如果考虑的是自界面的反射问题，路径都在同一种介质中，$n=1$，则有 $\theta_1=\theta_2$，即反射定律。反射是折射的特例。

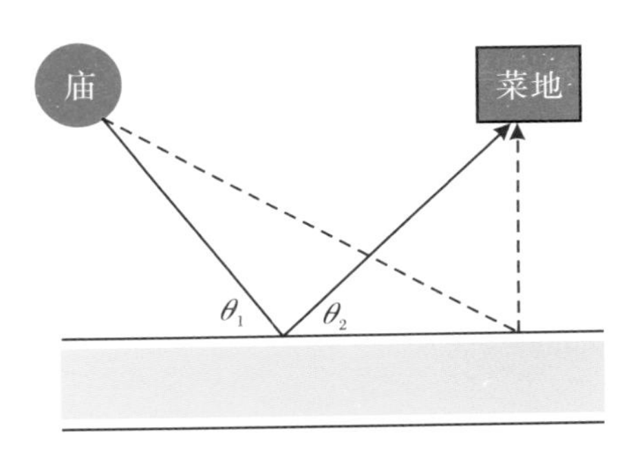

图1 小和尚的难题：从庙里出发到河边取一担水去浇菜园，他该走什么样的路径呢？

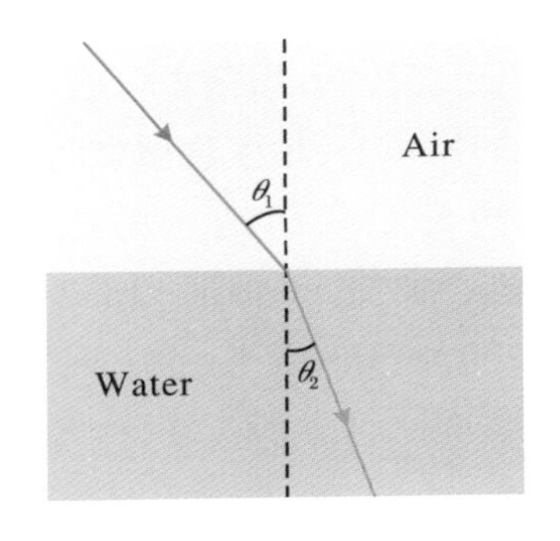

图2 光在不同介质界面上的折射满足费马的最小时间原理。

与费马的最少时间原理差不多同时期，有伽利略研究落体时提出的最短下降时间(minimum descent time)问题(图3)：物体自高处一点向旁边低处的一点滑落，那么沿着什么样的轨迹下降时间最短？1696年，Johann Bernoulli 把此问题，即所谓的 brachistochrone(希腊语最短时间) problem，提交给世界的顶尖数学家求解[8]。此问题的解令人大为惊讶：最速降线竟然是倒置的摆线——将一个圆沿着平面无滑动滚动，其上任意一点的轨迹都是摆线(cycloid)，方程为 $x=R(\theta-\sin\theta)$，$y=R(1-\cos\theta)$。你现在知道滑板比赛的轨道该是什么样子的

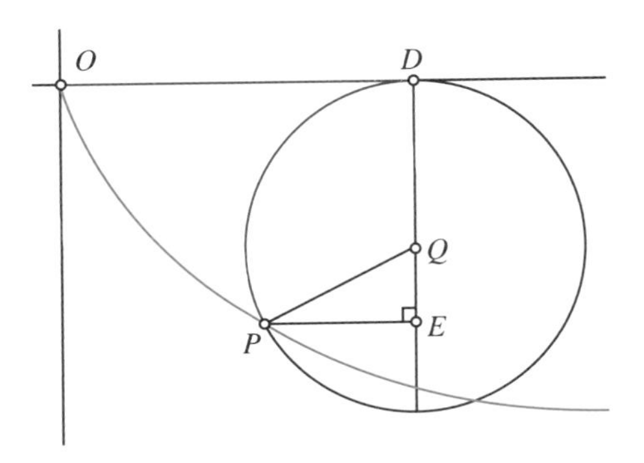

图3 最速下降问题。从一点 O 向旁边一点 P 最速下降的路径是经过 O 点和 P 点的摆线。

了吧。

4. 宗教情怀与科学表述

在寻找关于自然的基本原理时,西方人的宗教情怀一直在起着作用。据说,莱布尼兹认为在上帝创造的所有世界中,我们所处的这个世界是最美好的(He (Leibnitz) concluded that of all the worlds God could have created, the one we live in is “the best of all possible”),不知这是否可算是多世界理论和路径积分的哲学起源?借着小说 *Candide* 中的人物 Pangloss 博士之口,伏尔泰说:已经证明,事情不可能是有别于其现状的样子,因为每一事物被创造都是有目的的,每一种事物都是为了最好的目的创造的。这种宗教的情怀,后来找到了同自然科学结合的途径,其推动者为法国人莫佩尔蒂(Pierre-Louis Moreau de Maupertuis,1698～1759)。莫佩尔蒂,曾任法国科学院的主任(次年入选 la Académie française)和普鲁士科学院的主席,和欧拉一起共过事。莫佩尔蒂是个博学的天才,他曾探险到拉普兰以确定地球的形状,甚至被认为是 genetics 的先驱,物竞天择的理论也是他最先提出的[9]。

1741 年,莫佩尔蒂在一篇名为 Loi du repos des corps (物体静止的定律)的文章中注意到:一个静止的系统,会到达这样的位置,其任何变化会造成某个量之最小的变化,这个量可归为 action。这即是说,从静止开始的运动,管它是什么意思,是最小的!这种把发生的物理看成所有未发生的背景上的极值,笔者以为简直是天才的神来之笔。这 least-action principle 此时是关于力学定律的一个形而上学的原则。

“Least action”听起来像是个经济原则:尽可能地少花费。一个普适的“最节省花费的原理”无疑地会展示创造世界时的智慧,在莫佩尔蒂看来,这是存在一个无限智慧的创造者之最强有力的说明。莫佩尔蒂在 1750 年出版的 *Essai de cosmologie* (宇宙学文集)中诠释了这个思想。由此,莫佩尔蒂把这个原理看成他的物理学成就的顶峰,且还是他最重要的哲学成就,因为它给出了上帝存在的不可辩驳的证据。莫佩尔蒂用了二十年的功夫发展了这个原理。他想到 action 应该为物体的质量、走过的距离和速度的乘积。这依然是运动定律(Loi du movement)。天才的洞见[①]让他意识到了 least-action principle，但是因为缺乏智识或者严谨性，结果他没能像拉格朗日那样给出该原理的严格的数学表达。

质量乘上速度乘上距离，这（至少量纲上）等于动能的时间积分。为了使最小作用量原理定量化，两位大数学家欧拉和拉格朗日作出了巨大的贡献（图4）。后来的力学发展为任意一段时刻内的运动引入了 action S，是 T-V 这一拉格朗日量关于时间的积分。在现代的理论力学教程中，$S=\int_{t_1}^{t_2}L(q,\dot{q};t)\mathrm{d}t$，其中 t_1,t_2 是固定的[②]。作用量最小的路径，应满足方程$\frac{\partial L}{\partial q}-\frac{\mathrm{d}}{\mathrm{d}t}\frac{\partial L}{\partial \dot{q}}=0$，此即著名的 Euler-Lagrange 方程。

图4　Least-action principle 的三位关键人物：莫佩尔蒂（Maupertuis，1698～1759），欧拉（Euler，1707～1783）和拉格朗日（Lagrange，1736～1813）。

类似的求最短路径的问题都有对应的 Euler-Lagrange 方程，如测地线问题（geodesic）。例如，设黎曼流形 M 上的度规张量为 g，沿一条连续可微的曲线 $\gamma:[a,b]\mapsto M$ 的长度为$L(\gamma)=\int_a^b\sqrt{g(\dot{\gamma}(t),\dot{\gamma}(t))}\mathrm{d}t$，则在流形上的两点间的距离定义为所有连接曲线长度的下确界（infimum。应该是 least 的另一个说法）。有了这个定义，黎曼流形上的局域最短距离可通过变分法求得。引

---

① 说这个见解是天才的，是因为它把距离同速度，即相空间的不同轴，用乘积的方式联系在一起了。Action 的一般表示，有关于时间积分的内容，因此有必要引入扩展相空间。物理学任何概念都有来历，信夫？——笔者注

② 高级教程里，作用量在$(x_1,x_2,x_3;ict)$空间中的形式为 $S=\int L(u,u_{\mu_i};\mu_i)\mathrm{d}\mu_i$。——笔者注

入如下的 action 或者能量泛函，$E(\gamma)=\frac{1}{2}\int g_{\gamma}(\dot{\gamma}(t),\dot{\gamma}(t))\mathrm{d}t$，由 Euler-Schwarz 不等式 $L^2\leqslant 2(b-a)E(\gamma)$，其中的等式在 $|\dot{\gamma}(t)|$ 为常数时成立，可最小化泛函 E。关于泛函 E 的运动方程或曰 Euler-Lagrange 方程就是测地线方程，形式为 $\frac{\mathrm{d}^2x^{\lambda}}{\mathrm{d}t^2}+\Gamma^{\lambda}_{\mu\nu}\frac{\mathrm{d}x^{\mu}}{\mathrm{d}t}\frac{\mathrm{d}x^{\nu}}{\mathrm{d}t}=0$，其中 $\Gamma^{\lambda}_{\mu\nu}$ 是度规的 Christoffel 符号。熟悉广义相对论的读者可能已经注意到，这个方程就是爱因斯坦引力方程组的第二式。

作用量最小的路径的算法，为变分法（calculus of variation），是对 Newton 和 Leibniz 的微积分的发展[10-12]。最小作用量的路径满足的方程为 Euler-Lagrange 方程。但是，从这个方程得到的是静态的作用量（stationary action），按照欧拉的说法，它可能是最小，也时不时（zuweilen）是最大，从这个意义上来说，这个原理应该表述为静态作用原理（the stationary action principle）。静态作用原理，想想也是，发生的就该不该发生来说，是所有不发生之背景上的静态。是否可以说自然选择的是作为作用泛函之 stationary point 的路径呢？哦，这可是你的事情，也许就没有那么个路径，有也未必是唯一的。退一步说，就算这个静态作用原理是对的，也不是所有的运动方程都可以通过构造拉格朗日量就能获得的[13]。

前面获得 Euler-Lagrange 方程时，假设路径的端点是固定的。如果路径的两端也是可变的，则该变分问题会变得复杂起来。哈密顿（Rowan Hamilton）对这个问题进行了深入的研究，很大程度上把力学和光学统一了起来[14]。知道薛定谔、狄拉克以及后来的费曼这些人明白这些过程和此中的学问，他们对量子力学的贡献，以及与他者不同的贡献方式，就变得可以理解了。

5. 对 least-action principle 的评价

最小作用原理在物理学定律中享有最崇高的地位，哈密顿认为“it is the ‘highest and most general axiom’（它是最高、最普遍的公理）”[14]。赫尔曼·冯·亥尔姆霍兹（Hermann von Helmholtz）相信最小作用原理可能是适用于自然界所有过程的普适的定律。拉莫（Joseph Larmor）认为不同部分的物理可以用这同一把伞罩着。普朗克认为最小作用量原理有目的论的特点，它为因果律引入了新思想：伴随着起因（causa efficiens）还要考虑结局（causa finalis），结局是可以推导出指向该结局之过程的前提。普朗克特别指出："最小作用量原理……似乎统治着自然界中所有可逆的过程。"不过，或许正如玻恩的观点，普适的公式具有极值原理的形式，不是自然界有这么个愿望或者目的或者为了节约，而是因为我们除了把规律的一个复杂结构浓缩成一个简短的表示外，别无它法[13]。

6. 最少作用原理的近代发展

物理学是一条思想的河流。任何还有生命力的思想，都会时不时地得到新的发展。对原子轨道的推广了的作用量（generalized action）让 Bohr 弄出了量子化条件 $\oint p\mathrm{d}q = n\hbar$，这是旧量子力学的核心。运动的微分方程和最小作用原理之间的等价性包含在哈密顿原理中：任何物理体系的微分方程都可以重新表述为等价的积分方程。费曼想必看到了这一点。费曼在其学位论文中给出了量子力学的路径积分表示：一个物理系统同时循着所有的路径演化，每条路径对应的几率幅由路径积分①而来的 action A 给出，即 $\propto e^{iA/\hbar}$，几率最大的那条路径对应经典的路径[15,16]。笔者觉得，作用量是比能量更基本的东西，似乎不是可测量的。若用 d(ict) 的积分形式，本身就是复数形式的，则费曼积分形式的量子力学就更合理了。费曼的工作，深受狄拉克的影响。关于费曼是如何受到狄拉克影响的，有如下描述：当费曼还是个研究生的时候他就研究了狄拉克的一篇"little paper"，讲述如何把最小作用量原理应用于量子力学，可以构造出完全不同于薛定谔或者海森堡版本的量子力学[17]。有趣的是，狄拉克本人对这个问题似乎不热衷。

费曼的量子力学表述，可以理解为对历史求和（sum-over-histories）。按费

---

① 苏联作家普里什文的一篇短文《林中小溪》，或许有助于理解路径积分的精神，照录如下：小溪怎么样了呢？一半溪水另觅路径流向一边，另一半溪水流向另一边。也许是在为自己的"早晚"这一信念而进行的搏斗中，溪水分道扬镳了：一部分水说，这一条路会早一点儿到达目的地，另一部分水则认为另一边是近路。于是它们分开来了，绕了一个大弯子，彼此之间形成了一个大孤岛，然后又重新兴奋地汇合到一起，终于明白：对于水来说，没有不同的道路，所有道路早晚都一定会把它带到大洋。——笔者注

曼的观点，在微观层次上，所有的路径都要被经历的。如果某个经典现象是大量的微观量子现象的极限，则经典现象的定律必是某个特殊的东西。也就是说，存在某个量，对任意的路径（history，不是 path）它是可以计算的，但它在经典极限路径上应该取极值（图 5）。这个量，你管它叫 action 也好，叫"上帝的愉悦（God's pleasure）"也罢[18]。

图 5 费曼在授课（从板书内容看应是在讲述量子力学）。

7. 瞬间的变种：Least energy principle

有些问题，正如佛门的教诲，只关切当下（the current moment），因此是无法引入历史的。实际上，笔者愚见，物理学是患了严重的分裂症的，可分为热力学和非热力学的各门力学。就组织形式而言，在热力学中变量对是以关于能量共轭的形式组织的，而在经典力学、量子力学中变量对是以关于 action 共轭的形式组织的[19]。平衡态热力学中没有时间，非平衡态热力学与时间的关系还是一笔糊涂账，未见清晰完整的理论。对于只关切某个时刻的体系，没有历史和作为历史积分的 action，决定体系形态的可能就是最小能量原理了，当然这能量可能是各种不同名目的能量。例如，著名的 Thomson 问题①其实就是关于导体球面上 n 个电荷的分布问题，其平衡态的构型可表述为满足库仑势能之和最小，结果大体上可看作带内禀缺陷的三角格子。如果在一个材料体系中引入足够大的应力，则材料会发生屈曲（buckle），即产生皱纹。这种机理应用于柔性衬底＋略显刚性薄层的体系上，则依据体系的拓扑的不同，可以再现从 Fibonacci 斜列螺旋到对生、十字对生状的花叶序[20—22]（图 6）。对于椭球状的

① 此问题 1904 年提出，是早期的原子核模型之一。——笔者注

体系,可以看到,在形状因子、相对皮厚和应力水平三参数空间中的特定范围上,体系会表现出特定的屈曲模式,其中一些再现了自然界中瓜果的脊状外观(图 7)。这暗示瓜果的外形某种意义上是力学的而非基因的结果[23]。有兴趣的读者,可以参看我们的系列论文[20—23]。这类问题,可表述为满足最小弹性能原理的结果,乃最小能量原理之滥觞。你可能已经体会到了,如果你要通过绷紧脸皮来消除皱纹,你抗拒的不是皱纹,而是最小弹性能原理——你输定了。

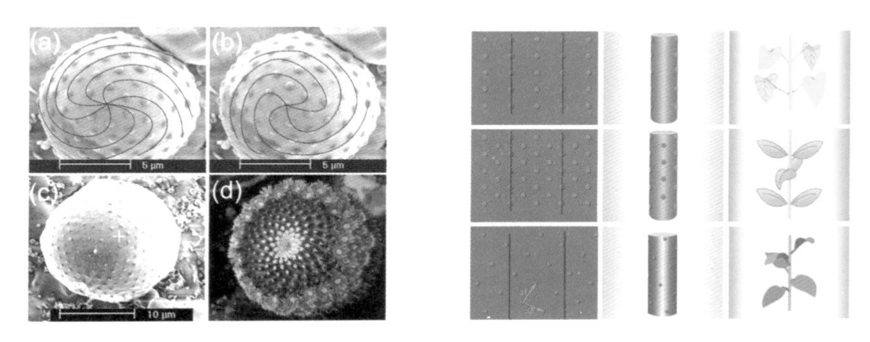

图 6 (左)锥面上的应力点阵再现了斐波纳契斜列螺旋[20,21];(右)选取平面上的应力点阵的两个周期卷成柱面,则再现了植物茎上的对生的、十字对生的叶序[22]。

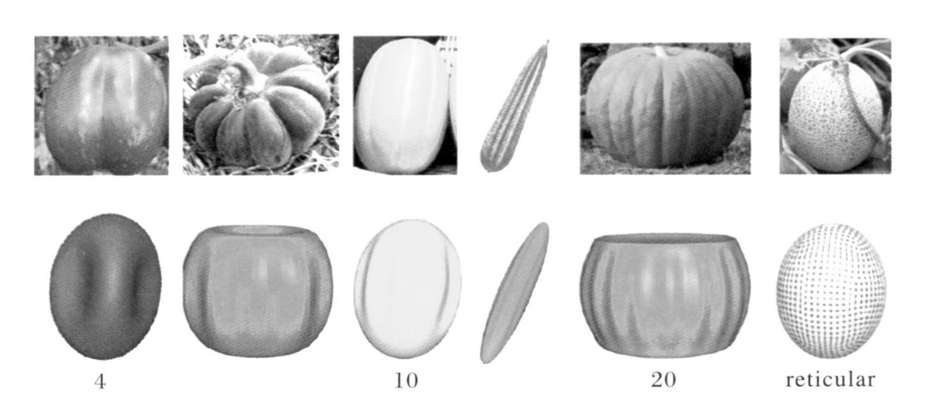

图 7 椭球面上在形状因子、相对皮厚和应力水平三参数的不同 domain 上的应力花样,再现了瓜果的脊状外观(ridges)[23]。

8. 结语

把问题表述为某个量，action，energy 或者别的什么，最小化的问题，看起来是行之有效的哲学。自然，对于这种表述，没有更深层面的支持。问题是，考虑的问题多了，对于这种“放之四海而皆准”的原理，也难免感到困惑。世界的设计真的就遵循最经济的原理吗？就长脚问题的哲学来说，一条腿都没有的蛇和多足的蜈蚣，甚至西文中被称为千足（millipede）的马陆（图 8），真的都是同一个关于运动的普适的经济学原理的结果吗？这还真有点令人含糊。

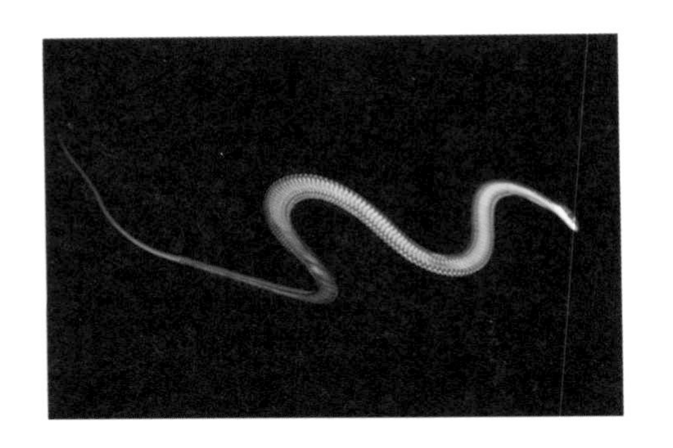

图 8　无脚的蛇和多足的蜈蚣，甚至号称千足的马陆，真的都是同一个关于运动的普适的经济学原理的结果吗？

最低能量原理和最小作用量原理之区别在于是否有历史观。看历史观的有无，似乎也能理解世界上不同地方的社会现象。在某些地方，人们信奉的是利益最大化原理，即当前时刻能捞多少捞多少，能爬多高爬多高，哪管它身后洪水滔天。倘若如中国古人那般还在乎“赢得生前身后名”，对个人行为的判断采用时间积分的思路，即加一点历史的考量，或许那里一些能量极大的人的 action 会略有忌惮，则这无疑是当地不幸与他们同时代者的大幸。

后　记

1. 物理学是自然哲学，因此哲学的品质从未丢弃过。费马光学定律、最小作用原理就是一类哲学性的命题，是真正的 first-principles。你认可就认可，证明却是无从谈起的。当然，人们对于未经证明的东西心里总是不踏实，却不知证明的前提本身总是引入继续证明的需求。有个笑话（未知其作者也谁）也许有助于对问题的理解，兹录于此。

   老师："两点之间直线最短"这个公理是不用证明的，大家都承认，放之四海而皆准。

   一同学：那可不可以证明呢？

   老师：你要证明也未尝不可。你在远处放一根骨头，然后把狗放开，它肯定是笔直地跑到骨头跟前，不会拐弯不会绕道的（图 9）。狗都知道的道理，还有什么需要证明的呢？

图 9　捕食者总是根据猎物的位置调整自己的路线，算是对最小作用（最短路径）原理的践行。如考虑进猎物根据对捕食者行为的预期而引入的调整，这个体系的动力学用什么原理描述呢？

2. 2007 年中秋，与单位几位同事谈起最小作用原理，谓几位上大学、留学读博士、做个试图研究的研究员或者努力教书的教授，乃人生的最佳堕落路线。此是来自现实的认真嘲讽。其实，人生是一场起点和终点都固定了的旅行，其轨迹难道不是依据最大（小）某某量的原理规范的？人生万象，大约只是各人的价值观兼或所受的约束条件不同罢了。如何获得最大或者最小量，首要的问题是如何赋予不同的路径以作用量的问题，即价值观问题，其次才是道路的选择问题。

3. 求最佳值问题（programming）是个挑战智力的活。有时候，人们不得不求助于大数的随机事件的结果。据说某地建立了新园区，事先未规划穿过草坪连接不同建筑的小路，而是任由人们自由穿越。这便应了鲁迅先生在《故乡》里所言："其实世上本没有路，走的人多了，也便成了路。"那自由选择的路就是连接各个建筑间最简捷的道路。这是对最小功夫原理的现实诠释。所谓的蚁群算法，应该出于同样的考虑。

4. 常常看到一个美学原则,认为对称是美的。或许对称性与美的关联恰恰在于人们欣赏和记住对称的事物时需要付出的努力最少吧。一张对称光滑的脸和一张充满多层次结构的脸,把握后者显然太费力。

补 缀

1. G. Polya 在 *Mathematics and Plaussible Seasoning I: Induction and Analogy in Mathematics* (Princeton University Press, 1954)第八章的题头引用了一段 Euler 的话:“由于这个世界构造完美无缺,且是由最聪明的造物主所创立,以至于在这个世界上无论什么事情都包含有极大或极小的道理。”关于狗都知道如何取最短距离路线的问题,该书也有精彩的描述。从直线 a 外的一点 A 到该直线的最短距离在哪里?“无需深思熟虑,你会知道在哪里。甚至连狗都知道。陷入水中的狗或牛会毫不耽搁地沿着从点 A 到直线 a 的垂线开始游过来。”

   关于反射问题,可以转化为如下的问题:从 A 点到 B 点经 A,B 点外侧一直线上某点,要求距离最短。以 A,B 两点为焦点画椭圆,必有一椭圆与该直线相切,从 A 点经该切点 M 到 B 点的路径最短。该传播路径满足光的反射定律,即线段 AM,MB 同直线的夹角是相等的。
2. 设 G 是一个李代数。Hamiltonian Action of G on X 的意思是:如果存在 homomorphism $\sigma: G \mapsto A$, A 是定义在 X 上的函数空间,对于任一 $\xi \in G$,对应一个 X 上的函数 $\sigma(\xi)$,满足$[\sigma(\xi),\sigma(\eta)]=\sigma([\xi,\eta])$,这里的[]是 Poisson 括号。显然,这 Hamiltonian action 里的 action,就是动作、作用而已。
3. 关于接触作用和超距作用,在生物学历史上曾有过一段有趣的认知过程。Harvey 曾提出 aura seminalis 的概念,即精子的精气。卵子在精子旁边就会受精,这大概是某种 action-at-a-distance。十八世纪末,Spallanzani 用青蛙做实验,发现没有什么来自精子的气(no amount of vapor from semen)让青蛙卵子受精,还是要接触后才有小蝌蚪孵化出来。1876 年 Oscar Hertwig 证实了精子实际上要进入卵子体内才能引起受精。当然,这里论及的接触,不过是宏观上的印象。从基本作用的层面看,不管是精子进入卵子,还是电子轰击核子,说到底还是 action-at-a-distance。个人觉得,当研究基本粒子相互作用时,隐去了作为大背景的其他存在,接触本身的意思消解了。

[1] Fauvel J, Wilson R, Flood R. Möbius and His Band: Mathematics and Astronomy in Nineteenth-Century Germany [M]. Oxford University Press, 1993. (原文为: Everywhere in Möbius's work one can see his endeavor to reach his goals along the shortest path, with the smallest possible amount of machinery and using the most appropriate means.)

[2] Parkinson G H R. Gottfried Wilhelm Leibniz: Philosophical Writings[M]. London: Dent, 1973: 41-42.

[3] Coopersmith J. Energy-the Subtle Concept[M]. Oxford University Press, 2010.

[4] Feynman R. The Pleasure of Finding Things Out [M]. Baisc Books, 2005.

[5] Manin Yu I. Mathematics as Metaphor [M]. American Mathematical Society, 2007.

[6] Cao T Y. Conceptual Developments of 20th Century Field Theory [M]. Cambridge University Press, 1997: 81.

[7] Dyson F J. Why is Maxwell's Theory so Hard to Understand [P]. 1999.

[8] Nahin P J. When Least is Best [M]. Princeton University Press, 2004.

[9] Beeson D. Maupertuis: An Intellectual Biography [M]. Oxford University Press, 1992.

[10] Hildebrandt S, Tromba A. Mathématiques et formes optimales [M]. Belin: Pour la Science, 1986.

[11] Lanczos C. The Variational Principles of Mechanics [M]. University of Toronto Press, 1970.

[12] Yourgrau W, Mandelstam S. Variational Principles in Dynamics and Quantum Theory[M]. 3rd ed. Pitman, 1968.

[13] Kragh H S. Dirac：A Scientific Biography [M]. Cambridge University Press,1990.
[14] Hankins T L. Sir William Rowan Hamilton[M]. London：The Johns Hopkins University Press,1980:183, 205.
[15] Feynman R. The Principle of Least Action in Quantum Mechanics [M]. Princeton University Press,1942.
[16] Brown L M. Feynman's Thesis—A New Approach to Quantum Theory[M]. World Scientific, 2005.
[17] Farmelo G. The Strangest Man：The Hidden Life of Paul Dirac, Mystic of the Atom[M]. Basic Books,2011.
[18] Freund P. A Passion for Discoveries[M]. World Scientific,2007:32.
[19] 曹则贤.热力学和量子力学的系列讲座[P/OL].
[20] Li C R, Cao Z X. Science,2005,309:909.
[21] Li C R, Ji A L, Cao Z X. Appl. Phys. Lett.,2007,90.
[22] 李超荣,纪爱玲,曹则贤.树干上的叶子[J].物理,2006,35(6).
[23] Yin J,Cao Z X, Li C R, et al. PNAS,2008,105.

1. 什么是焓？

拙作《熵非商——the myth of entropy》一文发表后，产生了一些影响，并被收入名为《岁月留痕》的《物理》杂志四十年集萃中。一些朋友私下里也恭维说，因为有了关于熵概念自身发展及其进入中文的脉络的介绍，他们对这个概念的理解更清楚了。但是，关于这篇文章，还有一个不小的遗憾，那就是没有同时谈论差不多同时被造出来的另一个中文热力学概念——焓。

焓字是对英文enthalpy（德文Enthalpie）的翻译。焓字到底是哪位前辈学人造的，我手头一点线索没有，有知情者请赐教。我倒是有个猜测，说不定焓字是因一个玩笑而来的：有熵，不妨有焓，正好与伤寒谐音。众所周知，张仲景的《伤寒论》就是论冷热病的。此说对错不管，反正我初学热力学接触这两个概念时头脑中就闪过这样的念头。焓，亦称“热函”，汉语字典里说“物理学上指单位质量的物质所含的全部热能”，这种外行的表述自然离题万里，丝毫不涉及该概念的实质。这不是汉语字典编辑们的错，查Webster大字典，赫然见关于enthalpy的解释为“a measure of the energy content of a system per unit mass”。汉语焓字的解释，干脆就是这句英文解释的逐字翻译。

Enthalpy(en + thalpein)，来自希腊语的ἐν + θάλπειν，就是“to put heat into（往里面加热量）”的意思。Enthalpy，也叫 thermodynamische freie Enthalphie（热力学自由焓），是同内能(U)、Helmholz 自由能(F)、Gibbs 自由能(G)以及许多其他的热力学函数一样，通称为热力学势的函数。我个人认为，这些势函数应更多地在其微分形式上理解好一些。

对于一个一般意义上的热力学体系，有内能 U，是关于体系的一个完整积分，其定义如下：

$$dU = TdS - pdV + \sigma dA + \sum \mu_i dn_i + E \cdot dP + H : dM + \cdots \quad (1)$$

其中的 S，V，A，n_i，P，M 等都是系统的广延量，分别为系统的熵、体积、表面积、某个组分的粒子数、极化强度和磁化强度[①]。当然如果系统还有别的广延量，可以一直加下去。如果考虑等压过程，可以对 U 作一次如下的 Legendre 变换 $H = U + pV$[②]，则有

$$dH = TdS + Vdp + \sigma dA + \sum \mu_i dn_i + E \cdot dP + H : dM + \cdots \quad (2)$$

这样处理等压过程比较简便，因为可以不考虑 Vdp 这一项。类似地，引入 $F = U - TS$，$G = U - TS + pV$，则可方便处理等温过程和等温等压过程。当然研究磁学、电介质和化学反应时你还可以引入更多更复杂的热力学势。

细心的朋友可能已经注意到了，(1)式右侧的 pdV 项比较古怪，别的项都是加号，唯独它是减号。这个减号为其他热力学势的引入以及麦克斯韦关系式的表达带来了麻烦。其实，这个 p 的符号为正为负本没有什么了不起的物理意义，差别不过是把 p 解释为系统对环境的压力还是环境对系统的压力。笔者在讲授热力学时一直强调，完全可以把(1)式写成

$$dU = TdS + pdV + \sigma dA + \sum \mu_i dn_i + E \cdot dP + H : dM + \cdots \quad (3)$$

这样一致的形式，这里 p 的严格含义是体系的关于体积 V 的共轭强度量，和 T，μ_i 等强度量的定义一致。则自由焓、Helmholz 自由能和 Gibbs 自由能可分

① 这些都是非常误导人的翻译。把 polarization，magnetization 这些广延量翻译成“强度”，太糊涂了。——笔者注

② 西文缩写 H 用的是 heat 一词的首字母。翻译成焓也可能与焓的声母为 h 有关。猜测而已。——笔者注

别通过 Legendre 变换 $H=U-pV$, $F=U-TS$ 和 $G=U-TS-pV$ 定义，这些变换的形式显得自然而又统一。这样来学热力学，必有事半功倍的效果。笔者甚至想说，记住(3)式并理解了 Legendre 变换，热力学内容之大半已入囊中矣。

焓的意义,当然要从(2)式,或者如笔者建议的形式 $\mathrm{d}H = T\mathrm{d}S - V\mathrm{d}p + \sigma\mathrm{d}A + \sum\mu_i\mathrm{d}n_i + E\cdot\mathrm{d}P + H:\mathrm{d}M + \cdots$ 这样的微分形式(注意,就焓的定义来说,右侧除了前面两项,其他各项都视具体的物理体系是可有可无的)来加以把握。它当然不是什么系统所含(涵)的全部热量，至于单位质量云云，更是莫名其妙。

补缀

1. 笔者本文中关于热力学主方程中用 $p\mathrm{d}V$ 而非 $-p\mathrm{d}V$ 的观点看来是错的,应该是 $-p\mathrm{d}V$。热力学考虑的是一个体系同其环境间的相互作用,广延量和强度都应是体系的物理量。注意,不同的强度量,其本性是不同的。温度是个标量；压强似乎也是个标量,但压强是极性的(polar),有正负之分。当前已知的水的相图就包含正压区和负压区。

2. Null的翻译兼谈其他物理翻译问题

《物理》杂志2012年第三期刊登了《对某些物理名词的修改建议》一文，论及了中文物理词汇，包括人名、翻译过程中的一些问题，读来令人受益匪浅。笔者《物理学咬文嚼字》系列关于物理文献中的数字问题的文章写了三年多仍未能收尾，其中也有关于“零”的讨论。在读了这篇文章后，笔者觉得关于“null”的汉译以及其他物理翻译问题有作点补充讨论的必要，或许有益于对该问题的深入认识。

Null一词来自拉丁语nullus，是复合词n (e) oin(o)los，即not a one，一个也没有。德语中的0，就写作null(三相线中的零线，标识为N)。英语中的0，写成zero，来自法语的zéro，其更远的词源cipher来自阿拉伯语safara，本意也是“一个也没有”。在英文中，表示零的还有naught (也写成nought，not any thing，nothing的意思)。还有一个就是nil，作前缀用，如数学词汇nilpotent (见于nilpotent Lie group，nilpotent matrix等概念)，其中nil也是简单地翻译成“零”。这个词来自拉丁语 nihil，就是 nothing。英文涉及体育比赛的比分时，会把零说成 love，如果比赛结果零比零，就是 all-love。这里 love 是从法语 l'oeuf 以讹传讹得来的。法语 l'oeuf 是蛋，蛋和 0 形似，我们中国人考零分也说是考了个大鸭蛋。

个人感觉，英文文献中几个零的不同形式(英语不好说是发源于英国)是有些差别的。比如 zero 更多地就强调一种事实，一种存在，如 $\boldsymbol{A}=\boldsymbol{0}$，$\boldsymbol{A}$ 就是个零矢量(zero vector)，其各个分量也是 zero。但是在闵科夫斯基空间中，线元为 $\mathrm{d}s^2=-(\mathrm{d}t)^2+(\mathrm{d}x)^2+(\mathrm{d}y)^2+(\mathrm{d}z)^2$，则若有 $\boldsymbol{A}\cdot\boldsymbol{A}=0$ (一种操作)，并不意味着 $\boldsymbol{A}=\boldsymbol{0}$。英语文献中是作了区分的，满足 $\boldsymbol{A}\cdot\boldsymbol{A}=0$ 的矢量 $\boldsymbol{A}$ 是 null vector，它不一定是 zero vector $\boldsymbol{A}=\boldsymbol{0}$。注意，把闵科夫斯基空间中的线元写成 $\mathrm{d}s^2=-(\mathrm{d}t)^2+(\mathrm{d}x)^2+(\mathrm{d}y)^2+(\mathrm{d}z)^2$ 的形式，笔者一直认为是不恰当的，写成 $\mathrm{d}s^2=(\mathrm{id}t)^2+(\mathrm{d}x)^2+(\mathrm{d}y)^2+(\mathrm{d}z)^2$ 可能更好。虽然这两种写法数学上似乎是一样的，但带来的对相应空间的几何以及其线元所遵从的代数的认识却大相径庭。用后一种线元表达方式，加上用 Clifford 代数的语言谈论相对论，可能就不会犯许多相对论普及书本上的一些低级错误①。

英文中不害怕 zero vector 和 null vector 的混淆，一个可能的原因是大家知道 null 有某种动词的成分，nullify 就是化为零、努力白费了的意思。Nil 也有动词的成分，如量子力学中 annihilation，词干就是 nihil，汉译湮灭，动词成分也很明显。西洋人大概是明白 null 和 zero 之间的细微区别的。我们不加区分地将它们都译成零，就会带来一些问题。举个例子，一个鸡蛋受力为零(zero)，这是说 free of force，则鸡蛋的加速度为零。但若是遭受了两个 nullifying forces，合力为零，虽然鸡蛋的加速度为零，但是鸡蛋碎了。这两种情形的物理图像是不一样的。在中文中，如何区别 null 和 zero? Zero 大家习惯于接受其为汉语的零②，null 不太好也用零，但笔者认为也不宜离零太远。就 $\boldsymbol{A}\cdot\boldsymbol{A}=0$ 问题来看，null vector 译成零模矢量或许可行。至于万一有人把零模矢量误认

---

① 把积分 $\int_a^b F'(x)\mathrm{d}x=F(a)-F(b)$ 理解成函数 $F(x)$ 在端点上的值之差，也犯了类似的错误。积分是和，只有求和。这个看起来是差的形式，实际上是有方向的量的和。理解了这一点，就能更好地理解 Stokes 定律，就能更正确地理解电磁学和流体力学。物理学的数学公式的正确理解，其重要性怎么强调都不为过。——笔者注

② 可能是因为最先学到的是这个吧。——笔者注

为是 $\boldsymbol{A}=\mathbf{0}$，那不是翻译的错，说明他没把 null vector 和 $\boldsymbol{A}\cdot\boldsymbol{A}=0$ 当成一个整体来理解。对这种情况，还是要通过加强对科学的理解来解决问题，在中文翻译上着力似乎有点舍本求末。科学词汇，本就该放在学科知识的大框架下而不是单独地加以理解和演绎，这一点，笔者认为，恰是（中国）不懂科学的科普作家写的科普作品和 Weinberg，Wilczek 这些诺贝尔奖得主的科普作品之间相区别的关键。原文作者建议将 null vector 翻译成"类光矢量"，笔者以为不妥。正如原文作者接下来指出的那样，还有 lightlike vector 的说法，类光矢量用来翻译这个词较贴切。而 null vector 是几何（代数）中常见的对象，它和相对论、光并没有必然联系。此外，若将 null vector 翻译成类光矢量，必然给自类光矢量接触这个问题的人查找原文献带来困惑。我们经常说我们中国人写英文文章写得不象，很大的原因是因为我们翻译时作了一些改造，使得我们的学习者在反过来寻找原文对应时遭遇了困难。笔者斗胆给中国学界进一言，在进行文献翻译时，是否可将"方便中文读者回溯原文"也当作一条原则？

关于人名译法，笔者在《物理学咬文嚼字》之七曾指出，把所有英文文献中出现的人名当作英文可能是造成翻译问题的一个重要原因。把 Levi-Civita（意大利语），Poincaré（法语）和 Schwarzschild（德语）翻译成什么中文固然不那么重要，但问题是，当我们以中文译文的发音或者我们认可的英文发音去进行国际交流的时候，是否会遭遇困难？美国人可以用美国音对付世界多样的人名，我们不妨在从事人名翻译时尽可能对人家多一份尊重，花几分钟时间查阅一些该名字到底来自哪种语言，请教一下该如何正确地发音。在互联网发达的今天，这些应该都不是什么困难的事情。就人名的纸面翻译来说，笔者斗胆再进一言，可否尽可能地至少有一次给出原文？这里做的考量，还是"方便中文读者回溯原文"的原则。

最后说一点，不管是自然科学还是人文科学，其概念都要放到语境（context）中去理解（我刚知道还有 *Science in Context* 这种杂志）。把 milky way 理解成牛奶路未必全是笑话，因为我们的银河，在西方语言中就是喷洒的奶造成的，不过不是牛奶，而是天后赫拉（Hera）的奶。西语 galaxy 就来自希腊语 γαρα，奶液是也。但是，把天体物理中出现的 galaxy，理解成我们的银河系也成问题。英文天体物理文献干脆用 milky way galaxy 来称呼我们的银河系，以区别于其他的 galaxy（星系，银河级别的星系）。把银河称为 milky way galaxy，多少有点苦涩的味道吧？这也是用日常语言描述科学所不可避免的。解决之道还是那句话：把科学的概念放到科学的大框架中去理解。

补缀

1. 量子力学中关于谐振子的零点能（zero point energy），德语写法为Nullpunktenergie。我曾想当然地以为零点能是在人们会解相对论谐振子本征值方程$\left(a^{+}a+\frac{1}{2}\right)|\psi\rangle=\varepsilon\psi$以后才引入的，其实不是。早在1913年，爱因斯坦和斯特恩研究氢气比热(实验)时，发现用普朗克的黑体辐射公式，或者假想用谐振子模型化的辐射场的单个模式的平均能量公式，即$\varepsilon=\frac{h\nu}{e^{h\nu/kT}-1}$，拟合实验数据有些出入。热容量在低温处有个residual值，用$\varepsilon=\frac{h\nu}{e^{h\nu/kT}-1}+\frac{h\nu}{2}$拟合就很好。这多出的$h\nu/2$就被称为零点能(参阅Annal der Physik 1913，40 (3)：551)。奇怪的是，它竟然和差不多15年后人们引入$[x,p]=\mathrm{i}\hbar$后求量子力学谐振子本征值的结果一模一样。我觉得，当初就算爱因斯坦他们拟合的结果是$\varepsilon=\frac{h\nu}{e^{h\nu/kT}-1}+0.47h\nu$，也足以证明后来的量子化结果的正确性。一个理论非要宣称和一个实验结果，或者倒过来，在多少位数值上吻合，反映的只是心虚而已。
2. 物理学研究运动和变化，其起始点应该是zero change，简单且提供了运动的背景。这是牛顿第一定律的内涵。热力学也有第零定律，它告诉我们处于热平衡的所有体系可以用一个热力学量，即温度，描述而不必再管达到热平衡的细节，如热交换的方式、热交换的量等。

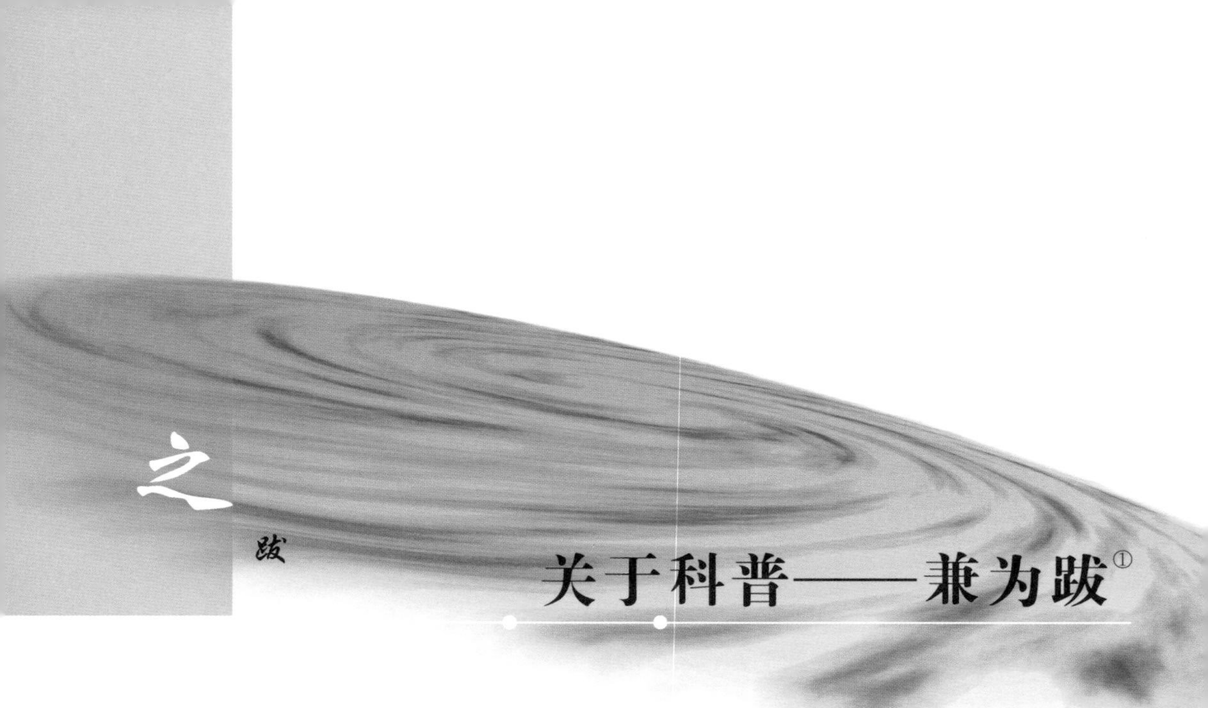

关于科普——兼为跋[1]

拙作《物理学咬文嚼字.卷一》出版后,许多人将它称为科普。其实它远不足以是,因为真正的科普是大家才有资格和能力从事的。倘若我的作品在这块土地上都能够被抬举为科普,这无疑是我本人和这块土地的悲哀。我心目中的科普作家和他们的作品是这样的:

(1) George Gamow,这位博学的俄国科学家解释了 α 衰变,研究过恒星的形成,以及恒星内部核素的合成等。他的被称为科普的作品,比如 *The Birth and Death of the Sun*, *One Two Three…Infinity*,以及 *Mr. Tompkins* 系列,给无数非科学家普及了深刻的知识,也给了很多职业科学家以灵感。他写下来的许多猜测性的东西后来被物理学所证实。

---

① 注:此文原为给一位网易编辑的回信。

(2)Steven Weinberg,1979 年度的诺贝尔物理奖得主。他的 *The First Three Minutes* 是一本知名度很高的关于宇宙起源的好书。不幸的是,这本书被有些人当成了黄书。他的另一本被当作科普书籍的著作,*Facing Up: Science and Its Cultural Adversaries*,会让有些人勃然而怒。

(3) Frank Wilczek,2004 年度的诺贝尔物理奖得主。他在美国物理学会杂志 *Physics Today* 的专栏 Reference Frame 上写了很多文章。读懂那些文章一直是我的愿望或曰理想。

(4) Roger Penrose,不世出的数学家、物理学家和哲学家,虽然不是什么诺贝尔奖得主。大爆炸理论是他和合作者早期的工作,在他的成就中所占比重不大。2011 年诺贝尔化学奖的获奖工作为准晶,是 Penrose 1970 年代在铺排花样的研究(Penrose Tiling)为接受存在 5 次、10 次转动对称的排列方式奠定了数学和心理基础。他的被当作科普的著作,如 *The Emperor's New Mind*, *Shadows of the Mind*,等等,是科学的,也是哲学的。这些书在德国大学图书馆里也是会被偷走的。此外,*The Road to Reality* 也有人说是科普,虽然这世界上很少有人能读得懂,看样子是被当成庸俗的 *A Brief History of Time* 了。可悲的是,虽然 *A Brief History of Time* 还真是本科普书,可在中国这本书的名字都没被翻译对。特别要强调的是,Penrose 的书我相信是他自己写的,这一点可真不容易。

(5) Ian Steward,数学家。他的科普名著有 *Why Beauty Is Truth: The History of Symmetry*, *Fearful Symmetry: Is God a Geometer*? 等等。人家那文笔之优雅流畅,我看不懂内容也愿意把这些书读完(我有个想法。是否可以将"尽管内容看不懂,但人们还是愿意把它读完"当作是好书的判据之一?)。

如果读一读这些科普书,人们或许会如我一样得到如下结论:科普,首先应该是"科" 的。一本书,首先要能影响到专业的科学家,其次要能影响几代人,才算得上是"科"的。研究做得很好了,见识广了,理解深了,才可以动写科普书的念头。此外,要有好文笔,才能开始写科普。这方面的例子有著名生物化学家 Carl Djerassi,一位诺奖得主量级却没有获奖的人物,转而写小说。老先生文笔比专业作家似乎还强,其第一部小说 *Cantor's Dilemma*(中译本为《诺贝尔奖的囚徒》)一炮走红,轻松上了畅销书榜首。

别人我不清楚,我自己几斤几两我却是知道的。我知道我还远不够"科",所以从未动过"科普"的念头。这些年我所写的东西,更多的是笔记,或者可当作对自己的督促。套用一句流行的话,"哥写的不是科普,哥写的是自己的困惑"。至于市面上"made in china"的所谓科普,有时让人们更多地看到的是对科学的误解,是一些或真或假的科学家的胡闹,甚至傲慢。

我们的国家热切地期待着自己的国际水准的科普作家和科普作品,心情可以理解,但这要等到有国际水准的真科学家出现以后才有可能。充满道听途说而非真知灼见的赝科普著作或者译作,对于渴望知识而又无力分辨的人们无疑是有害的。这一点,许多人可能都注意到了。也许这关于科普是非不明、好赖不分的局面,要等到科学的曙光照耀这块大地后才能得到改善吧。

我期待着。

谨以此为本书的跋。

——2012.10.14